放射線技術学シリーズ 6大特長

1 日本放射線技術学会が責任をもって監修した信頼性
2 大綱化カリキュラムにいち早く対応
3 教科書にふさわしい説明,内容を重点的に網羅
4 図表を多用した,わかりやすい内容,見やすい紙面構成
5 欄外の「解説」で理解しにくい内容をていねいに説明
6 学生の自習を助けるウェブサイト紹介&演習問題を多数掲載

日本放射線技術学会　出版委員会　教科書刊行班

出版委員長　石井　勉(日本大学医学部附属板橋病院)
教科書刊行班
班　　　長　西谷源展(京都医療科学大学)
副 班 長　石井　勉(日本大学医学部附属板橋病院)
班　　　員　伊藤博美(杏林大学医学部付属病院)
　　　　　　梅田德男(北里大学医療衛生学部)
　　　　　　加藤　洋(首都大学東京健康福祉学部)
　　　　　　小山修司(名古屋大学医学部)

(五十音順)

放射線技術学シリーズ

放射線物理学
Radiation Physics

日本放射線技術学会◎監修　遠藤真広・西臺武弘◎共編

電離　光電効果　電磁波　エネルギーフルエンス率　原子核　魔法数　異性核　核異性体　軌道角運動量
磁気モーメント　自発核分裂　シンクロトロン放射　実効エネルギー　光中性子　飛程　多重散乱　原子炉

● Einstein

Doppler effect
radiation loss
stopping power

atomic mass unit
Auger effect
binding energy
bremsstrahlung
elastic collision
elementary particle
energy fluence
excitation
HVL
inelastic collision
isotone
liquid-drop model

scattering
Lyman series
decay
threshold value
nuclear fission
Compton edge
Bloch
X rays

Curie

Schroedinger equation
periodic law
ground state
polar coordinate system
selection rule
transition

MRI
neutron
NMR
nucleon
proton
radioisotope
Rutherford
spin
Q value
Ultrasound

Plank constant

daughter nuclide
depth dose curve
kinetic energy
quark

magnetic moment
material wave
metastable

Roentogen

Ohmsha

放射線技術学シリーズ
放射線物理学

編著者：遠藤　真広（放射線医学総合研究所）
　　　　西臺　武弘（京都医療科学大学）
著　者：田伏　勝義（名古屋大学医学部）
　　　　加藤　博和（岡山大学医学部）
　　　　村山　秀雄（放射線医学総合研究所）
　　　　天野　良平（金沢大学大学院医学系研究科）
　　　　豊福不可依（九州大学医学部）
　　　　松藤　成弘（放射線医学総合研究所）
　　　　金井　達明（放射線医学総合研究所）
　　　　古林　徹（京都大学原子炉実験所）
　　　　椎名　毅（筑波大学大学院システム情報工学研究科）

（執筆順）

本書を発行するにあたって，内容に誤りのないようできる限りの注意を払いましたが，本書の内容を適用した結果生じたこと，また，適用できなかった結果について，著者，出版社とも一切の責任を負いませんのでご了承ください．

本書は，「著作権法」によって，著作権等の権利が保護されている著作物です．
本書の全部または一部につき，無断で次に示す〔　〕内のような使い方をされると，著作権等の権利侵害となる場合があります．また，代行業者等の第三者によるスキャンやデジタル化は，たとえ個人や家庭内での利用であっても著作権法上認められておりませんので，ご注意ください．
　　〔転載，複写機等による複写複製，電子的装置への入力等〕
学校・企業・団体等において，上記のような使い方をされる場合には特にご注意ください．
お問合せは下記へお願いします．
〒101-8460　東京都千代田区神田錦町3-1　TEL.03-3233-0641
　　株式会社**オーム**社編集局　（著作権担当）

まえがき

　現代の医療では，さまざまの形で放射線が診療に使用されている．疾病の病名や程度を決める際には，コンピュータ断層（CT）などのX線イメージング，核医学イメージング，磁気共鳴イメージング（MRI）などの放射線診断が必須である．また，放射線治療は，がん治療の有力な方法として，今後，ますます増大することが予測されている．放射線なしには現代医療が成り立たないことは明白である．一方，放射線は「両刃の剣」といわれ，無用な被ばくは絶対に避けなければならない．したがって，放射線を臨床の場で適切に使用するためには，それに関する深い知識が必要である．放射線物理学は，このような医療放射線技術の基礎をなすものといえ，この分野を志す方が一度は系統的に学習する必要がある科目といえる．

　しかし，放射線物理学の対象とする分野は，深くかつ広い．放射線は原子や原子核という極微の世界の現象により発生し，また放射線と物質との相互作用も原子や原子核レベルで起こる．したがって，原子や原子核の構造や特性を知ることは，放射線そのものについて学ぶことといえる．原子や原子核の物理学は，まさに近代物理学の華であり，20世紀前半に多くのノーベル賞がこの分野の研究成果に対して与えられた．原子や原子核の物理学を学ぶということは，このような近代物理学の発展を追体験することであり，日常とは異なる多くの概念を理解することを意味する．

　原子や原子核の物理学以外にも多くの分野が放射線物理学には含まれる．近年では，電離放射線に関係する伝統的な分野以外にも，核磁気共鳴（NMR）や超音波技術も放射線物理学の守備範囲に入ってきた．したがって，深くかつ広いこの分野を理解し自らのものとすることは骨の折れる作業と言わざるをえない．しかし，放射線物理学は基礎として重要なだけではなく，知的にも大変に面白い分野である．多くのノーベル賞が，この分野の研究成果に与えられたことが，その一つの証拠といえる．したがって，根気良く学ばれることをおすすめする．きっと多くのことを得ることができると思う．

　ここで，本書が発刊された背景について簡単に触れたい．本書は，日本放射線技術学会が新しい時代の診療放射線技師養成教育のために編纂した教科書シリーズのうちの1冊である．執筆陣の多くは，技師教育を専門とされている方である．この経緯からわかるように，本書は診療放射線技師養成機関で教科書として使用されることを第一の目的としている．本書は，放射線の基本的性質，原子や原子核の構造

まえがき

と特性，放射線と物質の相互作用などに加えて，超音波と核磁気共鳴について扱っていて，診療放射線技師養成教育の大綱化カリキュラムで要求されるものをすべてカバーしている．しかし，本書は上記だけではなく，医療放射線技術に興味を持つ他の職種，例えば理工系の技術者や研究者にとってもこの分野の概観を与える参考書として適当であろう．

　本書は11章からなり，第1章は放射線の種類と性質を概論している．第2章は原子の構造についてまとめ，第3～5章は原子核について扱っている．第6～9章は物質と放射線の相互作用を，電子線，電磁放射線（光子），重荷電粒子線，中性子線の順で記述している．第10章，第11章は超音波，核磁気共鳴（NMR）という非電離放射線に関する部分である．扱っている対象の性質上，数式を使用せざるを得なかったが，必要性の薄い式の展開などはできるだけ避けた．また，直観的な理解が容易なように図や表を多用し，このシリーズの特徴であるが，各章末には関連ウェブサイトを掲載した．これらは学習に役立つものと考えている．

　本書の発刊には，先に述べたように多くの共著者の協力を得た．編者の作業が遅れたため，当初の予定よりも大幅に刊行が遅れ，早く原稿を出された方には大変な迷惑をお掛けした．この他にも共著者の方には，さまざまな無理を聞いていただいた．この場を借りてお詫びするとともに感謝の意を表したい．

　編者は，研究所に勤務していて，永年，放射線の医学利用に関する研究開発に携わってきた．しかし，必ずしも系統的な放射線物理学を講義した経験があるというわけではない．一方，もう一人の編者の西臺武弘氏は放射線物理学の講義経験が長く，この分野の第一人者である．彼がいなければ，本書は完成することはなかったと思う．

　最後になるが，診療放射線技師を志す方など医療放射線技術の分野をめざす方にとって，本書が少しでも役に立てば編者にとって望外の幸せといえる．

2006年1月

編者を代表して　遠藤真広

目次

まえがき

第1章 放射線の種類と基本的性質　[西臺]

1・1 放射線の定義と種類 …………………………………………2
1・1・1 放射線の定義 ……………………………………2
1・1・2 放射線と原子との基本的な相互作用 ……………2
1・1・3 放射線の種類 ……………………………………3
1・1・4 放射線の発見 ……………………………………6

1・2 放射線の基本的性質 ……………………………………………7
1・2・1 電磁波の性質 ……………………………………7
1・2・2 波動性と粒子性 …………………………………8
1・2・3 電荷 ………………………………………………9
1・2・4 4つの基本力 ……………………………………9

1・3 放射線の質量とエネルギー ……………………………………9
1・3・1 原子質量単位 ……………………………………9
1・3・2 質量とエネルギーの同等性 ……………………10
1・3・3 静止エネルギーと運動エネルギー ……………10
1・3・4 放射線のエネルギー ……………………………10
1・3・5 放射線の量と単位 ………………………………11

参考図書・演習問題 ……………………………………………………12

第2章 原子の構造　[田伏]

2・1 ボーアの原子模型 ……………………………………………16
2・1・1 ボーアの量子仮説 ………………………………16
2・1・2 エネルギーの固有状態 …………………………17
2・1・3 基底状態と励起状態 ……………………………18
2・1・4 量子数 ……………………………………………18
2・1・5 ボーアの量子論の意義 …………………………18

2・2 原子の構造 ……………………………………………………19
2・2・1 量子数 ……………………………………………19
2・2・2 極座標による表示 ………………………………21
2・2・3 量子数についてのまとめ（電子について） ……22
2・2・4 パウリの原理 ……………………………………23
2・2・5 軌道電子の配置可能数 …………………………23
2・2・6 元素の周期律 ……………………………………24

2・2・7　電離と励起 …………………………………………25

　ウェブサイト紹介・参考図書・演習問題……………………26

第3章　原子核の構造　　　　　　　　　　　　［加藤］

3・1　原子核の基本的特性………………………………31
　3・1・1　原子核の発見 ……………………………………31
　3・1・2　原子核の電荷，質量 ……………………………32
　3・1・3　陽子および中性子の発見 ………………………33
　3・1・4　原子核の電荷分布 ………………………………34
　3・1・5　原子核の電気的4重極モーメント ……………34
　3・1・6　パリティ …………………………………………35

3・2　原子核の構成と種類………………………………35
　3・2・1　原子核の種類，核種，原子番号，質量数 ……35
　3・2・2　核種の分類 ………………………………………35
　3・2・3　存在比 ……………………………………………37

3・3　原子質量単位………………………………………37
　3・3・1　原子質量単位とは ………………………………37
　3・3・2　原子量，モル，アボガドロ数 …………………38

3・4　質量欠損……………………………………………38
　3・4・1　質量欠損と結合エネルギー ……………………38
　3・4・2　比質量欠損と平均結合エネルギー ……………39
　3・4・3　核力 ………………………………………………40

3・5　原子核の角運動量と磁気モーメント……………41
　3・5・1　核子の角運動量と磁気モーメント ……………41
　3・5・2　原子核全体の角運動量，および磁気モーメント……43

3・6　原子核の構造………………………………………45
　3・6・1　液滴模型 …………………………………………46
　3・6・2　原子質量の半実験的公式 ………………………46

3・7　素粒子，基本粒子…………………………………49

　ウェブサイト紹介・参考図書・演習問題……………………50

第4章　原子核の壊変　　　　　　　　　　　　　［村山］

4・1　放射能………………………………………………54
　4・1・1　放射性核種，放射性同位元素 …………………54

4・1・2　放射能とは ……………………………………………………………54

　4・2　壊変の法則 …………………………………………………………………55
　　　4・2・1　壊変定数，半減期，平均寿命 …………………………………………55
　　　4・2・2　比放射能 ………………………………………………………………56
　　　4・2・3　分岐壊変，分岐比 ………………………………………………………56
　　　4・2・4　放射平衡 ………………………………………………………………57

　4・3　壊変の形式 …………………………………………………………………59
　　　4・3・1　アルファ壊変 …………………………………………………………59
　　　4・3・2　ベータ壊変 ……………………………………………………………61
　　　4・3・3　ニュートリノ …………………………………………………………62
　　　4・3・4　ベータ線のエネルギー分布 ……………………………………………62
　　　4・3・5　β^+ 壊変と軌道電子捕獲の競合 …………………………………62
　　　4・3・6　ガンマ放射，内部転換，核異性体転移 …………………………………63
　　　4・3・7　壊変エネルギー ………………………………………………………63
　　　4・3・8　壊変図 …………………………………………………………………64
　　　4・3・9　自発核分裂 ……………………………………………………………65
　　　4・3・10　自然界に存在する壊変系列 ……………………………………………66

　ウェブサイト紹介・参考図書・演習問題 ……………………………………………66

第5章　核反応と核分裂　　　　　　　　　　　　　　　　　　　　［天野］

　5・1　核反応 ………………………………………………………………………70
　　　5・1・1　核反応研究のはじまり　―原子核の人工変換― ………………………70
　　　5・1・2　核反応式の表示法 ……………………………………………………71
　　　5・1・3　核反応の分類 …………………………………………………………71
　　　5・1・4　核反応のエネルギー …………………………………………………73
　　　5・1・5　核反応断面積 …………………………………………………………76
　　　5・1・6　いろいろな核反応 ……………………………………………………77

　5・2　核分裂 ………………………………………………………………………78
　　　5・2・1　核分裂研究のはじまり …………………………………………………78
　　　5・2・2　核分裂のエネルギー …………………………………………………79
　　　5・2・3　核分裂収率 ……………………………………………………………80

　ウェブサイト紹介・参考図書・演習問題 ……………………………………………80

第6章　電子線と物質の相互作用　　　　　　　　　　　　　　　　［豊福］

　6・1　相互作用の種類 ……………………………………………………………85
　　　6・1・1　弾性散乱 ………………………………………………………………85

6・1・2　非弾性散乱 ……………………………………85
　6・1・3　制動放射 ………………………………………85
　6・1・4　電子対消滅 ……………………………………85
　6・1・5　チェレンコフ放射 ……………………………86
6・2　エネルギー損失 ……………………………………………87
　6・2・1　電離によるエネルギー損失 …………………87
　6・2・2　放射によるエネルギー損失（放射損失）……88
　6・2・3　阻止能 …………………………………………89
　6・2・4　LET（線エネルギー付与），限定線衝突阻止能 ……90
　6・2・5　比電離 …………………………………………90
　6・2・6　W 値 ……………………………………………90
6・3　減弱と飛程 …………………………………………………90
　6・3・1　飛程 ……………………………………………91
　6・3・2　ビルドアップ効果 ……………………………91
　6・3・3　後方散乱 ………………………………………92
　6・3・4　水中飛程のエネルギー依存性 ………………92
6・4　X線の発生 …………………………………………………93
　6・4・1　X線の定義と種類 ……………………………93
　6・4・2　特性X線の発生，モーズリーの法則 ………93
　6・4・3　オージェ効果 …………………………………95
　6・4・4　制動X線の発生 ………………………………96
　6・4・5　制動X線の強度と発生効率 …………………96
　6・4・6　制動X線の強度分布 …………………………96
　6・4・7　X線のエネルギースペクトル ………………97
　6・4・8　デュエン・ハントの法則 ……………………99
　6・4・9　線質 ……………………………………………99
　6・4・10　シンクロトロン放射 ………………………100
ウェブサイト紹介・参考図書・演習問題 ……………………101

第 7 章　電磁放射線と物質の相互作用　　［松藤］

7・1　光子の減弱 …………………………………………………104
　7・1・1　フルエンス ……………………………………104
　7・1・2　減弱係数 ………………………………………105
　7・1・3　半価層 …………………………………………106
　7・1・4　ビルドアップ効果 ……………………………107
7・2　相互作用の種類 ……………………………………………108
　7・2・1　弾性散乱 ………………………………………108
　7・2・2　光電効果 ………………………………………110

7・2・3　コンプトン散乱 …………………………………………112
　　7・2・4　電子対生成 ……………………………………………115
　　7・2・5　光核反応 ………………………………………………116

7・3　物質へのエネルギー付与 ……………………………………116
　　7・3・1　減弱係数のエネルギー依存性 ………………………116
　　7・3・2　エネルギー転移係数 …………………………………118

ウェブサイト紹介・参考図書・演習問題 ………………………………120

第8章　重荷電粒子線と物質の相互作用　［金井］

8・1　重荷電粒子とは ………………………………………………124
8・2　阻止能 …………………………………………………………125
8・3　飛程 ……………………………………………………………126
8・4　いろいろな粒子に対する阻止能とエネルギーの関係
　　　……………………………………………………………………127
8・5　ストラグリングと多重散乱 …………………………………128
8・6　核反応 …………………………………………………………129
8・7　深部線量分布（ブラッグ曲線） ……………………………129
8・8　W 値 …………………………………………………………130

ウェブサイト紹介・参考図書・演習問題 ………………………………131

第9章　中性子線と物質の相互作用　［古林］

9・1　中性子の分類と呼称 …………………………………………134
　　9・1・1　熱中性子（熱平衡中性子：マックスウエル分布） …134
　　9・1・2　熱外中性子（共鳴中性子） …………………………135
　　9・1・3　高速中性子（核分裂中性子） ………………………135

9・2　中性子と物質の相互作用 ……………………………………135
　　9・2・1　散乱反応（弾性散乱，非弾性散乱） ………………136
　　9・2・2　吸収反応 ………………………………………………136
　　9・2・3　中性子断面積 …………………………………………137

9・3　中性子のエネルギー損失 ……………………………………137
　　9・3・1　高エネルギー中性子〈10 keV 以上〉 ………………138
　　9・3・2　低エネルギー中性子〈10 keV 未満〉 ………………138

9・4　中性子の減弱と吸収 …………………………………………138
　　9・4・1　指数関数的な減弱 ……………………………………138
　　9・4・2　二次的な放射線の放出 ………………………………139

9・4・3　中性子によるエネルギー付与（中性子 KERMA 因子）…140
　9・5　中性子源 ……………………………………………………141
　　9・5・1　アイソトープ……………………………………………141
　　9・5・2　原子炉……………………………………………………142
　　9・5・3　加速器……………………………………………………143
　ウェブサイト紹介・参考図書・演習問題 ……………………………143

第10章　超音波　　　　　　　　　　　　　　　　　　［椎名］

10・1　超音波の性質 ……………………………………………146
　　10・1・1　超音波の伝搬……………………………………………146
　　10・1・2　音速（伝搬速度）………………………………………147
　　10・1・3　音響インピーダンス……………………………………148
　　10・1・4　反射，屈折………………………………………………149
　　10・1・5　減衰………………………………………………………150
　　10・1・6　ドプラー効果……………………………………………151

10・2　超音波の送受信 …………………………………………152
　　10・2・1　圧電素子…………………………………………………152
　　10・2・2　探触子（プローブ）……………………………………153
　　10・2・3　超音波パルス……………………………………………155
　　10・2・4　超音波ビーム形成………………………………………157
　　10・2・5　距離分解能，方位分解能………………………………161
　　10・2・6　探触子とビームフォーミング技術の進歩……………162

10・3　超音波画像法 ……………………………………………164
　　10・3・1　パルスエコー法…………………………………………164
　　10・3・2　Aモード，Bモード，Mモード………………………165
　　10・3・3　超音波ドプラー法………………………………………167

　ウェブサイト紹介・参考図書・演習問題 ……………………………171

第11章　核磁気共鳴（NMR）　　　　　　　　　　　　　　［遠藤］

11・1　核磁気共鳴の原理 ………………………………………174
　　11・1・1　核スピン，磁気モーメント，磁化ベクトル…………174
　　11・1・2　ラーモア歳差運動，共鳴周波数………………………175
　　11・1・3　励起，磁気共鳴…………………………………………176
　　11・1・4　緩和現象，縦緩和，横緩和……………………………178
　　11・1・5　ブロッホ方程式…………………………………………180
　　11・1・6　自由誘導減衰とスピンエコー…………………………181

11・1・7　化学シフト……………………………………………182
　　　11・1・8　磁化率………………………………………………184
　11・2　画像形成の原理 ……………………………………………185
　　　11・2・1　傾斜磁場……………………………………………185
　　　11・2・2　スライス選択………………………………………186
　　　11・2・3　位相エンコーディングと周波数エンコーディング………187

ウェブサイト紹介・参考図書・演習問題 ……………………………………189

付　録 …………………………………………………[西臺]　191

演習問題解答 ……………………………………………………195

索　引 ……………………………………………………………199

第1章
放射線の種類と基本的性質

1・1 放射線の定義と種類
1・2 放射線の基本的性質
1・3 放射線の質量とエネルギー

第1章
放射線の種類と基本的性質

本章で何を学ぶか

　　放射線物理学は診療放射線技術学の基礎となる学問である．診療放射線技師を目指して勉強を始められる方々には，放射線の専門家としての知識を確実に身につけて医療分野で活躍していただきたい．

　　本章では，放射線物理学を学ぶにあたり，まず，放射線の定義と種類を明確にして，医療に使用されている種々の放射線の基本的性質を理解する．たとえば，"放射線とは何ですか"との質問に適切に答えられる人は意外と少ない．みなさんには，放射線の専門家として，他の医療職者のみならず患者さんにも，わかりやすく放射線とは何かを説明できる知識を身につけていただきたい．

1・1　放射線の定義と種類

1・1・1　放射線の定義

　定義1．『**放射線**（radiation）は，空間および物質を通じてエネルギーを伝える能力を有する．』

　この定義から，放射線とは電磁波（electromagnetic wave）およびある運動エネルギーを持った粒子線（particles）をいう[1]．

　定義2．『医療で使用する放射線とは，通過する物質を直接あるいは間接に電離（ionization）する能力を有する．』

　物質をつくっている原子（atom）を電離する能力を持った放射線を**電離放射線**（ionizing radiation）といい，放射線医学および放射線医療技術学では，電離放射線のことを一般に放射線という．一方，電離する能力を持たない放射線を**非電離放射線**（non-ionizing radiation）という[2]．

　粒子の流れ，すなわち，ある運動エネルギーを持った粒子（高エネルギーの電磁波である光子（photon）も含む）の集まりである粒子線を放射線といい，これら2つは同じ言葉として使用され，特に区別しない場合が多い．

1・1・2　放射線と原子との基本的な相互作用

　放射線が物質に入射すると，その原子と**相互作用**（interaction）して，電離，励起（excitation），核反応（nuclear reaction），反跳（recoil），および制動放射（bremsstrahlung）を起こす．放射線と原子との基本的な相互作用を図1・1に示す．

　電離とは，原子の軌道電子（orbital electron）をその原子の束縛から解き放ち放出（遊離）することをいう（第6，7，8章参照）．

　励起とは，電離能力を持たずに軌道電子を外側の軌道に上げる現象をいう．励起では，一般に最外殻の軌道電子にエネルギーを与え，さらに外側の光軌道に遷移さ

解説①
医療に利用されている超音波は，電磁波と異なり真空中（空間）では伝わらず，放射線からは除外される．

解説②
非電離放射線である紫外線は医療では放射線と区別している．しかし，紫外線の作用は励起が主であり，電離放射線の作用と比べると簡単であり，特に放射線生物学では紫外線による生物効果も研究対象としている．

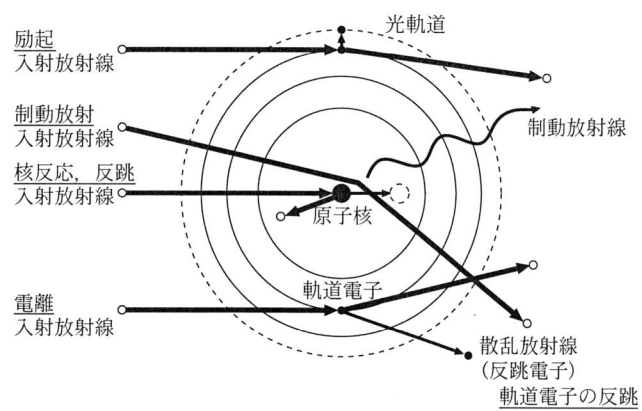

図 1・1 放射線と原子との基本的な相互作用，電離，励起，核反応，反跳，制動放射

す．光軌道に遷移した電子は最終的には可視光線または熱の形でエネルギーを放出して再び元の軌道にもどる．

原子の中心にある原子核（atomic nucleus）に高エネルギー粒子が衝突すると，弾性散乱，非弾性散乱や核反応，核変換が起こる（第 5，8，9 章参照）．その結果として，原子核は反跳を起こす．**反跳**とは，入射した放射線が原子核と衝突して，その原子核を動かす現象である[3]．

制動放射とは，電子のような荷電粒子が原子核のそばを通ったとき，原子核のクーロン力によって進路を曲げられ，エネルギーを奪われて，電磁波である制動放射線を放出する現象である（第 6 章参照）．

1・1・3 放射線の種類

ⅰ）電磁放射線と粒子放射線

電磁波とは，電場および磁場が時間の関数として周期的に振動して，そのエネルギーが空間を伝わる波動のことである．その電気振動と磁気振動の方向は互いに垂直であり，その進行方向もこれらの振動方向と直角である（1・2・1 項参照）．

電磁波はその波長によって分類されている．電磁波には，電波（長波，中波，短波，超短波，マイクロ波），遠赤外線（熱線），赤外線，可視光線，紫外線，X 線，γ 線がある．このうち，波長が短く，エネルギーの高い **X 線**（X rays）および **γ 線**（γ rays）を**電磁放射線**（electromagnetic radiation）という．なお，一般に電磁波といえば波長 10^{-9} m 程度までをいい，X 線，γ 線とは区別されている．

医療で最もよく利用されている X 線，γ 線はともに光子線として扱われる．X 線は原子核外で発生した，γ 線は原子核内から発生した電磁波である（第 4 章，第 6 章参照）．X 線，γ 線の発生を**図 1・2** に示す．

粒子放射線（corpuscular radiation）には，**電子線**（electrons），**β 線**（β rays），**陽子線**（protons），**π-中間子線**（π-mesons），**α 線**（α rays），**重粒子線**（heavy particles）等の荷電粒子線，および**中性子線**（neutrons）のような非荷電粒子線がある．

解説 ③
軌道電子を電離により動かすことも一種の反跳現象であると考え，放出された電子を反跳電子という場合がある．しかし，一般に反跳と言った場合には原子核との作用をいう場合が多い．原子核の反跳現象は，α 線のように重い粒子線では重要になるが，医療に主に使用されている電磁波（X 線，γ 線）および電子のような軽い粒子線では考慮しなくてもよい．

第1章　放射線の種類と基本的性質

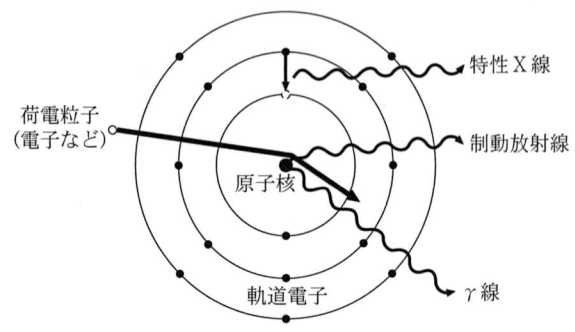

図1・2　X線, γ線の発生
　　　X線は原子核外で, γ線は原子核内で発
　　　生した高エネルギーの電磁波である.

　α線, β線, γ線はそれぞれ原子核から放出されたヘリウム核, 電子, 電磁放射線であり, 加速器等でエネルギーを与えられたヘリウム核, 電子線, および核外の相互作用で放出されるX線とは区別して呼ばれる. すなわち, X線とγ線, 電子線とβ線, あるいはヘリウム線とα線との違いは, その物理的性質（エネルギーの高低など）ではなく, 発生の場所, 仕方のみによって区別され, いったん放出された後の物理的性質はまったく同じである.

ii) 直接電離性放射線と間接電離性放射線

　電離放射線は, その電離能力から, 主にそれ自身によって電離する能力が大きい**直接電離性放射線**（directly ionizing radiation）と, それ自身が電離するよりも原子との相互作用により二次的に放出される粒子による電離能力が大きい**間接電離性放射線**（indirectly ionizing radiation）とに区別される. 直接電離性放射線には荷電粒子線（α線, β線, 電子線, 重荷電粒子線等）が, 間接電離性粒子には非荷電粒子線（X線, γ線, 中性子線）が分類される[④].

　以上をまとめると, 放射線は図1・3のように分類できる.

解説 ④
間接電離性放射線であるX線, γ線が物質に入射すると二次電子を放出し, 中性子が物質に入射すると原子核内の陽子が放出され, これら二次的に放出された荷電粒子が物質を主に電離する.

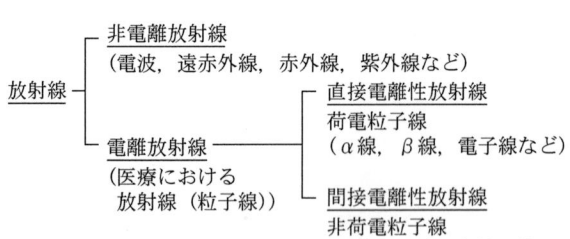

図1・3　放射線の分類

iii) 素粒子とクォーク

　最初は, 電子, 陽子, 中性子, 光子の4つの基本粒子を**素粒子**（elementary particle）と名付け, これらが物質の構成要素の最小単位であると考えられた. しかし, その後の宇宙線の研究および加速器の進歩により何百という素粒子が発見されている. これらの素粒子は, 光子（電磁波）, レプトン（軽粒子）, および中間

子，陽子，中性子，重粒子を総称したハドロンに分類できる．素粒子の種類を**表 1・1**にまとめる．

電子には，その電荷（charge）により，陰電子とその反粒子⑤である陽電子が存在する．電子の電荷の大きさは最小単位（素電荷）で約 1.6×10^{-19} C である（1・2・3 項参照）．電子の大きさは，不確定性原理により，10^{-18} m 以下と考えられている⑥．陰電子は原子核のまわりの軌道上をクーロン力により回っているが，電子は核力である強い力（1・2・4 項参照）は働かず，原子核内には安定して存在できない．このように，強い力が働かない粒子をレプトンという．レプトンには陰電子，陽電子，ニュートリノ，μ 粒子等がある．

陽子，中性子は原子核を構成している核子である．陽子は，電子の約 1 800 倍の質量をもち，陰電子の反対の電荷を持っている．中性子はこの電荷以外の性質は陽

解説⑤
あらゆる粒子には**反粒子**が存在する．ただし光子，π^0 中間子のように兼ねているものもある．粒子，反粒子は電荷が正負反対であり，電荷がないものはスピンが互いに逆である．

解説⑥
電子の大きさは不確定性原理により，その大きさを直接に測定することはできない．1927 年，ハイゼンベルグ（Heisenberg）は**不確定性原理**（uncertainty principle）を提出して，ミクロの現象を正確に記述する量子力学では，すべての物理量は独立して測定できないことを提唱した．粒子の位置 x についての不確定さ Δx と，粒子の運動量 p_x についての不確定さ Δp_x については，$\Delta x \Delta p_x \geq \dfrac{h}{2\pi}$ を超えられない限界がある．また，エネルギーの測定には，時間の測定との間にもこの不確定性が導かれる．この不確定性原理によって，はじめてプランク定数 h の本質的な理解が可能になった（1・2・1 項参照）．

表 1・1 素粒子の種類

粒子の種類		記号	電荷 [e]	スピン	質量 [MeV]	寿命 [s]
光子 Photon	X 線* X-rays	X	0	1	0	安定
	γ 線* γ-rays	γ	0	1	0	安定
軽粒子 （レプトン） lepton	中性微子 （ニュートリノ） neutrino	ν	0	1/2	電子質量の 1/2 000 以下	安定
	電子* electron	e^-	-1	1/2	0.511	安定
	陽電子* positron	e^+	$+1$	1/2	0.511	1.5×10^{-7}
	ミューオン muon	μ	± 1	1/2	105.6	2.2×10^{-6}
中間子 meson	パイオン* pion	π^0	0	0	134.9	0.9×10^{-16}
		π^+, π^-*	± 1	0	139.6	2.6×10^{-8}
	ケーオン kaon	K^0	0	0	497.8	0.86×10^{-10}
		K^+, K^-	± 1	0	493.8	1.24×10^{-8}
核子 nucleon	陽子* proton	p	± 1	1/2	938.2	安定
	中性子* neutron	n	0	1/2	939.6	0.9×10^3
重粒子	重陽子* deuteron	d, D	$+1$		1 875.6	安定
	三重陽子 triton	t, T	$+1$		2 808.9	5.6×10^8
	α 粒子* α particle	α	$+2$		3 727.3	安定

* 現在，医療に利用され，あるいは利用が検討されている放射線

この他，重粒子またはバリオン（陽子より重い中間子）といわれる短寿命で重い粒子や，核分裂片などがある．また，中間子，核子，重粒子を総称してハドロンという．なお，新しく発見された素粒子の多くは寿命が短く，大型の加速器を必要とするために，現在，医療にはほとんど利用されていない．

子とほぼ同じである．陽子，中性子，中間子，ハドロンは，さらに小さな6種類の基本的な粒子である**クォーク**（quark）の組み合わせからできている．クォークには，第1世代のアップ（u）クォーク，ダウン（d）クォーク，第2世代のチャーム（c）クォーク，ストレンジ（s）クォーク，第3世代のトップ（t）クォーク，ボトム（b）クォークがある．クォークは単体として取り出すことは不可能であり，単独に存在できない．クォークには反クォークがある（素粒子と基本粒子については，3・7節も参照）．

1・1・4 放射線の発見

電子の発見は素電荷の発見でもある．1890年頃，電気量にはこれ以上分割できない最小の量があるのではないかということが問題になっていた．1894年ストニィ（Stony）は，電気の基本的性質はファラデー（Faraday）の電気分解の法則（1833年）の中に存在すること，さらにファラデー定数 F（$=9.648456(26) \times 10^4$ C/mol；以下（ ）内の数値は最後の桁につく標準偏差を表す）を**アボガドロ数** N_A（$=6.022045(31) \times 10^{23}$ mol^{-1}）で割った値 F/N_A を電気の最小単位と考えて，それを電子（electron）と呼んだ．1897年，**トムソン**（J. J. Thomson）は陰極線の素電荷 e と質量 m の比である比電荷 e/m を測定して電子を発見した[7]（1・2・3項参照）．

X線の発見は，1985年11月8日，Würzburg大学の物理学教授の**レントゲン**（Wilhelm Conrad Roentgen）による陰極線の研究中であった[8]．そして，レントゲンはX線についての3編の論文（第1報：同年12月28日，第2報：1986年3月9日，第3報：1987年3月10日）を発表した．レントゲンは第1報の中で，この新しい放射線を研究中の陰極線と区別して，初めて"X線"と呼んだ．レントゲンはこれら3編の論文によって，現在我々が知っているX線の物理学的性質の大部分を説明している．

1896年，**ベクレル**（H. A. Becquerel）によって**自然放射性物質**が発見された．蛍光物質を研究していたベクレルはウラン塩の一種であるウラン・カリウム重硫酸塩から，写真乾板を感光させる透過力の強いX線類似の光線が出ていることを発見した．**マリー**と**ピエール・キュリー**（Marie, Piérre Curie）夫妻は，1898年にピッチブレンド中からウランの何倍も強い2つの放射性物質を分離し，ポロニウム（Po），ラジウム（Ra）と名付けた．その研究の過程で，キュリー夫妻はこの放射線を放出する現象に対して放射能（radio-activity）という言葉を使った．

1898年，**ラザフォード**（Rutherford）は，ベクレルによって発見されたウラン塩から放出される放射線もX線と同じように電離作用を持つことを見いだした．さらに，1899年，その金属箔の透過能力を調べ，この放射線には少なくとも2種類の成分があることを示し，非常に吸収されやすいものを α 線，透過性の強い方を β 線と呼んだ．一方，γ 線は，1900年に**ヴィラード**（Villard）により最初に観測された．ヴィラードはラザフォードが分類した β 線はさらに2種類の成分に分けられることを見いだし，磁場に全く作用されない成分を"透過力のきわめて強い線"と呼んだ．1903年にラザフォードはこれを γ 線と名づけた．

1932年，**チャドウイック**（Chadwick）は中性子を発見した．チャドウイック

解説 ⑦

電子の発見は，真空放電の研究と深いつながりがある．1857年，プリュッカー（Plucker）は，放電管を用いた真空放電現象の研究中に，ガラス管壁が緑色の蛍光を放射していることを発見し，この発光が磁場によって動くことを確かめた．その後，1876年，ゴルトシュタイン（Goldstein）らは，この蛍光は陰極管から放射される輻射線がガラス管に衝突するためであることを確認し，その輻射線を陰極線と呼んだ．さらに1895年，ペラン（Perrin）は陰極線をファラデー集電極に導いて，陰極線が負の電荷を持っていることを発見した．

表 1・2　放射線の発見の歴史

1895	レントゲン	X 線の発見
1896	ベクレル	自然放射性物質（ウラン塩）の発見
1897	キュリー トムソン	ポロニウム，ラジウムの発見 電子の発見
1899	ラザフォード	α 線, β 線の発見
1900	ヴィラード	γ 線の発見
1911	ラザフォード	有核原子模型を提出
1919	ラザフォード	陽子の発見と命名
1931	パウリ	ニュートリノの存在仮説の発表
1932	チャドウィック ハイデンベルグ	中性子の発見 原子核が陽子と中性子からできていることを報告
1934	湯川秀樹	中間子論の発表
1947	パウエル	π, K 中間子の観測

解説 ⑧
レントゲンの発見以前にもしばしばX線による写真乾板のかぶりがあったとも報告されている．しかし，レントゲンによって，はじめて新しい放射線である"X線"がその姿を明らかにしたのであり，X線についての多くの知識，つまり透過作用，電離作用，蛍光作用，写真作用をわずか2ヶ月の短期間に研究し，その物理的解釈を与えたことは科学史上きわだった成果である．レントゲンはこのX線発見の栄誉のために，1901年，第1回ノーベル物理学賞を授賞している．

は，イレーヌ・キュリー（I. Curie）とフレデリック・ジョリオ（F. Joliot）夫妻が発見したベリリウム線を水素以外のリチウム，窒素原子核にこの放射線を当てると，水素原子核と同じように原子核は反跳されるが，その速度は水素原子核の場合よりもずっと小さいことを発見した．その結果，ベリリウム線が電磁波でなく，電気的に中性で，陽子に近い質量を持った粒子であると結論した．チャドウイックはこの放射線を中性子と名付けた．

表 **1・2** に放射線の発見の歴史を示す．

1・2　放射線の基本的性質

1・2・1　電磁波の性質

電磁波の特徴としては，(1) 何等の物質をも伴わない．そのために，電磁波は質量，電荷を持たない．(2) その真空中の伝播速度はどんな電磁波でもすべて同じであり，**光速度**（light velocity）c_0（$=2.997924580(12) \times 10^8$ m/sec）である．(3) その波長 λ は $10^8 \sim 10^{-14}$ m の広範囲にわたる，ことである．

アインシュタイン（A. Einstein）は，**光電効果**[⑨] を説明するために**プランク**（Planck）の量子仮説の考えを導入し，振動数が ν〔Hz, 1/s〕の光は ν に比例するエネルギー $h\nu$〔J〕のエネルギーを持つ粒子としての性質を持っていると考え，光子または**光量子**（light quantum）と名付けた．ここで，比例定数 h は**プランク定数**（$=6.626176(36) \times 10^{-34}$ Js）である．すなわち，電磁放射線は，波および粒子の両方の性質をそなえており，光子または光量子の流れである．

電磁波の**エネルギー** E は

$$E = h\nu \tag{1・1}$$

で表され，その**運動量** p は

第1章 放射線の種類と基本的性質

$$p = \frac{h\nu}{c} \tag{1・2}$$

で表される.

一方,光速度を c 〔m/s〕とすると,その波長 λ 〔m〕は

$$\lambda = \frac{c}{\nu} \tag{1・3}$$

である.波長をオングストローム〔Å〕($1\,\text{Å} = 10^{-10}\,\text{m}$),光子エネルギーを〔keV〕で表すと,(1・1),(1・3)式より,

$$E\,[\text{keV}] = \frac{12.4}{\lambda\,[\text{Å}]} \tag{1・4}$$

となる[10].ここで,電子ボルト〔eV〕はエネルギーの単位であり,1 keV は $1.6021892 \times 10^{-16}$ J である(巻末付録:エネルギー換算表,参照).

1・2・2 波動性と粒子性

i) 光の波動性と粒子性

ニュートン(Newton)は,光は発光体から飛び出す小さな粒子の流れであると考え(粒子説,1675),ホイヘンス(Huygens)は,光は真空中を伝わる波であると考えた(波動説,1678).その後,光の干渉,回折,偏光などの多くの性質が波の理論で説明できることがわかり,波動説のほうが支配的になったが,上記のアインシュタインの光量子説により,光は粒子と波の二重性を持つことが明らかになった.

ii) 粒子の波動性

波である光が粒子性を示すことから,逆に電子のような粒子も波動性を示すのではないかという考えが,1924年,ド・ブローイ(de. Broglie)により提唱された.これを**ド・ブローイ波**(de. Broglie wave)または**物質波**(material wave)という.

質量 m,速さ v をもつ粒子の運動エネルギー(kinetic energy K)はニュートン力学より

$$K = \frac{1}{2}mv^2 \tag{1・5}$$

で表され,これは振動数 ν をもった波と見なしたときのエネルギー $h\nu$ と等しくなる.

$$\frac{1}{2}mv^2 = h\nu \tag{1・6}$$

一方,粒子としての運動量($p = mv$)と,波としての運動量($h\nu/c = h/\lambda$)は等しく,

$$mv = \frac{h\nu}{c}$$
$$= \frac{h}{\lambda} \tag{1・7}$$

すなわち,粒子は

$$\lambda = \frac{h}{mv} \tag{1・8}$$

解説 ⑨

1887年,ヘルツ(Herz)は放電電極に光を当てると電流が流れることを発見した.その後 1900年,レーナルト(Lenard)は波長の短い光に照らされた金属表面から電子が飛び出していることを発見した.この電子を光電子(photo-electron),この現象を光電効果(photoelectric effect)という.この光電効果は光の粒子説(光量子説)によらなければ説明できないことが,1905年,アインシュタインによって示された.一方,高エネルギー光子(X線,γ線)を物質に当てると,物質を構成している原子から軌道電子が放出される現象も光電効果(光電吸収)という(第7章参照).

1・2・3 電荷

1897年，トムソン（J. J. Thomson）は陰極線の電荷量 e とその質量 m の比である比電荷 e/m を電場および磁場を用いて詳しく測定して，その値と水の電解実験により得られる水素の電荷とを比較することにより，電子を発見した（1・1・4項参照）．その電子の比電荷の値は $e/m=1.7588\times10^{11}$ C/kg であった．

1910年，ミリカン（Millikan）はストークス（Stokes）の法則を利用して，電極内に不揮発性油の小滴を浮かべ，その小滴の運動を顕微鏡で正確に観察することにより，最小の電荷（**電気素量**）即ち素電荷 e の存在を確認した（ミリカンの液滴の実験）．ミリカンは電気素量 e の値として 4.774×10^{-10} esu を得，すべての電気量はこの整数倍であることを発見した．その結果，電子の質量 m が得られた．

現在では，電子の電荷量（電気素量）として $e=1.6021892(46)\times10^{-19}$ C が得られている．表1・1に各粒子の電荷を示す．

解説⑩
真空中の光の速さ c_0 は，光の波長（電磁波の種類）に関係なく一定である．しかし，物質中の光の速さは波長，物質の種類により異なることに注意しなければならない．なお，(1・3)式の光速度 c は一般に密度 0.001293 g/cm³ の空気中の速度と近似することができ，$c=c_0$ とすると(1・4)式が成立する．

1・2・4 4つの基本力

物質，粒子間に働く力には，**重力**，**電磁力**（クーロン力），**強い力**（強い相互作用），**弱い力**（弱い相互作用）の4つの**基本力**があり，それぞれの力が働くことにより生じる4つの相互

表 1・3 4つの基本力とその性質

力の種類	相対強度	作用距離	作用時間	例
強い力	1	10^{-15} m	10^{-23} 秒	核力
電磁力	10^{-2}	∞	10^{-21} 秒	クーロン力
弱い力	10^{-13}	ほとんど0	10^{-8} 秒	β 崩壊
重力	10^{-39}	∞		引力

作用がある．表1・3に4つの基本力とその性質を示す．なおクォーク域になると，4つの基本力のうち，弱い力は電磁力と同じになり，強い力は色の力になる．さらに，これらはひとつの統一された力になると考えられている．クォーク間に働く力は，陽子や中性子に働いて原子核を作っている核力と同じ種類で，強い力（クォーク間では色の力という）である．

1・3 放射線の質量とエネルギー

電磁波であるX線，γ 線のエネルギーについては，既に，本章，1・2・1項で説明した．ここでは，粒子線の質量とエネルギーについて説明する．

1・3・1 原子質量単位

原子，原子核，素粒子等の質量を表すのに**原子質量単位**（atomic mass unit）（記号としてuあるいはamu）が用いられる．ここで，uは炭素（¹²C）原子の質量を12uと定めたものである⑪．12gの炭素¹²Cにはアボガドロ数 N_A（$=6.022845(31)\times10^{23}$）の炭素原子が含まれているので，

$$^{12}\text{C}, 1\text{個の質量}=\frac{12}{6.022\times10^{23}}\text{g} \tag{1・9}$$

解説⑪
原子質量単位の定義は，1960年国際物理学連合および1961年国際化学連合で決定された．uは unified atomic mass unit の意味である．

となる．この 1/12 が 1 u であるので，

$$1\,\mathrm{u} = \frac{1}{6.022 \times 10^{23}}\,\mathrm{g} = 1.6605 \times 10^{-24}\,\mathrm{g} \tag{1・10}$$

である．現在，1 u は正確な値として $1.6605655(86) \times 10^{-24}$ g が得られている．

1・3・2 質量とエネルギーの同等性

光速に近い速度で運動する粒子の質量を考えるときは，ニュートン力学には限界があり，**アインシュタイン**により導入された**特殊相対性理論**を適用しなければならない[12]．

特殊相対性理論を用いると，光速に近い速度 v で運動しているときの粒子の質量（**相対論的質量**（relative mass））m と静止しているときの**静止質量**（rest mass）m_0 との間には，一般式として，

$$m = \frac{m_0}{\sqrt{1-\left(\dfrac{v}{c}\right)^2}} = \frac{m_0}{\sqrt{1-\beta^2}} \quad \left(\beta = \frac{v}{c}\right) \tag{1・11}$$

の関係がある．

また，特殊相対性理論を用いると光速に近い速度で運動している粒子のエネルギーが記述でき，質量 m なる粒子の全エネルギー W は，光速度を c とすると，アインシュタインの質量とエネルギーとの転換式

$$W = mc^2 \tag{1・12}$$

によって与えられる．この全エネルギー W を**質量エネルギー**（mass energy）という．

1・3・3 静止エネルギーと運動エネルギー

粒子放射線のエネルギーは，一般に，その全エネルギー（質量エネルギー）mc^2（$= K + m_0 c^2$）から**静止エネルギー**（rest energy）$m_0 c^2$ をさし引いた**運動エネルギー**（kinetic energy K）で表される．

$$\begin{aligned}
K &= mc^2 - m_0 c^2 \\
&= m_0 c^2 \left(\frac{1}{\sqrt{1-\beta^2}} - 1\right) \\
&= m_0 c^2 \left(\frac{1}{2}\beta^2 + \frac{3}{8}\beta^4 + \cdots\right)
\end{aligned} \tag{1・13}$$

なお，放射線物理学では，粒子の運動エネルギー K を記号 E で表し，その放射線（粒子線）のエネルギーとして使用する．

1・3・4 放射線のエネルギー

放射線のエネルギー E の単位として，一般に，〔eV〕を使用する．電子が電圧 1 V の 2 点間で加速されたときに得る運動エネルギーの大きさを 1 電子ボルト（エレクトロンボルト，eV）という．Q〔C〕の電荷が電圧 V〔V〕の 2 点間で加速されたときに得るエネルギーは QV〔J〕である．電子の電荷は $1.6021892(45) \times 10^{-19}$ C であり，

$$1\,\mathrm{eV} = 1.602 \times 10^{-19}\,\mathrm{C} \times 1\,\mathrm{V}$$

解説 ⑫

1905 年，アインシュタインは前述の光量子説と同時に特殊相対性理論を発表した．この理論は，それまでの空間と時間という概念に大改革をもたらした．さらに 1915 年，アインシュタインは互いに加速度を持つ運動系へこの理論を拡張して，一般相対性理論を完成した．これらの理論は量子力学等の近代物理学の基礎となっている．

$$= 1.602 \times 10^{-19} \text{ J} \tag{1・14}$$

である.

1 u は定義より，$1\text{ u} = 1.6605 \times 10^{-27}$ kg となり，$W = mc^2$ の関係より，その質量エネルギーを換算すると，

$$\begin{aligned} 1\text{ u}c^2 &= 1.6605 \times 10^{-27} \times (2.998 \times 10^8)^2 \\ &= 1.4925 \times 10^{-10} \text{ J} \end{aligned} \tag{1・15}$$

となる．また，これは

$$1\text{ u}c^2 = \frac{1.495 \times 10^{-10}}{1.602 \times 10^{-19}} \text{ eV} \fallingdotseq 931.5 \text{ MeV} \tag{1・16}$$

である（巻末付録：エネルギー換算表，参照）.

電子の静止質量 m_0 の値として，$m_0 = 9.1095345 \times 10^{-31}$ kg（$= 0.00054858026(21)$ u）が得られている．すなわち，電子の静止エネルギー m_0c^2 は約 0.511 MeV となる．なお，陽子，中性子の静止エネルギーは，それぞれ約 938，939 MeV である．各粒子の静止質量（静止エネルギーとして）を表 1・1 に示す．

1・3・5　放射線の量と単位

放射線を扱う場合，その量および単位を正確に理解していなければならない．種々の放射線の量と単位については，**国際放射線単位測定委員会**（Iinternational Commission on Radiation Units and Measurements：**ICRU**）において定義されている．この定義は必要に応じて変化していくものであり，最も新しい ICRU REPORT 85（2011）に従い説明する（巻末付録：放射線の量と単位，参照）．なお，ここでは，放射線場に関する量のみを説明する．

ⅰ）粒子数（particle number），N

粒子数 N は放出，転移，授受された粒子の数である．

単位：1

ⅱ）放射エネルギー（radiant energy），R

放射エネルギー R は放出，転移，授受された粒子のエネルギー（静止エネルギーを除く）である．

単位：J

ⅲ）フラックス（flux），$\dot{N}$

フラックス $\dot{N}$ は dN を dt で除した値である．ここで，dN は時間間隔 dt における粒子数の増加分である．

$$\dot{N} = \frac{dN}{dt} \tag{1・17}$$

単位：s^{-1}

ⅳ）エネルギーフラックス（energy flux），$\dot{R}$

エネルギーフラックス $\dot{R}$ は dR を dt で除した値である．ここで，dR は時間間隔 dt における放射エネルギーの増加分である．

$$\dot{R} = \frac{dR}{dt} \tag{1・18}$$

単位：W

v) フルエンス (fluence)，$\varPhi$

フルエンス $\varPhi$ は dN を da で除した値である．ここで，dN は断面積 da の球に入射する粒子の数である．

$$\varPhi = \frac{dN}{da} \tag{1・19}$$

単位：m^{-2}

vi) エネルギーフルエンス (energy fluence)，$\varPsi$

エネルギーフルエンス $\varPsi$ は dR を da で除した値である．ここで，dR は断面積 da の球に入射する放射エネルギーである．

$$\varPsi = \frac{dR}{da} \tag{1・20}$$

単位：Jm^{-2}

vii) フルエンス率 (fluence rate)，$\dot{\varPhi}$

フルエンス率 $\dot{\varPhi}$ は $d\varPhi$ を dt で除した値である．ここで，$d\varPhi$ は時間間隔 dt における粒子フルエンスの増加分である．

$$\dot{\varPhi} = \frac{d\varPhi}{dt} \tag{1・21}$$

単位：$m^{-2}s^{-1}$

viii) エネルギーフルエンス率 (energy fluence rate)，$\dot{\varPsi}$

エネルギーフルエンス率 $\dot{\varPsi}$ は $d\varPsi$ を dt で除した値である．ここで，$d\varPsi$ は時間間隔 dt におけるエネルギーフルエンスの増加分である．

$$\dot{\varPsi} = \frac{d\varPsi}{dt} \tag{1・22}$$

単位：Wm^{-2}

◎ 参考図書

西臺武弘：放射線医学物理学・第3版，文光堂（2005）
社団法人日本アイソトープ協会：アイソトープ手帳・10版，丸善（2002）
多田順一郎：わかりやすい放射線物理学，オーム社（1997）
ICRU REPORT 85：Fundamental Quantities and Units for Ionizing Radiation, Journal of the ICRU, vol. 11, No 1, Oxford University Press, 2011.

◎ 演習問題

問題1　放射線の定義を説明せよ．

問題2　放射線と原子との基本的な相互作用を説明せよ．

問題3　放射線の種類を分類せよ．

問題4　波長が 5000 Å の光子エネルギーは何〔eV〕か．また，何〔J〕か．

問題5　出力 100 W（=J/s），波長 5000 Å の光を発している光源からは1秒間に何個の

　　　　光子が放出されるか．

問題6　1 MeV の電子の速度は光速度の何倍か．

第2章 原子の構造

2・1 ボーアの原子模型
2・2 原子の構造

第2章
原子の構造

本章で何を学ぶか

　医療の場で働く診療放射線技師としては X 線や γ 線の発生機構を十分に理解して，実務に携わらなければならない．ここでは原子物理学において古典物理学の行き詰まりから現代物理学への発展の過程を学び，原子の構造について学ぶ．原子から放射される光のスペクトルを説明できず破綻した古典物理学に対して，一つの仮説がボーアにより示された．その仮説は前期量子論として登場した．さらに波と粒子を結びつけるアインシュタインの関係式よりシュレーディンガーにより物質波の波動方程式が導かれ，水素原子のスペクトルが量子論的に説明された．原子の状態を表す主量子数，方位量子数などの種々の量子数が導入された．量子現象と医療は一見あまり関係ないよう思えるが，**量子医学**という用語が使用されており非常に深い関係のあることが推察できる．

2・1　ボーア（Bohr）の原子模型

　α 線の散乱実験からラザフォード（Rutherford）が提唱した原子模型は正電荷が中央に球状に集まっていて，電子（electron）がクーロン引力（coulombbic attraction）を受けてその周りを回っている．しかし，古典物理学による扱いでは電子が回転すれば周りに振動電場ができている．よって**電磁波**（electromagnetic wave）[①] を出すことになり，電子は次第に原子核（atomic nucleus）と合体してしまうはずである．電子の回転周期は連続的に変化するので，出てくる電磁波（光）の振動数も連続的に変化することになる．

　実験によると原子（atom）が放つ光は線スペクトル（line spectrum）を示し，ふつうの状態では光を出すことはない．電子は光を放射することなく，一定の軌道を定常的に運動し続けることを意味する．水素原子のスペクトルは最も簡単で規則性がはっきりしており，その線スペクトルの振動数 ν は

$$\nu = cR\left(\frac{1}{n^2} - \frac{1}{n'^2}\right) \quad n=1,2,3\cdots,\ n'=n+1,\ n+2,\ n+3\cdots \quad (2・1)$$

と表される．ただし，c は光の速さで，R は**リュードベリ定数**（Rydberg constant）（$1.0973731534\times10^7\,\mathrm{m^{-1}}$）である．$n$ に対して次のように命名されている．

　　　$n=1$,　　$n'=2,3,4\cdots$　　**ライマン系列**（Lyman series）（紫外部）
　　　$n=2$,　　$n'=3,4,5\cdots$　　**バルマー系列**（Balmer series）（可視部）
　　　$n=3$,　　$n'=4,5,6\cdots$　　**パッシェン系列**（Paschen series）（赤外部）

2・1・1　ボーアの量子仮説

i) 量子条件（quantum condition）

　電子の軌道は，古典的に求められるものの中で，量子条件を満たすものだけが安定な定常状態の軌道となる．これは古典論の矛盾を解決し，スペクトル線の規則性

解説 ①
電磁波とは真空や物質中を電磁場の振動が伝搬する現象をいう．真空中での電磁波の平面波は光速で伝搬し，電場と磁場の振動方向は進行方向と直角の面内にあり，互いに垂直である．電波，赤外線，可視光線，紫外線，X 線，γ 線などが電磁波に含まれる．

を説明するために提案された．円軌道の場合は，運動量（momentum）を p，軌道一周の長さを w として

$$pw = nh \quad (n=1, 2, 3, \cdots) \tag{2・2}$$

を**ボーアの量子条件**と言い，n を**量子数**（quantum number）という．また，h はプランク定数（Planck constant）である．

ii) 振動数条件（frequency condition）

電子のエネルギー（energy）は，原子では飛び飛びの値となり，**軌道電子**（orbital electron）のエネルギー E_n から $E_{n'}$ に移る時，遷移によるエネルギーの差は，吸収あるいは放出された光子のエネルギーに等しい．

$$h\nu = |E_n - E_{n'}|, \quad \nu = \frac{1}{h}|E_n - E_{n'}| \tag{2・3}$$

この関係式をボーアの**振動数条件（振動数関係）**という．

2・1・2　エネルギーの固有状態（eigenstate）

i) 定常状態（stationary state）

円周が w の円運動を行う軌道電子の取り得る状態は，アインシュタイン（Einstein）の関係と量子条件

$$p = h/\lambda \tag{2・4}$$

$$pw = nh \tag{2・5}$$

により，$n = w/\lambda$ が得られる．円周が**電子波**（electron wave）[2] の波長の整数倍であるときのみが定常状態となりうる．**図 2・1** は定常状態やそうでない時の状態を示す模式図である．

解説 ②
物質粒子に伴う波をド・ブロイ波あるいは物質波といい，電子に伴う波を電子波という．電子が波の性質をもつことを結晶による電子波の回折実験でデヴィッソンとガーマー，トムソン，菊地正士らにより確かめられた．

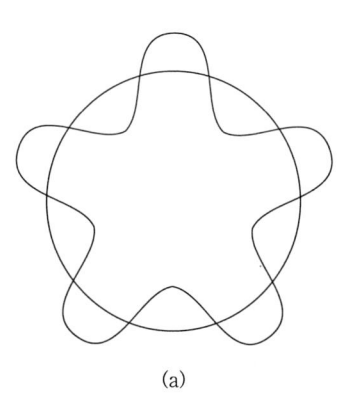 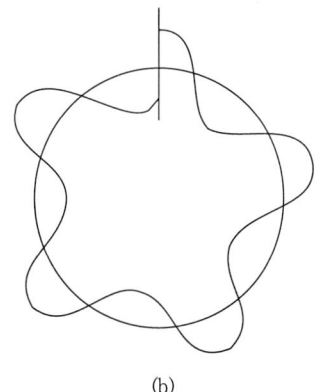

　　　　(a)　　　　　　　　　　　(b)

図 2・1　量子条件と状態
(a)は定常状態を表し，(b)は波がつながらず定常状態にならない．

ii) 軌道電子のエネルギー準位[3]

運動量を $p = mv$，半径を r，電子の質量を m，速さを v としてボーアの量子条件は $mv2\pi r = nh$ となる．原子核から受けるクーロン力 F は遠心力（慣性の力）とつりあう．SI 単位系により次の関係式が得られる．

解説 ③
束縛されている起動電子のエネルギーは，飛び飛びの値しかとり得ない．一方自由電子は任意のエネルギーをとり得る．

$$F = \frac{(Ze)e}{4\pi\varepsilon_0 r^2} = \frac{mv^2}{r} \text{ より}$$

$$v = \sqrt{\frac{Z}{4\pi\varepsilon_0 rm}} \cdot e$$

ただし，e：電気素量（elementary electric charge）（素電荷（正）），Z：原子番号（atomic number），ε_0：真空の誘電率（dielectric constant）である．量子条件は

$$m\sqrt{\frac{Z}{4\pi\varepsilon_0 rm}} \cdot e \cdot 2\pi r = 2\pi e \sqrt{\frac{mrZ}{4\pi\varepsilon_0}} = nh, \quad e\sqrt{\frac{\pi mrZ}{\varepsilon_0}} = nh$$

となる．半径 r はボーア半径 a_0 により

$$r = \frac{\varepsilon_0 n^2 h^2}{me^2 \pi Z} = \frac{n^2}{Z}\left(\frac{\varepsilon_0 h^2}{\pi me^2}\right) = \frac{n^2}{Z} a_0, \quad a_0 = \left(\frac{\varepsilon_0 h^2}{\pi me^2}\right) \tag{2・6}$$

と表される．電子のエネルギーは運動エネルギー（kinetic energy）とクーロン力による**位置エネルギー**（potential energy）の和で次のように表される．

$$E_n = \frac{1}{2}mv^2 + \left\{-\frac{Ze^2}{4\pi\varepsilon_0 r}\right\} = -\frac{e^2 Z}{8\pi\varepsilon_0 r} = -\frac{me^4 Z^2}{8\varepsilon_0^2 h^2} \cdot \frac{1}{n^2} \tag{2・7}$$

n は整数であり，円軌道の電子に許されるエネルギーは飛び飛びの値のみである．整数 n で表されるエネルギー状態は**定常状態**であり電磁波を放出しない．

2・1・3 基底状態（ground state）と励起状態（excited state）

i) 基底状態

原子の軌道電子のエネルギー状態が最も低い定常状態を**基底状態**という．水素原子の場合は電子が一個であり $n=1$ が基底状態となる．

ii) 励起状態

基底状態よりもエネルギーが高い状態を**励起状態**という．水素原子の場合は $n=2$ 以上が励起状態となる．

iii) 遷移（transition）

一つの定常状態から他の定常状態に変わることを**遷移**といい，電磁波を吸収した時や，放出した時に生じる．遷移によるエネルギーの差は，吸収あるいは放出された光子のエネルギーに等しい．

2・1・4 量子数

ボーアは原子の定常状態では軌道電子はエネルギーを放出することなく安定しているという仮説をたて，古典物理では扱えなかった現象を**量子数**を導入することで説明した．量子数は束縛された電子に対しては離散的な値となり定常状態のエネルギーは飛び飛びの値となる．しかし，電離して自由になった電子のエネルギーは連続的な任意の値がとれる．

2・1・5 ボーアの量子論の意義

① 量子力学が誕生するまでの過渡期にもたらしたボーア理論の寄与は大きい．
② 水素原子のスペクトルの規則性を説明した．さらに軌道電子が一個の He^{1+} のスペクトルにも言及した．

③ 古典力学に量子条件をもちこむという中途半端なものであり，なぜ量子条件が必要なのか明らかでない．

2・2 原子の構造

原子は中心に正の電荷を持った原子核（核ともいう）が存在し，そのまわりを電子が運動している．原子のおおよその大きさを**図 2・2**に示す．静止状態の古典的な電子の半径は 2.82×10^{-15} m である．原子核（核）はZ個の**陽子**（proton）とN個の**中性子**（neutron）から構成され，原子核のまわりを陽子と同じ数のZ個の電子が運動している．普通の状態の原子では陽子の数と軌道電子の数は等しく電気的に中性となる．電子は負の電荷をもっていてその絶対値を**電気素量（素電荷）**といい，その大きさは 1.602×10^{-19} C である．陽子は正の電荷をもっており，その絶対値は電子と同じである．中性子は電荷をもたない．原子核を構成する陽子と中性子を核子（neucleon）という．原子の種類は**原子番号**[④]で区別され，核内の陽子の数Zを用いて原子番号Zとして表される．同じ原子番号をもった物質種を元素（element）といい，現在 112 種以上知られている．

解説 ④
原子番号は原子核に含まれる陽子の数に相当し，原子核の外にある電子の数にも等しい．現在確認されている原子番号が最も大きいのは118番の元素である．

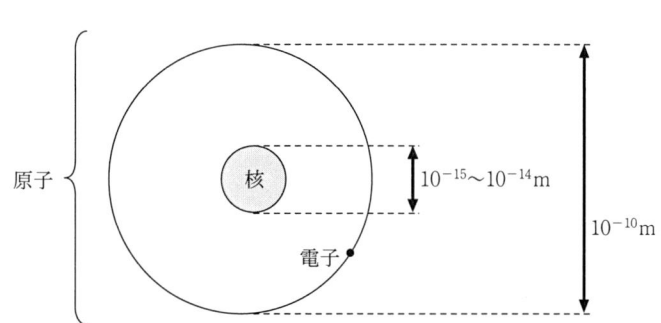

図 2・2 原子と原子核の大きさの概要

2・2・1 量子数

i) 楕円軌道

スペクトル（ライマン系列，バルマー系列，パッシェン系列…）の研究よりボーア模型における量子数 n 以外の量子数が必要であることがわかった．

水素原子（hydrogen atom）のスペクトルは微細構造を示しており（**図2・3**），これを説明するためにボーア模型に楕円軌道が取り入れられた．楕円軌道の長径と

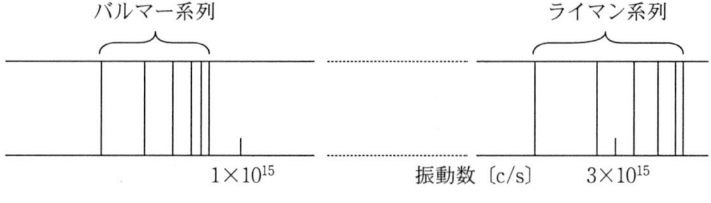

図 2・3 水素原子のスペクトルの例

第2章 原子の構造

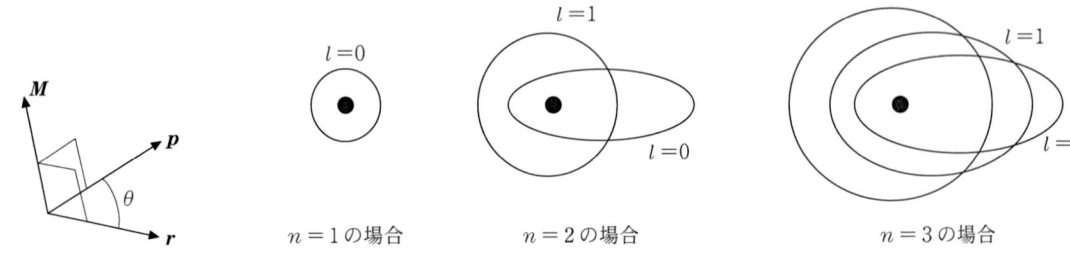

図 2・4 角運動量   図 2・5 楕円軌道の主量子数と方位量子数

短径を $2a$, $2b$ とする．

$$\text{長径}:2a \quad a=\frac{n^2}{Z}a_0, \quad \text{短径}:2b \quad b=\frac{l+1}{n}a$$

ただし a_0 は **ボーア半径** (Bohr radius) で，

$$a_0=\frac{\varepsilon_0 h^2}{\pi m e^2} \tag{2・8}$$

ここで n は **主量子数** (principal quantum number), l は **方位量子数** (azimuthal quantum number, 角運動量の量子数) である．角運動量 (angular momentum) M は，位置ベクトル r と運動量 P のベクトル積であり， $M=r\times p$ となり，その大きさ M は $M=rp\sin\theta$ である (図2・4)．円運動の場合は， $M=rp$ となる． M の方向は r と p に垂直，向きは r の先端を p の先端に180°より小さい角内で回した時の右ネジの進む向きである． l は $0,1,2,\cdots n-1$ の n 個の値をとる (図2・5)．

ii) **物質波** (material wave) と **シュレーディンガー方程式** (Schroedinger equation)

光が粒子性をもつことが明らかになり，ド・ブロイ (de Broglie) は電子などの物質も波動性を示すと考え，**物質波** の波長 λ は

$$\lambda=h/p \tag{2・9}$$

と表されると考えた． x 方向に一様に進む波は， $A\cos(kx-\omega t)$ あるいは $A\sin(kx-\omega t)$ と表せる．ここで $k=2\pi/\lambda$, $\omega=2\pi\nu$ である．シュレーディンガーは物質波の波動関数 (wave function) Ψ を

$$\Psi=Ae^{i(kx-\omega t)} \tag{2・10}$$

と考えた．ここで， $\hbar=h/(2\pi)$ として，

$$p=h/\lambda=\frac{\{h/(2\pi)\}}{\{\lambda/(2\pi)\}}=\hbar k$$

である．非相対論的 (nonrelativistic) な自由電子 (free electron) の運動エネルギー E は $E=p^2/(2m)$ であり，波動としての運動量を適用すると

$$E=p^2/(2m)=\hbar^2 k^2/(2m) \tag{2・11}$$

一方，波動関数 Ψ より

$$i\hbar\frac{\partial\Psi}{\partial t}=\hbar\omega\Psi=E\Psi,$$

$$-i\hbar\frac{\partial\Psi}{\partial x}=\hbar x\Psi=p_x\Psi, \quad -\hbar^2\frac{\partial^2}{\partial x^2}\Psi=\hbar^2 x^2\Psi=p_x^2\Psi$$

となる．3次元に拡張して，対応関係

$$E \Leftrightarrow i\hbar\frac{\partial}{\partial t}, \quad p_x \Leftrightarrow -i\hbar\frac{\partial}{\partial x}, \quad p_y \Leftrightarrow -i\hbar\frac{\partial}{\partial y}, \quad p_z \Leftrightarrow -i\hbar\frac{\partial}{\partial z}$$

があり，次の**シュレーディンガー方程式**が得られる．

$$i\hbar\frac{\partial \Psi}{\partial t} = -\frac{\hbar^2}{2m}\left(\frac{\partial^2}{\partial x^2} + \frac{\partial^2}{\partial y^2} + \frac{\partial^2}{\partial z^2}\right)\Psi = -\frac{\hbar^2}{2m}\Delta\Psi \tag{2・12}$$

ここで Δ はラプラス演算子（Laplace operator）で

$$\Delta = \left(\frac{\partial^2}{\partial x^2} + \frac{\partial^2}{\partial y^2} + \frac{\partial^2}{\partial z^2}\right)$$

である．定常波の場合は時間とともに進行しないで振動しており，$\Psi = e^{-i\omega t}\psi$ と表される．

$$i\hbar\frac{\partial \Psi}{\partial t} = \hbar\omega\Psi = E\Psi = Ee^{-i\omega t}\psi = -\frac{\hbar^2}{2m}e^{-i\omega t}\Delta\psi$$

$$E\psi = -\frac{\hbar^2}{2m}\Delta\psi \tag{2・13}$$

これは時間を含まないシュレーディンガー方程式といわれ，**エネルギー準位**（energy level）を求めるのに使用される．水素原子は核の電荷と電子の電荷でクーロンポテンシャル U をもつので，

$$U = -\frac{e^2}{4\pi\varepsilon_0 r}$$

をエネルギーに加えたシュレーディンガー方程式は

$$E\psi = -\frac{\hbar^2}{2m}\Delta\psi - \frac{e^2}{4\pi\varepsilon_0 r}\psi \tag{2・14}$$

となる．ただし，r は原子核と電子の距離，e は電気素量，ε_0 は真空の誘電率，m は電子の質量である．

2・2・2 極座標による表示

> **解説 ⑤**
> 中心力によるポテンシャルの場合に極座標系を用いると，波動関数は動径部分と角度部分に変数分離して求めることができ，動径部分に主量子数が含まれる．

図 **2・6** に示したように点 p の位置は3次元的に極座標系（polar coordinate system）[⑤] で表すことができる．極座標系 (r, θ, ϕ) を用いると波動関数 ψ は3つの関数の積で表される．

$$\psi = R(r)\Theta(\theta)\Phi(\phi) \tag{2・15}$$

角運動量 $\boldsymbol{l}$ の演算子は $\boldsymbol{l} = \boldsymbol{r} \times \boldsymbol{p}$ の運動量 $\boldsymbol{p}$ を微分演算子で置き換えたものである．中心力によるポテンシャル（potential）の場合（中心からの距離だけの関数）には l^2 と z 軸

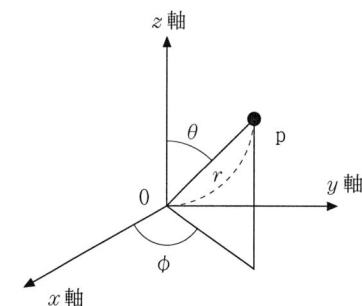

図 **2・6** 極座標系

方向の角運動量は共通の**固有関数**（eigenfunction）Y_{lm} をもつ．この関数は球面調和関数（spherical surface harmonics）であり，**方位量子数** l，**磁気量子数**（magnetic quantum number）m_l が得られる．動径方向の関数からは，$E<0$ の場合の主量子数 n が導きだされ，これら量子数の間には

主量子数 　　　　$n = 1, 2, 3$
方位量子数 　　　$l = 0, 1, 2, \cdots\cdots, n-1$

磁気量子数　　$m_l = -l, -l+1, \cdots, -1, 0, 1 \cdots, l-1, l$

の関係がある．楕円軌道は空間的に傾きをもつ軌道となる．これは強い磁場内の原子に観測されるスペクトルに対応したもので，磁気量子数 m_l で説明される．m_l は $(2l+1)$ 個の値をとりうる．z 軸方向にかけられた磁場に対応して軌道角運動量 (orbital angular momentum) の z 成分を量子化する．ここで水素原子は電子が一個なので，$n=1$，$l=0$，$m_l=0$ となる．$m_l=0$ なので軌道運動の磁気量子数に関係する磁気モーメント (magnetic moment) がなく，磁場の影響を受けないはずであるが実際には影響をうけている．これは軌道運動に伴う角運動量に加え，電子の自転による固有の角運動量のためである．この自転のことをスピン (spin) という[6]．一般に**スピン量子数** (spin quantum number) は正の数 (0，整数，半整数) s で表され，電子の場合の s は $1/2$ である．スピン量子数が s の場合，**スピン磁気量子数** (spin magnetic quantum number) m_s は $-s, -(s-1), \cdots, (s-1), s$ となり，自転の角運動量の z 成分は $m_s\hbar$ として表される．電子の場合，スピン量子数が $1/2$ なので，スピン磁気量子数 m_s は $1/2$，$-1/2$ のみ取り得る．よって一つの軌道には自転方向の異なる2個の電子しか存在し得ない．

2・2・3 量子数についてのまとめ（電子について）

i) 主量子数 n

主量子数 n は軌道電子の殻を指定し，方位量子数とともに定常状態の**エネルギー準位**を定める．主量子数 n の殻には名前がつけられている．

$n=1$ (K殻)，$n=2$ (L殻)，$n=3$ (M殻)，$n=4$ (N殻)，$n=5$ (O殻)，$n=6$ (P殻)，$n=7$ (Q殻)

ii) 方位量子数 l

方位量子数 l は軌道角運動量の量子数であり，主量子数とともに定常状態のエネルギー準位を定める．

$l = 0, 1, \cdots, n-1$ の n 個の量子数．

軌道角運動量 L は，$\hbar = h/(2\pi)$ として，

$$L = \sqrt{l(l+1)} \cdot \hbar \tag{2・16}$$

iii) 磁気量子数 m_l

磁気量子数 m_l は角運動量の z 成分 (L_z) を量子化する．

$m_l = -l, -l+1, \cdots, 0, \cdots, l-1, l$ の $(2l+1)$ 個の値

$L_z = m_l \hbar$

電子が角運動量を持って運動していると，その電荷のために磁気を生じ，外部磁場の方向に対して飛び飛びの磁気の大きさをとる．磁場中におかれた原子から発するスペクトルが分岐することを**ゼーマン効果** (Zeeman effect) という．これは軌道運動に関係する磁気モーメントが m_l の値に依存し，磁場中でエネルギー状態が分岐することによる．

iv) スピン量子数 s とスピン磁気量子数 m_s

スピンは自転の角運動量であり，大きさは $S = \sqrt{s(s+1)} \cdot \hbar$ となる．軌道角運動量と同じくその磁場方向の z 成分は $m_s \hbar$ である[7]．スピンに関係する磁気モーメ

解説⑥
原子スペクトルや周期律を説明するのにパウリによりスピンが導入された．スピンは相対論的量子力学（ディラック方程式など）により角運動量の一種として付随する磁気モーメントとともに導かれる．

解説⑦
スピン角運動量と軌道角運動量のベクトルの内積に依存する相互作用をスピン軌道相互作用という．軽い原子ではスピン軌道相互作用は弱く重い原子では強い．

ントもゼーマン効果に寄与する.

$$\text{電子は } s=\frac{1}{2} \text{ で } \quad m_s=\frac{1}{2}, -\frac{1}{2}$$

のみとれる.

2・2・4 パウリの原理

量子数 n, l, m_l, m_s で決まる一つの電子状態の軌道には1個の電子しか入ることはできない.これを**パウリの排他原理**(Pauli exclusion principle)という.原子番号が増えるとそれに合わせて電子数が増し,パウリの排他原理を満たした状態で原子のエネルギー状態が最低になる電子配置となる.一般に粒子のスピン量子数 s が半整数のときには,粒子はパウリの排他原理に従って一つの状態には1個の粒子しか入れない.この様な粒子を**フェルミ粒子**(Fermi particle または fermion)という.一方スピン量子数 s が0または整数の粒子は一つの状態にいくつもの粒子が入ることが可能であり,この様な粒子を**ボーズ粒子**(Bose particle または boson)という[8].

> **解説 ⑧**
> ボーズ粒子はボゾンともいわれ整数のスピンをもつ粒子に適用されるボーズ・アインシュタイン統計(Bose-Einstein statistics)に従う.フェルミ粒子はフェルミオンともいわれ奇数の半分のスピンをもつ粒子に適用されるフェルミ・ディラック統計(Fermi-Dirac statistics)に従う.

2・2・5 軌道電子の配置可能数

i) 各殻に収容可能な電子数

				m_l の状態数
$n=1$ (K殻)	$l=0$	$m_l=0$	1個	1
$n=2$ (L殻)	$l=0$	$m_l=0$	1個 ⎫	4
	$l=1$	$m_l=-1, 0, 1$	3個 ⎭	
$n=3$ (M殻)	$l=0$	$m_l=0$	1個 ⎫	
	$l=1$	$m_l=-1, 0, 1$	3個 ⎬	9
	$l=2$	$m_l=-2, -1, 0, 1, 2$	5個 ⎭	

であり,とりうる m_l の状態の数は l について

$$-l, -l+1, \cdots, 0, l-1, l$$

の $(2l+1)$ である.主量子数が n の場合の磁気量子数 m_l のとりうる状態の数は

$$\sum_{l=0}^{n-1}(2l+1)=\sum_{l=0}^{n-1}(2l)+\sum_{l=0}^{n-1}1=2\sum_{l=0}^{n-1}l+n=n^2 \tag{2・17}$$

となり,これらの状態にはそれぞれスピン磁気量子数が $1/2$,$-1/2$ の2つの状態がある.よって主量子数が n の時,電子のとりうる状態の数は $2\times n^2$ であり,軌道電子の状態は量子数 n, l, m_l, m_s で決まる.

ii) 全電子数

量子数が1からNの殻にまで収容可能な電子数は次式で表される.

$$\text{全電子数は } \sum_{n=1}^{N} 2\cdot n^2 = 2\sum_{n=1}^{N} n^2 = 2\left(\frac{N^3}{3}+\frac{N^2}{2}+\frac{N}{6}\right) \tag{2・18}$$

n (主量子数)	殻の状態数	n までの殻の状態数の和
$n=1$	$2\times 1=2$	2
2	$2\times 2^2=8$	$10=(2+8)$
3	$2\times 3^2=18$	$28=(10+18)$
4	$2\times 4^2=32$	$60=(28+32)$

5	$2\times 5^2=50$	$110=(60+50)$
6	$2\times 6^2=72$	$182=(110+72)$

現在，発見されている元素は原子番号が112以上あるが，主量子数6を含めると電子状態の数は182あり，112個の元素の電子状態を表せるはずである．しかし，安定な原子は主量子数 n の値が小さい軌道から順次に電子が埋められるが，原子番号が高くなるにつれて内部の軌道が埋まらないうちにうちに外部の軌道に入る傾向があり，主量子数が7のQ殻の軌道にも電子が存在する．

2・2・6 元素の周期律（periodic law）

i）方位量子数と分光学記号（spectroscopic notation）

方位量子数と分光学における記号の対応は

l	0	1	2	3	4	5
分光学記号	s	p	d	f	g	h

である．軌道を表す記号の前に殻を示す数字を書き，記号の右肩にその軌道に入っている電子の数は次のように書く．

$_1$H → $1s^1$，　$_2$He → $1s^2$，　$_3$Li → $1s^2 2s^1$

$_{19}$K → $1s^2 2s^2 2p^6 3s^2 3p^6 4s^1$

例えば，p 軌道は $l=1$ なので m_l は-1，0，1の3つの値をとりうる．スピンを考慮して2倍の6個の電子が p 軌道に入ることができる．

ii）周期律

元素の性質は原子番号とともに周期的に変化し，この規則性は**周期律**といわれる．周期表を巻末付録に示す．原子番号順に配列した元素の電子配置は次のようにエネルギーの低い順に電子が詰まっていく．

第1周期　$n=1$, $l=0$
第2周期　$n=2$, $l=0,1$
第3周期　$n=3$, $l=0,1$
第4周期　$n=4$, $l=0,1$；$n=3$, $l=2$
第5周期　$n=5$, $l=0,1$；$n=4$, $l=2$
第6周期　$n=6$, $l=0,1$；$n=5$, $l=2$；$n=4$, $l=3$
第7周期　$n=7$, $l=0,1$；$n=6$, $l=2$；$n=5$, $l=3$

パウリの排他原理とスピンを考慮すると，各周期に入りうる電子数はそれぞれ，2，8，8，18，18，32，32である．これらの数を順次加えた数が，その周期における最後の元素の原子番号になっている．それらは $_2$He，$_{10}$Ne，$_{18}$Ar，$_{36}$Kr，$_{54}$Xe，$_{86}$Rn と原子番号が118の $_{118}$Uuo 元素となる．

電子が配置される順序は p 殻の次には必ず s または d 殻がきていて，この順序が必ず守られている．これはこの間のエネルギー差が大きいことを意味する．p 殻がちょうど満員となるところは，非常に安定な配置で，$_2$He，$_{10}$Ne，$_{18}$Ar，$_{36}$Kr，$_{54}$Xe，$_{86}$Rn は**不活性ガス**（inert gas）となっている．逆に，p 殻が満員になって，次の s 殻に電子が1個入った配置では，この電子の軌道半径はずっと大きくなるから，この電子はきわめて不安定であると考えられる．このような配置をもつ元素は $_3$Li，$_{11}$Na，$_{19}$K，$_{37}$Rb，$_{55}$Cs，$_{87}$Fr などで，化学的にもきわめて不安定であり，

容易に化合物をつくる．これらは**アルカリ金属**（alkali metal）とよばれている．$_9$F, $_{17}$Cl, $_3$Br, $_{53}$I, $_{85}$At は 1 個の電子をもらえば殻が満たされ，**ハロゲン元素**（halogen element）といわれる．

また，周期律表の 3〜11 族は**遷移元素**（transition element）[9]といわれ，主量子数 4 以上の元素のうち d 殻が充たされていくものと f 殻が充たされていくものがある．これらには $3d$ 殻の $_{21}$Sc〜$_{29}$Cu, $4d$ 殻の $_{39}$Y〜$_{47}$Ag, $5d$ 殻の $_{72}$Hf〜$_{79}$Au, $4f$ 殻の $_{57}$La〜$_{71}$Lu, $5f$ 殻の $_{89}$Ac〜$_{103}$Lr がある．これらは硬く，機械的強度が大で，高融点をもつ重金属であり，物性物理学的に重要な元素が存在する．遷移元素以外の元素を**典型元素**（main group element）といい，最外殻の電子が結合に関与する．光子のスピンは 1 であり，原子が光子を放出しても角運動量は保存されねばならないので軌道電子の遷移が制限される．このような制限を光子の放出吸収に対する**選択則**（selection rule）という．

解説 ⑨
遷移元素の鉄族イオンの $3d$ 殻や希土類金属イオンの $4f$ 殻のような不完全殻をもつイオンは磁性イオンといわれ，外部磁場がはたらくと磁気モーメントが外部磁場の方向に向くようになり，キュリーの法則に従う．

2・2・7 電離と励起

電離と励起の模式図を**図 2・7** に，それらのエネルギー準位は**図 2・8** に示した．電離は軌道電子が原子の束縛から解放された状態であり，電子は任意のエネルギー状態をとる．励起は軌道電子がエネルギーを吸収してエネルギー準位の高い軌道に遷移した状態である．**電離エネルギー**（ionization energy, **イオン化エネルギー**）は原子を電離するのに必要なエネルギーで水素原子の電離エネルギーは 13.6 eV である．

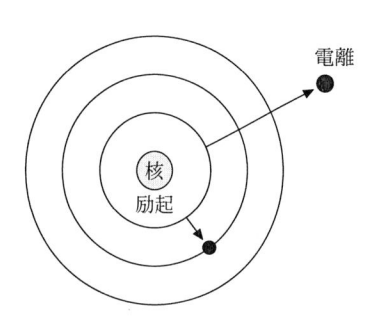

図 2・7 電離と励起の模式図

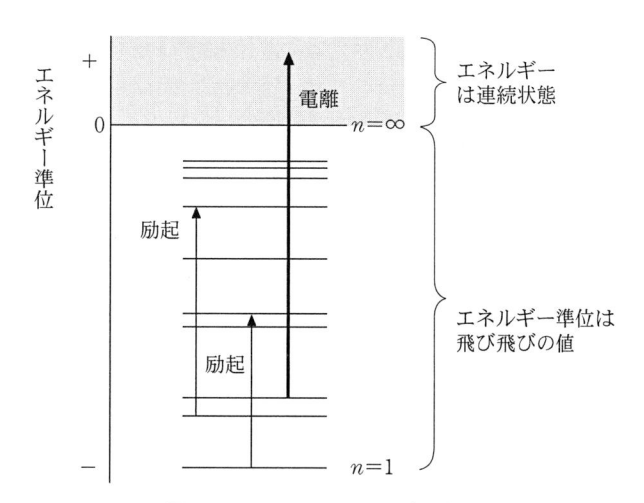

図 2・8 原子のエネルギー準位

第2章 原子の構造

◎ ウェブサイト紹介

国際基督教大学

国際基督教大学が提供しているもので http://subsite.icu.ac.jp から検索できる次の5つの URL がある．

① http://subsite.icu.ac.jp/people/umemoto/04fc1/FC1_Figs2-1.pdf
白色スペクトル，発光スペクトル，吸収スペクトルの説明から Bohr Model へ，さらに量子力学の誕生までがスライド形式で示されている．

② http://subsite.icu.ac.jp/people/umemoto/04fc1/FC1_Figs2-2.pdf
量子力学で明らかにされた原子の電子軌道に，どのように電子が配置され，結果として，どのようにして周期律ができるのかを示している．また s, p, d 軌道が描写されている．

③ http://subsite.icu.ac.jp/people/umemoto/04fc1/FC1_Figs2-3.pdf
原子の構造を理解することで原子の性質や反応性に現れる様々な周期性が理解できる．電子親和力は第17族が最も大きく，1つの族内では一般に上から下へ電子親和力は小さくなるが，一様ではなく複雑である．

④ http://subsite.icu.ac.jp/people/umemoto/04fc1/04fc1.html
Foundation of Chemistry I の目次が示されており，第2章では原子の構造-1，原子の構造-2，原子の構造-3 から構成されている．

⑤ http://subsite.icu.ac.jp/people/umemoto/04fc1/FC1_Figs1.pdf
原子についてその構造や原子核との関係が描写されている．また，Morseley が特性 X 線の測定により見い出した波長と原子番号の関係や，原子量が安定同位体の存在比で重みを付けた質量の平均値としてあらわされることが示されている．

日本物理学会

http://www.jps.or.jp/jps—master/jps/butsuri/50th/50(6)/50th-p408.html
過去半世紀にわたる国内での原子分子物理研究の流れを，衝突現象研究にたずさわってきた筆者である高柳和夫博士の視点から概観し，再び活気を帯びてきた研究分野の一端を紹介し，今後の課題に触れている．

九州大学大学院理学研究院・物理学部門・粒子物理学講座

http://www2.kutl.kyushu-u.ac.jp/seminar/MicroWorld/MicroWorld.html
第1部〜第4部で構成されており，「プロローグ・物質と電気の原子的性質，原子の構造（放射能の発見，$α$ 粒子の散乱，原子模型，原子核とは？），光の粒子の発見，電子と波，エピローグ・量子力学への幕開き」となっている．

◎ 参考図書

E. シュポルスキー：原子物理学 I，東京図書 (2000)
菊地健：原子物理学，共立出版 (1996)
小出昭一郎：物理学，裳華房 (2002)
有馬朗人：原子と原子核，朝倉書店 (1994)
小沼通二：現代物理学，放送大学教育振興会 (1997)
飯沼武，稲邑清也：放射線物理学，医歯薬出版 (1998)
西臺武弘：放射線医学物理学・第3版，文光堂 (2005)
上原周三：放射線物理学，南山堂 (2002)
井上敏，近角聰信，長崎誠三，田沼静一編：新版 アグネ元素周期表 (2001)
国立天文台編：理科年表平成17年版，丸善株式会社 (2004)

◎ 演習問題

問題 1 水素原子が基底状態から $n=3$ に励起され，基底状態に戻るときに放出する電磁波の波長はいくらか．

問題 2 水素原子が基底状態のエネルギーを求めよ．

問題 3 電子を 100 V で加速した時の物質波の波長を求めよ．

問題 4 $_{15}$P の電子配置を分光学記号を用いて示せ．

第3章
原子核の構造

3・1 原子核の基本的特性
3・2 原子核の構成と種類
3・3 原子質量単位
3・4 質量欠損
3・5 原子核の角運動量と磁気モーメント
3・6 原子核の構造
3・7 素粒子, 基本粒子

第3章
原子核の構造

本章で何を学ぶか

本章は，原子核の発見から原子核のモデル，そして核子を構成しているクォークまで非常に幅の広い，そして物理学の根本的なところを扱っている．知識の羅列ではなく理解が深まるように，また先人の知恵を紹介するように試みた．非常に難しい分野であるうえ，紙面の関係で詳しい説明を省いているので，理解するには努力が必要であるが，原子の世界と比較しながら着実に進んでいただきたい．

物質は太陽系から原子核の微小な世界にいたるまで階層構造をかたちづくっている．図3・1に示すように，直径10^{13} mの太陽系は太陽を中心とする重力場においてさまざまな惑星が軌道運動している．直径10^{-10} mの原子の世界では重力場より強いクーロン場によって原子核を中心として電子が軌道上を運動している．原子を構成する原子核は直径10^{-14} m程度であり，原子核内の極めて強い核力場において直径10^{-15} mの陽子と中性子が互いに近接したひとかたまりの集合体となっている．さらに陽子，中性子は10^{-18} m以下のアップクォーク（u）とダウンクォーク（d）から構成されている．

原子核の構造は，原子の構造と類似したモデルで描くことがあるが，それ1つの描像で全ての原子核を描くことはできない．原子では，電子は原子核から十分離れているばかりでなく電子相互も比較的離れているため，電子の状態は量子力学的軌道運動を特徴付ける量子数で一貫性をもって記述することが可能である．しかし，原子核では一貫して原子と全く同じ量子数で議論することはできない．原子核の大きさに応じて，原子と同じように軌道運動による記述が有効な場合と，原子の集まりである分子の運動の量子力学的記述に似た記述が有効な場合がある．

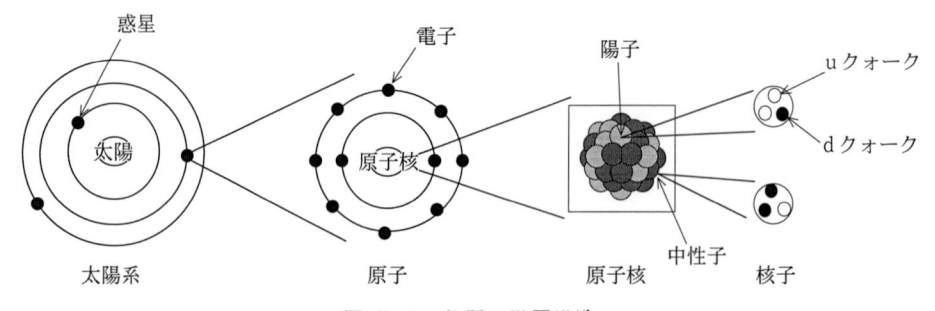

図 3・1 物質の階層構造

3・1 原子核の基本的特性

3・1・1 原子核の発見

1897年トムソン（Thomson）は電子を発見し，すべての原子は電子を含んでいることを示した．この原子の構造として，1904年長岡半太郎は正の核のまわりを電子が回転しているという核原子模型を提案した．しかし，このモデルでは，古典力学によると荷電粒子は加速度を受けると電磁波を放出することから，電子が核に落ち込むという矛盾があった．これに対してトムソンは，核原子模型の矛盾を避け，原子は1つの容器の中に電子と同量の正の電荷をもつ粒子が均一に混じっている球体であるという"charged-cloud"原子模型を提案した．

1906年ラザフォード（Rutherford）は，金箔に照射したα線が散乱されることを発見したが，その後共同研究者のガイガー（Geiger）とマースデン（Marsden）は，ときたま非常に大きな角度で，場合によっては後方へ散乱されることを発見した．ラザフォードはこのことから，原子内には非常に小さい体積で正の電荷をもつ大きな質量の**原子核**のあることを指摘した（1911年）．

図3・2(a)のように質量 M，電荷 $2e$，速度 v_0 の α 粒子が電荷 Ze の標的核（質量は α 粒子より非常に重いとする）によってクーロン散乱を受けると，軌道は運動方程式より，r と θ を変数とする極座標表示を用いて

$$\frac{1}{r} = \frac{1}{b}\sin\theta + \frac{2Ze^2}{4\pi\varepsilon_0 Mv_0^2 b^2}(\cos\theta - 1) \tag{3・1}$$

となる．ここで，b は α 粒子の進行方向とそれに平行で標的核を含む直線との距離であり，衝突径数という．ε_0 は真空の誘電率である[①]．図3・2(b)は7.68 MeV の α 粒子が金の標的に入射したときの軌道を示す．α 粒子が原子核に最も近づく距離 $r_{\min}$ は式（3・1）より

$$r_{\min} = \frac{2Ze^2}{4\pi\varepsilon_0 Mv_0^2}\left(1 + \frac{1}{\sin\dfrac{\Theta}{2}}\right) \tag{3・2}$$

となり，さらに正面衝突したときが最も原子核に近づくことができ，$r_{\min}$ が最小になる．この場合 $\Theta = \pi$ であり，

$$r_{\min} = \frac{4Ze^2}{4\pi\varepsilon_0 Mv_0^2} \tag{3・3}$$

が得られる．この例の場合では，α 粒子は金の核に 30×10^{-15} m まで近づくことができる．実験における散乱された α 粒子の角度分布は理論とよく一致した．しかし，原子番号の小さな原子核に大きなエネルギーの α 粒子をあて，α 粒子を 10^{-14} m まで近づけると，後方散乱される α 粒子が減り，側方散乱される α 粒子が多くなった．これは，α 粒子が原子核に接触し，クーロン斥力のほかに r^{-2} よりも早く減衰する大きな引力が働いたためである．これが核力と呼ばれ，電磁気的な力とは別の力である．ラザフォードは実験より**原子核の半径**を次式で示した．

$$R = r_0 A^{1/3} \tag{3・4}$$

ここで A は質量数であり，

解説 ①
真空の誘電率：
$\varepsilon_0 = 8.854187817 \times 10^{-12}$ F/m

第3章 原子核の構造

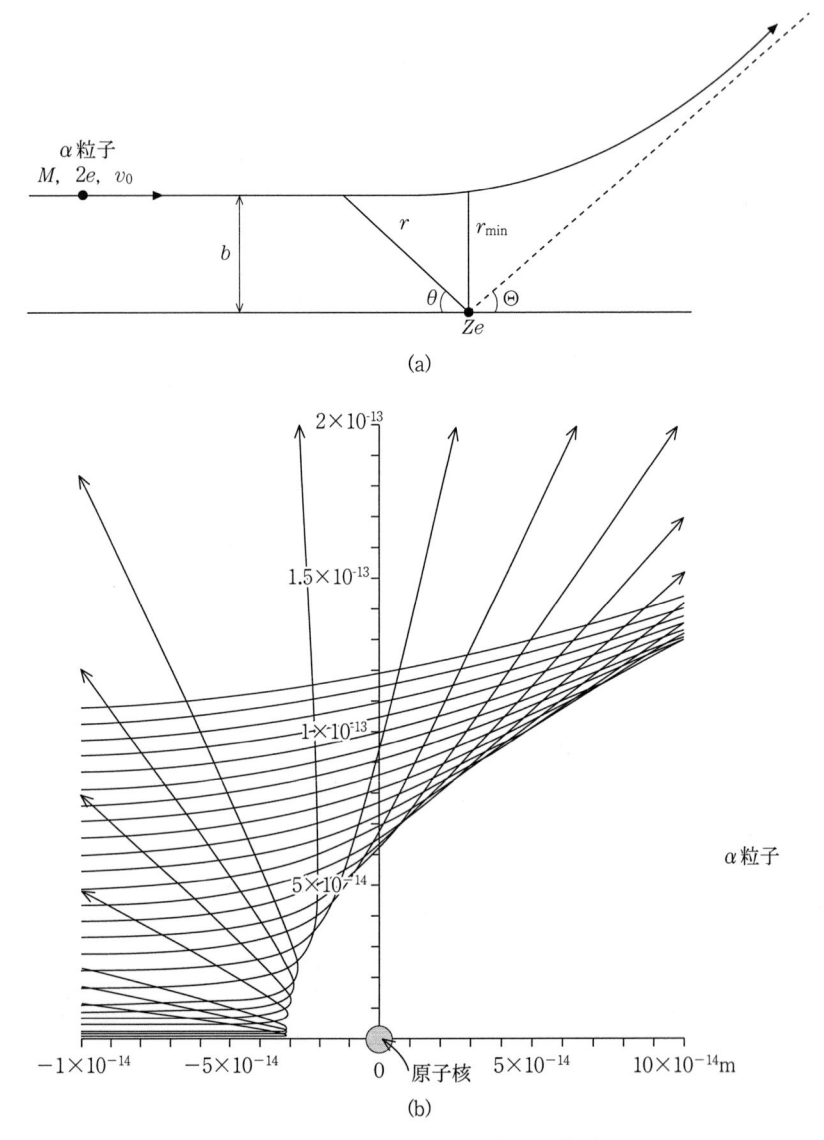

(a)

(b)

図 3・2　原子核による α 粒子の散乱

$$r_0 = 1.21 \times 10^{-15} \ [\text{m}]$$
$$= 1.21 \ [\text{fm}]^{②} \tag{3・5}$$

である．金では $R = 8.1 \times 10^{-15}$ m となり，この金の直径を図 3・2(b) に書き入れている．

解説 ②
1 f(femto フェムト)=10^{-15}

3・1・2　原子核の電荷，質量

式 (3・1) を用いて原子核の電荷を測定することができるが，1913 年モーズリー (Mosely) は X 線のスペクトルから正確に決定した．図 3・3 は元素とそれから放射される特性 X 線との関係である．λ は波長であるが，それを振動数 ν で表すと K_α 線については

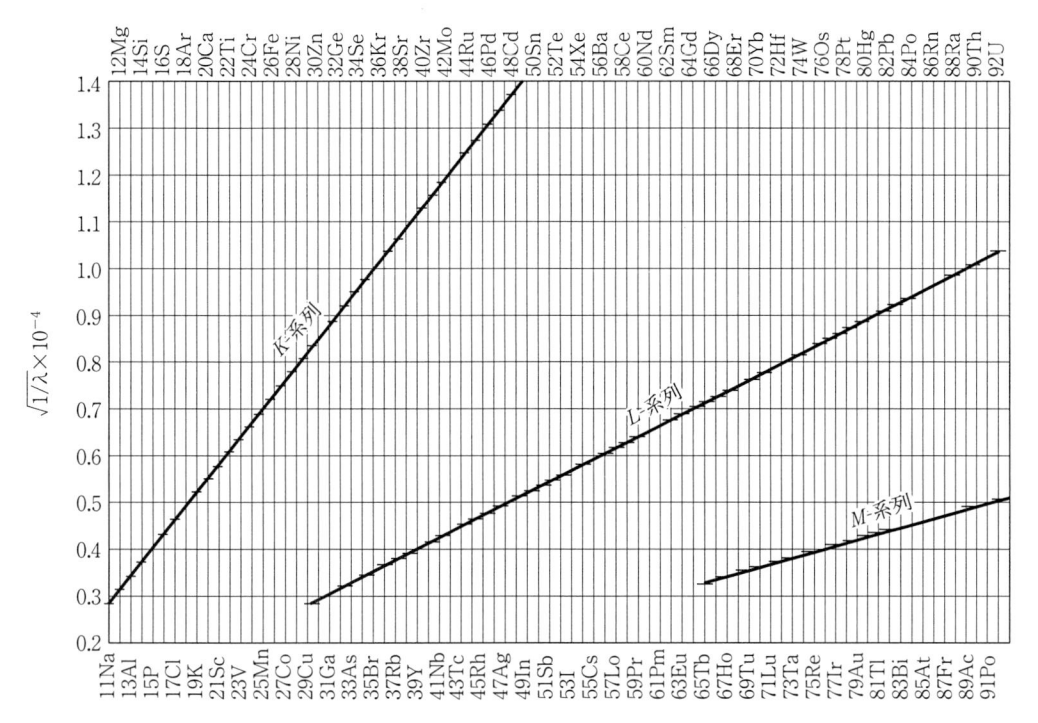

図 3・3 モーズリーの図表
(出典：玉木英彦他訳, シュポルスキー原子物理学, 東京図書 (1967))

$$\nu_{k\alpha} = R(Z-1)^2 \left(\frac{1}{1^2} - \frac{1}{2^2}\right) \tag{3・6}$$

ここで R は**リュードベリ**（Rydberg）**定数**（$R = 1.09737316 \times 10^7$/m），である．$\nu_{K\alpha}$ を測定することにより Z を求めることができる．アストン（Aston）は磁場と電場を用いた質量分析器をつくり，正確な原子核の質量を測定し，1922年ノーベル賞が授与された．

3・1・3 陽子および中性子の発見

ラザフォードは1918年窒素ガスに α 粒子を衝突させる実験を行い，そのときガスから放射される光のスペクトルが水素のスペクトルと似ていることに気づいた．これは原子核からたたき出された水素原子核によるものと考え，水素の原子核が原子核を構成している粒子であることを見いだした．彼はこの粒子をギリシャ語の"protos"（"基本要素"を意味する）から proton（陽子）と名付けた．1920年ラザフォードは陽子と電子が結合してできる質量が1で電荷が0の中性の核，すなわち中性子が存在する可能性を示唆した．彼のもとにいたチャドウィック（Chadwick）は中性の核の存在について実験を行ったがなかなかうまくいかなかった．

1930年ボーテ（Bothe）とベッカー（Becker）は，^{9}Be に α 線を照射すると電荷を持たないきわめて硬い（透過力の大きい）放射線が発生することに注目した．この放射線を半減させる鉛の厚みは5cmとなり，この放射線が γ 線であるとすると

そのエネルギーは 5 MeV と見積もられた．ジョリオ・キュリー夫妻（Irene Joliot-Curie と Frederick Joliot Curie）は，霧箱中でこの放射線によって水素原子核が反跳されるのを観察した．その飛程は 26 cm あり，γ 線と水素原子核の玉突き衝突だと考えると γ 線のエネルギーは 50 MeV となり，ボーテらの結果と矛盾した．チャドウィックはこの論文を読み，この放射線を水素原子と窒素原子に衝突させた．そして反跳された水素原子核と窒素原子核の速度から，この放射線は陽子とほぼ等しい重さの中性の粒子であることを見いだした（1932 年）．彼はこの放射線を"**中性子**（neutron）"と名付けた．

チャドウィックの報告を聞いたハイゼンベルクは直ちに，原子核は陽子と中性子からできているという原子核模型を提案した．

3・1・4 原子核の電荷分布

α 線が原子核に衝突すると電磁気力と核力によって散乱されるが，高エネルギーの電子を原子核に衝突させると，核力が働かないので原子核内部の電荷分布を測定することができる．その結果，原子核内の電荷密度分布はほぼ一様であることがわかった．図 3・4 に Pb 等の電荷密度分布を示す．

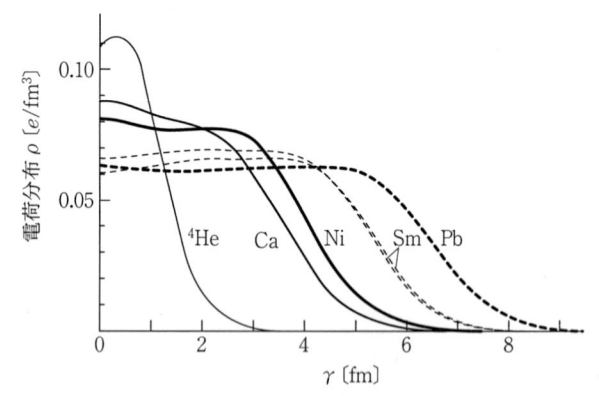

図 3・4 原子核内における電荷密度分布
（出典：髙田健次郎他，原子核構造論，朝倉書店（2002））

解説 ③
スピン：I で示され，原子核全体の角運動量，またはスピン量子数を表す．「3・5・2 原子核全体の角運動量，および磁気モーメント」で説明する．

解説 ④
魔法の数：「3・6 原子核の構造」で説明する．

3・1・5 原子核の電気的 4 重極モーメント

原子核の形状は球形またはほぼ球形である．核種および核の励起状態によってその形状は異なる．核の半短軸を a，半長軸を b とすると **4 重極モーメント**（nuclear electric quadrupole moment）は，

$$Q = \frac{2}{5} Z (b^2 - a^2) \tag{3・7}$$

で表される．Q が 0 のときは球形であり，正のときは葉巻型，負のときはパンケーキ型となる．大多数の核は葉巻型である．スピン I[③] が 0 である核は $Q=0$ となり，球形である．偶偶核（陽子の個数が偶数，中性子の個数が偶数の核）は $I=0$ であるので球形である．魔法数[④]では核は球形であり，$A=$奇数の核（A：質量数

で「3·2·1 原子核の種類，核種，原子番号，質量数」で説明する）では魔法の数より離れるに従い変形が大きくなる．核種 $^{175}_{71}\text{Lu}_{104}$ はきわめて大きな Q をもち，$b/a=1.38$ である．

3·1·6 パリティ

原子核の状態を示す波動関数を記述するために用いる座標系を右手系から左手系またはその逆に変える時，波動関数の符号を変える場合を（−）パリティー，変えない場合を（＋）パリティーとよび，原子核の状態を指定する固有の指標である．

3·2 原子核の構成と種類

3·2·1 原子核の種類，核種，原子番号，質量数

原子（atom）は，**電子**（electron）と**原子核**（nucleus）から構成されている．さらに原子核は**陽子**（proton, 記号としてp）と**中性子**（neutron, 記号としてn）から構成されている．原子核を構成する陽子，中性子を**核子**（nucleon）と呼ぶ．すべての原子は原子核に含まれる陽子の数（それを**原子番号**（atomic number）といい Z であらわす）で分類され，水素，ヘリウム等の元素名が付されている．元素名は同じでも中性子数（その数を N であらわす）の異なる原子がある．そこで元素を，原子番号 Z と**質量数**（mass number, $A\,(A=Z+N)$）で分類し，それらの原子核または原子の種類を**核種**（nuclide）とよぶ．核種は，^{60}Co，$^{60}_{27}\text{Co}$，$^{60}_{27}\text{Co}_{33}$ または Co-60 のように表記する．Co は元素名コバルトであり，60 は質量数，27 は原子番号，そして 33 は中性子数である．

3·2·2 核種の分類

原子番号，質量数，またはエネルギー状態で分類された核種はその性質によって次のように分類される．

i ） 同位元素，同位体（isotope）

同じ原子番号をもつが質量数の異なる核種のグループを**同位体**という．

例：(^{1}H, ^{2}H, ^{3}H)，(^{59}Co, ^{60}Co)

ii） 安定同位元素，安定同位体（stable isotope）

同位体のなかで，安定に存在する核種を**安定同位元素**という．

例：(^{59}Co, ^{60}Co) のうち，^{59}Co

iii） 放射線同位元素，放射性同位体（radioactive isotope, radio isotope, RI）

同位体のうち，放射線を放出する核種を**放射性同位元素**という．

例：(^{59}Co, ^{60}Co) のうち，^{60}Co

iv） 同重体（isobar）

同じ質量数をもつが，陽子数の異なる核種のグループを**同重体**という．

例：(^{60}Fe, ^{60}Co, ^{60}Ni)

v ） 同中性子体（isotone）

同じ中性子数をもつが，異なった陽子数をもつ核種のグループを**同中性子体**とい

う．
  例：(^{2}H, ^{3}He)
vi) **核異性体，異性核**（(nuclear) isomer）
  原子核は一般にエネルギー準位の高い励起状態をもっているが，通常その励起状

表 3・1　$Z=8$ までの核種についての特性

原子番号 Z	質量数 A	中性子数 N	核種	存在比 %	質量 u	核スピンパリティ $\hbar$	核磁気モーメント μ_N	核子あたりの結合エネルギー MeV
0	1	1	n	人工核種	1.008 664 92	$1/2^+$	$-1.913\ 042\ 75$	0.00
1	1	0	H-1	99.985	1.007 825 03	$1/2^+$	2.792 847 39	0.00
1	2	1	H-2	0.015	2.014 101 78	1^+	0.857 438 23	1.11
2	3	1	He-3	0.000 137	3.016 029 31	$1/2^+$	$-2.127\ 624\ 85$	2.57
2	4	2	He-4	99.999 863	4.002 603 25	0^+	0	7.07
2	6	4	He-6	人工核種	6.018 888 04	0^+	0	4.88
2	8	6	He-8	人工核種	8.033 921 85	0^+	0	3.93
2	5	3	Li-5	人工核種	5.012 539 00	$3/2^-$	—	5.42
3	6	3	Li-6	7.5	6.015 122 27	1^+	0.822 047 3	5.33
3	7	4	Li-7	92.5	7.016 004 07	$3/2^-$	3.256 426 8	5.61
3	8	5	Li-8	人工核種	8.022 485 60	2^+	1.653 56	5.16
3	9	6	Li-9	人工核種	9.026 789 22	$3/2^-$	3.439 1	5.04
4	8	4	Be-8	人工核種	8.005 305 09	0^+	0	7.06
4	9	5	Be-9	100	9.012 182 26	$3/2^-$	$-1.177\ 8$	6.46
4	10	6	Be-10	人工核種	10.013 53 385	0^+	0	6.50
4	11	7	Be-11	人工核種	11.021 657 68	$1/2^+$	—	5.95
5	8	3	B-8	人工核種	8.024 606 71	2^+	1.035 5	4.72
5	10	5	B-10	19.9	10.012 937 07	3^+	1.800 644 8	6.48
5	11	6	B-11	80.1	11.009 305 48	$3/2^-$	2.688 648 9	6.93
5	12	7	B-12	人工核種	12.014 352 11	1^+	1.003 06	6.63
5	13	8	B-13	人工核種	13.017 780 36	$3/2^-$	3.177 8	6.50
6	10	4	C-10	人工核種	10.016 853 14	0^+	0	6.03
6	11	5	C-11	人工核種	11.011 433 46	$3/2^-$	-0.964	6.68
6	12	6	C-12	98.9	12.000 000 00	0^+	0	7.68
6	13	7	C-13	1.1	13.003 354 84	$1/2^-$	0.702 411 8	7.47
6	14	8	C-14	人工核種	14.003 241 99	0^+	0	7.52
6	15	9	C-15	人工核種	15.010 599 21	$1/2^+$	1.32	7.10
6	16	10	C-16	人工核種	16.014 701 11	0^+	0	6.92
7	12	5	N-12	人工核種	12.018 613 22	1^+	0.457 3	6.17
7	13	6	N-13	人工核種	13.005 738 63	$1/2^-$	0.322 2	7.24
7	14	7	N-14	99.634	14.003 074 01	1^+	0.403 761	7.48
7	15	8	N-15	0.366	15.000 108 97	$1/2^-$	$-0.283\ 188\ 84$	7.70
7	16	9	N-16	人工核種	16.006 099 88	2^-	—	7.37
7	17	10	N-17	人工核種	17.008 449 87	$1/2^-$		7.29
8	14	6	O-14	人工核種	14.008 595 29	0^+	0	7.05
8	15	7	O-15	人工核種	15.003 065 51	$1/2^-$	0.718 9	7.46
8	16	8	O-16	99.762	15.994 914 62	0^+	0	7.98
8	17	9	O-17	0.038	16.999 131 50	$5/2^+$	$-1.893\ 79$	7.75
8	18	10	O-18	0.2	17.999 160 38	0^+	0	7.77
8	19	11	O-19	人工核種	19.003 577 05	$5/2^+$	—	7.57
8	20	12	O-20	人工核種	20.004 076 14	0^+	0	7.57

態は非常に短い時間（例えば 10^{-12} 秒）で，エネルギー準位の低い状態へ遷移する．しかし，ときにはかなり長い時間（例えば数時間）励起状態にとどまることがある．同じ陽子数，同じ中性子数でもエネルギー準位の異なる核種を互いに核異性体であるという（または，励起状態にある核種を**核異性体**ということがある）．

励起状態の核種には，**準安定状態**を示す m を付す（m：metastable）．**異性核**は互いに別の核種とすることが多い．

例： ^{99}Tc に対する ^{99m}Tc

3・2・3 存在比

天然に存在するほとんどの元素は，種々の同位体を含んでいる．天然元素の全原子数に対する特定の同位体の原子数の割合を百分率で表し，それを**同位体存在比**，または**同位体存在度**（isotopic abundance）とよぶ．例えば，ウランでは，$^{238}_{92}$U が 99.2745% に対して，$^{235}_{92}$U が 0.7200%，$^{234}_{92}$U が 0.0055% である．表3・1に $Z=8$ までの核種について，同位体存在比を含む核種の特性を示す．

3・3 原子質量単位

3・3・1 原子質量単位とは

原子の質量のほとんどは原子核の質量であり，水素を除く元素では原子核の質量のほぼ半分ずつを陽子と中性子が担っている．電子および核子の質量は，

電子：　$m_e = 9.10938188 \times 10^{-31}$ kg

陽子：　$m_p = 1.67262158 \times 10^{-27}$ kg　　　　　　　　　　　　　　(3・8)

中性子：$m_n = 1.67492716 \times 10^{-27}$ kg

である．原子核の質量を基準とした重さの単位として，**原子質量単位**（atomic mass unit）がある．現在では ^{12}C の中性原子の質量を 12 u としている（1961 年国際物理化学連合，1・3・1 項参照）．電子，核子の質量を原子質量単位で表すと，

$m_e = 0.0005485799$ u

$m_p = 1.00727646688$ u　　　　　　　　　　　　　　　　　　　　　　(3・9)

$m_n = 1.00866491578$ u

となる．

質量は相対性原理よりエネルギーと等価であることが示され，質量 m〔kg〕とエネルギー E〔J〕との関係は，

$$E = mc^2 \qquad (3 \cdot 10)$$

である（1・3・2 項参照）．ここで c は光速度（2.99792458×10^8 m/s）である．

電子，陽子，中性子の静止質量をエレクトロンボルト単位のエネルギー[5]で表すと，

$m_e = 0.510998902$ MeV

$m_p = 938.271998$ MeV　　　　　　　　　　　　　　　　　　　　　　(3・11)

$m_n = 939.565330$ MeV

となる．

解説 ⑤
エレクトロンボルト，eV：1 クーロンの電荷が 1 ボルトの電位差間を移動するときになされる仕事が 1 J〔ジュール joule〕であるので，電荷 e の電子が真空中で電位差 1 V の間で加速されたときにえるエネルギーは，$1e \times 1$ V $= 1$ eV $= 1.602176462 \times 10^{-19}$ J となり，1 eV は $1.602176462 \times 10^{-19}$ J となる（1・3・1 項参照）．1 MeV $= 1 \times 10^6$ eV

3・3・2 原子量,モル,アボガドロ数

一般に同位体の質量は 1 u に対する比でもって表される(表 3・1 参照).また元素の**原子量**は,天然の同位体比で平均化した元素の質量と 1 u の比として決められている.同様に分子の質量の 1 u に対する相対値を**分子量**という.原子量を巻末付録の**周期律表**に示す.

1 モル (mol) とは ^{12}C の 12 g 中に含まれる原子の数(これを**アボガドロ定数** Avogadro's number という.$N_A=6.02214199×10^{23}$/mol)を基本としている.そして,アボガドロ定数と同数の単位粒子(原子,分子,遊離基,イオン,電子)を含む系の物質量を 1 モルとして定義されている.このことから,1 モルの原子または分子の質量は原子量または分子量にグラム単位をつけたものと等しくなる.

3・4 質量欠損

3・4・1 質量欠損と結合エネルギー

原子核内で核子を結合するエネルギーは,原子核の質量とその原子核を構成する核子の自由状態での質量の和を比較することによって理解することができる.^{4}He は陽子 2 個,中性子 2 個,そして電子 2 個が集まってヘリウム原子を構成している.ヘリウム原子を構成するこれらの粒子の質量 W は,

$$W = 2×m_p + 2×m_n + 2×m_e$$
$$= 4.0329799251 \text{ u} \tag{3・12}$$

となる.しかし,^{4}He 原子における質量 $W_{^4\text{He}}$ は,

$$W_{^4\text{He}} = 4.0026032 \text{ u} \tag{3・13}$$

である.このように,^{4}He の原子の質量はそれを構成している粒子の質量の和よりも小さくなり,質量の加法定理は成り立たない.結合後の質量が減少するということは原子またはそれより大きい世界では全く見い出されなかったことで,質量保存の法則といわれていた.この質量の減少は原子核において初めて明らかになったことであり,しかもこれがアインシュタイン (Einstein) の特殊相対性理論の必然的な結果であることが後から実証された.

この質量の欠損は,原子が化合物を形成するときに熱を産生するのと同じように,核子が集団を形成するときにエネルギーが開放されると考えることにより理解することができる.^{4}He はそれらを構成する粒子に比較して

$$\Delta m = W - W_{^4\text{He}}$$
$$= 0.0303767 \text{ u} \tag{3・14}$$

の質量が欠損している.これをエネルギーに換算すると,

$$\Delta E = \Delta mc^2$$
$$= 28.2957 \text{ MeV} \tag{3・15}$$

となる.質量の欠損は,核子がエネルギーを放出して結合したからである.

陽子と中性子が核の構成粒子と考えると,**質量欠損** (mass defect) は

$$\Delta m = Zm_H + Nm_n - m_A(Z, N) \tag{3・16}$$

で表される．ここで，$m_A(Z, N)$ は Z 個の陽子，N 個の中性子からなり，Z 個の電子を含んだ中性原子の質量である．m_H は電子を含んだ中性水素原子の質量，m_n は中性子の質量である．この質量欠損をエネルギーに換算した

$$B = \Delta m c^2 = (Zm_H + Nm_n - m_A(Z, N)) c^2 \tag{3・17}$$

を**結合エネルギー**（binding energy）という．しかし，一般に結合エネルギーを表す式としては，式 (3・16) を用い，結合エネルギーそのものの大きさを示すときは，B で換算されたエネルギーを MeV のエネルギー単位で用いることが多い．結合エネルギーは原子における電子の結合エネルギーと同じように負の値であるが，1 つの原子核を中性子と陽子に分解するために必要な正の仕事として定義される．同じことであるが，Z 個の陽子と N 個の中性子が結合して 1 つの原子核を構成したときに解放されるエネルギーとしても定義される．式 (3・16)，(3・17) には電子の結合エネルギーが含まれているが無視することができる．

3・4・2 比質量欠損と平均結合エネルギー

式 (3・16) の質量欠損 Δm を質量数 A で割った値 $\Delta m/A$ を**比質量欠損**（specific mass defect）という．式 (3・17) を A で割ることにより核子当たりの平均化された結合エネルギーを求めることができる．**図 3・5** は天然に存在する核種と人工核種 ^{8}Be における核子あたりの結合エネルギーを示す．質量の小さいところでは質量数が増加するとともに結合エネルギーが急激に増大する．A が 28 より小さい範囲では，A が 4 の倍数である核種に対して結合エネルギーが極大となる顕著なピークが周期的に出現する．質量数が 60 付近で結合エネルギーが最大（約 8.8 MeV）となり，質量数がさらに大きくなると結合エネルギーは徐々に小さくなっている．質量数が 16 より大きい範囲では，結合エネルギーは概略的にほぼ一定で，約 8.5 MeV/核子である．

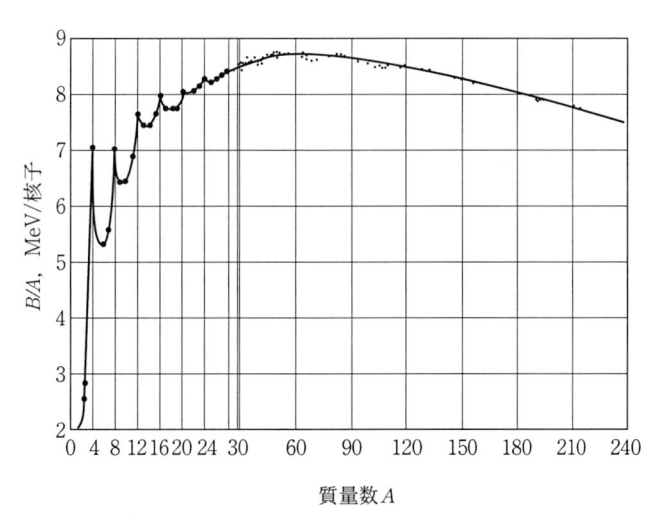

図 3・5 核子あたりの平均結合エネルギー（^{8}Be 以外は天然核種）
（出典：Evans, The Atomic Nucleus, McGRAW-HILL（1955））

表3・1はZ=8までの核種の特性を示すが，同重体において，天然核種の結合エネルギーは人工核種のそれよりも大きくなっている．このように天然に存在する核種は一般に大きな結合エネルギーをもつ．偶偶核でしかも陽子の数と中性子の数が等しい核種は大きな結合エネルギーをもっている．

3・4・3 核力

核力は，核子-核子の散乱実験において示されたように，$1.5 \sim 2.5 \times 10^{-15}$ m の非常に短い距離に作用する**短距離力**[6]である．原子核は陽子と中性子の集団でありそれらが離散しないことから，核力はクーロン斥力よりも大きい引力であり，中性子にも作用しなければならないことを示している．核力は核子の電荷に依存しないで，n-n, p-p, また n-p 間において同じ力が働く．このことを**核力の荷電対称性**という．原子核は有限の大きさをもっていることから，さらに近い範囲では核力は反発力となる．陽子-陽子散乱実験において，陽子中心部の半径 $0.4 \sim 0.5 \times 10^{-15}$ m では斥力となる硬い芯のあることがわかっている．

原子核において，もし1つの核子が他の全ての核子と等しく作用するとすると，核全体では相互作用し合う対の数は $A(A-1)/2$ となるので，核の結合エネルギーは $A(A-1)/2$ に比例しなければならない．しかし，図3・5で示したように，核子1個当たりの結合エネルギーは一定である．このことを**核力の飽和性**という．結合力の飽和を示すものとして水素分子の結合力がある．この場合は電子の交換による交換力であることから，核力も**交換力**によると考えることができる．フェルミ (Fermi) はベータ崩壊において，$n \leftrightarrow p + e^- + \bar{\nu}_e$, $p \leftrightarrow n + e^+ + \nu_e$ ($\leftrightarrow$ は可逆的であることを示す) となることから，交換する粒子として電子と中性微子[7]を考えたが，計算では核力の大きさが小さくなりすぎた．湯川はこの原因として電子の質量が小さいことによると考え，実験事実にあうような質量をもった粒子を導入した (1934年)．湯川はクーロン力を導くマックスウエル (Maxwell) の電磁方程式を検討し，短距離力にあうように定数項を付加した．このことによりポテンシャルエネルギーとして

$$V(r) = -g^2 \frac{e^{-\kappa r}}{r} \tag{3・18}$$

が導かれた．これを湯川ポテンシャルといい，$1/\kappa$ はポテンシャルの拡がりを示す定数である．方程式を解くことにより，

$$\frac{1}{\kappa} = \frac{\hbar}{mc}, \quad m = \frac{\hbar \kappa}{c} \tag{3・19}$$

が得られる．ここで，h はプランクの定数[8]で，$\hbar = \frac{h}{2\pi}$ である．

式 (3・19) で，$1/\kappa$ は核力の到達距離であるので，$1/\kappa = 1.42 \times 10^{-15}$ [m] を代入すると，m は $272 m_e$ となる．m_e は電子の静止質量である．m の値は核子と電子の間になることから，この粒子は**中間子**と名付けられた．1937年にアンダーソン (Anderson) とネダーメイヤ (Neddermeyer) が宇宙線の霧箱写真から質量 100 MeV 程度の荷電粒子を発見し，これが湯川の中間子と考えたが，弱い力が働くミュー (μ) 粒子であった．1947年に湯川理論の強い力を媒介するパイ (π) 中

解説⑥

短距離力：距離が離れると急激に減衰する力．
長距離力：距離が離れるとゆるやかに減衰する力で，距離の逆2乗に比例するクーロン力，重力がある．

解説⑦

中性微子 (ニュートリノ)：β^- 崩壊のとき陰電子と反電子ニュートリノ $\bar{\nu}_e$ が放出され，β^+ 崩壊のとき陽電子と電子ニュートリノ ν_e が放出される．

解説⑧

プランクの定数
$h = 6.6260755 \times 10^{-34}$ [Js]
$= 4.13566727 \times 10^{-21}$ [MeVs]
$\hbar = 1.054571596 \times 10^{-34}$ [Js]
$= 6.58211889 \times 10^{-21}$ [MeVs]

間子が発見された（湯川に 1949 年ノーベル賞が授与された）．π 中間子には陽電荷の π⁺，負電荷の π⁻，電荷がない π⁰ がある．p–p 間および n–n 間では π⁰ が交換され，π⁺ を交換すると n が p に，そして p が n に変わり，π⁻ を交換すると p が n にそして n が p に変わる．π 中間子は，

$$\pi^+ \to \mu^+ + \nu_\mu \quad \pi^- \to \mu^- + \bar{\nu}_\mu \quad \pi^0 \to \gamma + \gamma \tag{3・20}$$

μ 粒子または γ 線に崩壊する．ν_μ, $\bar{\nu}_\mu$ はミューニュートリノおよびその反粒子である．

3・5 原子核の角運動量と磁気モーメント

3・5・1 核子の角運動量と磁気モーメント

原子内における電子は，**自転**しながら原子核のまわりを**軌道運動**している．このことと同様に，原子核内でも，陽子，中性子の核子は自転運動を行うとともに，軌道運動を行っている．自転運動や軌道運動を行うと**角運動量**が発生する．荷電粒子がこの様な運動をすると円電流が発生する．この円電流により原子核は小さな棒磁石の性質，**磁気モーメント**をもつ．原子核の磁気モーメントを**核磁気モーメント**という．

次に簡単なモデルを用いて核の角運動量と磁気モーメントの関係について説明する．図 3・6 のように電荷 e，質量 M_p の陽子が半径 r のところを速度 v で円運動をしているとする．陽子が 1 秒間に回転する回数 f は

$$f = \frac{v}{2\pi r} \tag{3・21}$$

であり，軌道の面積 S は，

$$S = \pi r^2 \tag{3・22}$$

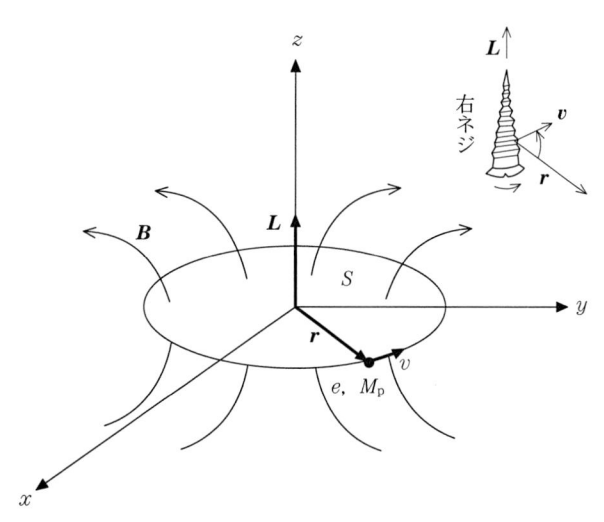

図 3・6 陽子の自転による円電流および角運動量の発生

であるので，"半径×運動量"で定義される軌道角運動量の大きさ L は，
$$L = rM_p v$$
$$= 2M_p fS \tag{3・23}$$
となる．陽子の位置を位置ベクトル r，速度を速度ベクトル v であらわすと，軌道角運動量をベクトルで表した L の方向は r から v へ右ねじをまわしたときにねじの進行する方向になる．よって原子核の軌道角運動量 L は $+z$ 方向を向くことになる．量子力学において角運動量の大きさは
$$L = I\frac{h}{2\pi}$$
$$= I\hbar \tag{3・24}$$
となる．核の角運動量をスピン（核スピン）という．I は核の角運動量量子数と呼ばれ無次元である．角運動量は $I\hbar$ であるが，一般に角運動量を示すとき，$\hbar$ の単位で示されるので角運動量を単に I であらわすことが多い．同じ記号を用いて量子数と角運動量をあらわすので，注意が必要である．ここで，I は陽子の自転にもとづく場合 1/2，軌道運動にもとづく場合は整数となる．式 (3・23) と式 (3・24) とが等しいとすると
$$I\hbar = 2M_p fS \tag{3・25}$$
電荷 e が 1 秒間に f 回軌道をまわるとすると，そのときの電流 i は
$$i = ef \tag{3・26}$$
となる．円形コイルに電流が流れると磁場が発生するが，その分布は棒磁石と等価として表せる．棒磁石の性質を示すものとして，"磁極の強さ×棒磁石の長さ"，で示される磁気モーメントがある．半径 r のコイルに電流 i が流れた場合の磁気モーメント μ_m は
$$\mu_m = iS \tag{3・27}$$
となる⑨．式 (3・24)，式 (3・25)，および式 (3・26) より，核の磁気モーメントは
$$\mu_m = \frac{e}{2M_p}\hbar I \tag{3・28}$$
となる．ここで，$\frac{e}{2M_p}\hbar$ は普遍定数から作られているので，それを
$$\mu_N = \frac{e}{2M_p}\hbar \tag{3・29}$$
$$= 3.1524517 \times 10^{-8} \text{ eV}/T$$
とおくと，
$$\mu_m = \mu_N I \tag{3・30}$$
となる．核の磁気モーメントは普遍的な単位 μ_N の I 倍になる．式 (3・30) の関係は軌道運動について求めたが，自転に対しても同様に成り立つ．ここで μ_N は**核磁子**（nuclear magneton）とよばれる⑩．このように理論的な陽子の核磁気モーメントが得られたが，実際の陽子の核磁気モーメントは $\mu_N I$ とは異なっている．その違いを g を用いてあらわすと，
$$\mu_m = g\mu_N I \tag{3・31}$$
となる．この g を**原子核 g 因子**（nuclear g-factor）という．また式 (3・28) を用

解説 ⑨
磁気モーメント μ_m は，EB 単位系では iS であるが，EH 単位系では $\mu_0 iS$ である．ここで μ_0 は真空の透磁率（$4\pi \times 10^{-7}$ H/m）である．

解説 ⑩
核磁子
$\mu_N = 5.050783180 \times 10^{-27}$ 〔JT^{-1}〕
$3.152451238 \times 10^{-14}$
〔MeVT^{-1}〕
電子に対しては Bohr 磁子（Bohr magneton）があり，式 (3・29) に電子の質量を代入すると
$\mu_e = 5.788381749 \times 10^{-11}$
〔MeVT^{-1}〕
となる．核磁子は Bohr 磁子の 1/1836 である．

いて表すと

$$\mu_m = g\frac{e}{2M_p}\hbar I$$
$$= \gamma\hbar I$$
$$= \gamma L \qquad (3\cdot 32)$$

ここでγは

$$\gamma = \frac{ge}{2M_p} = \frac{\mu_m}{L} \qquad (3\cdot 33)$$

とおいた．μ_mは磁気モーメントであり，Lは角運動量であるので，γのことを磁気回転比という．陽子は図3·7に模式的に示すように，コマとしての角運動量と棒磁石としての磁気モーメントをあわせもっている．Iは，陽子，中性子ともに$1/2$であり，gは陽子に対して5.58，中性子に対して-3.82である．中性子は電気的に中性であるが，磁気モーメントをもっている．これはπ^-中間子が中性子の重心から少し離れたところを回っているからである．陽子固有の角運動量の方向と磁気モーメントの方向は同じ方向であるが，中性子では反対方向である．原子核内で陽子が軌道運動を行うと，それによる角運動量が生じ，それに伴い磁気モーメントも生じる．中性子が軌道運動を行うと，それによる角運動量が生じるが，それに伴う磁気モーメントは生じない．

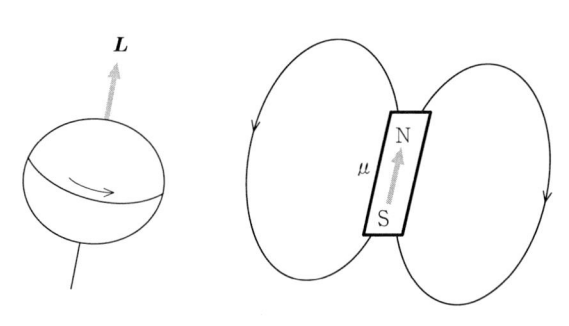

(a) 角運動量　　(b) 磁気モーメント

図 3·7　陽子の模式図：(a) こまとしての角運動量，(b) 棒磁石としての磁気モーメント

3·5·2　原子核全体の角運動量，および磁気モーメント

3·5·1項では核子の角運動量と磁気モーメントについて述べた．原子核は多数の核子から構成され，それぞれの核子は自転と軌道運動による角運動量と磁気モーメントをもつ．原子核全体ではこれらの角運動量が合成されて核全体の角運動量を形成する．核全体の角運動量も核子の場合と同様に核スピンというが，これも量子化されていて，その角運動量量子数をI〔核種によって異なり，整数または半整数$(1/2, 3/2, \cdots)$の値をとる〕で表すと，核の角運動量の大きさは，

$$\sqrt{I(I+1)}\,\hbar$$

となる．簡単化するために，

$$I^*\hbar = \sqrt{I(I+1)}\,\hbar \qquad (3\cdot 34)$$

とおく．

外部からの磁場の方向など，ある方向をz軸にとると，図3·8(a)に示すようにI^*のz軸方向の成分m_Iは量子化されて飛び飛びの値をとる．角運動量ベクトル

第3章 原子核の構造

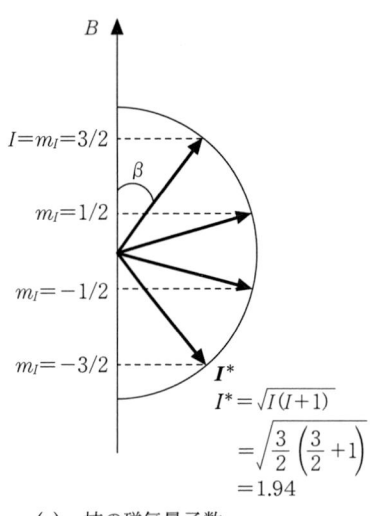

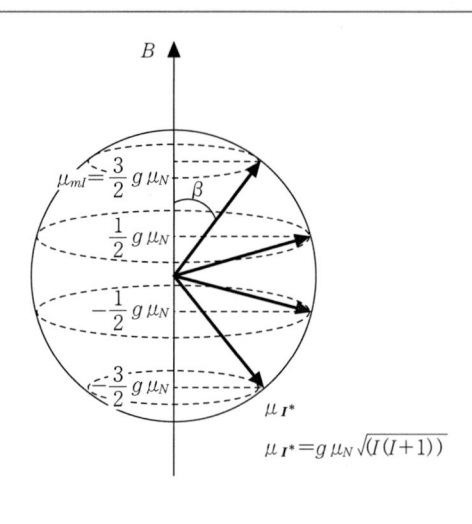

(a) 核の磁気量子数, m_I

$I^* = \sqrt{I(I+1)} = \sqrt{\dfrac{3}{2}\left(\dfrac{3}{2}+1\right)} = 1.94$

(b) 核の磁気モーメント, μ_{mI}

$\mu_{I^*} = g\mu_N\sqrt{I(I+1)}$

図 3・8 I, I^*, m_I の関係, および I, μ_{mI}^*, μ_{mI} の関係についてのベクトルモデル $\left(I = \dfrac{3}{2}\text{の場合}\right)$

測定される角運動量は $L = m_I\hbar = \hbar I^*\cos\beta$
測定される磁気モーメントは $\mu_{mI} = \gamma L = g\mu_N m_I = g\mu_N I^*\cos\beta$

$I^*\hbar$ は z 軸のまわりをある定まった角度 β で**歳差運動**する.z 軸と垂直な成分の時間的平均値は 0 となり,z 軸方向における時間平均の測定できる角運動量は量子化されて,

$m_I\hbar$

となる.ここで,m_I は磁気量子数とよばれ,

$$m_I = I, I-1, I-2, \cdots, -(I-1), -I \tag{3・35}$$

m_I は $(2I+1)$ 個の値をとる.

原子核全体の磁気モーメントの大きさは,式 (3・31) より,

$$\mu_{I^*} = \gamma\hbar I^*$$
$$= g\mu_N I^* \tag{3・36}$$

であり,磁気モーメントベクトル μ_{I^*} は図 3・8(b) に示すように,外部磁束密度 B が印加されていると,角度 β で z 軸のまわりを歳差運動する.z 軸と垂直な成分の時間的平均値は 0 となり,z 軸方向における時間平均の測定できる磁気モーメント μ_m は量子化されて,

$$\mu_m = g\mu_N m_I \tag{3・37}$$

となる.

角運動量 $I^*\hbar$ の測定できる最大の成分は $I\hbar$ であり,これに対応する μ_{I^*} の測定できる最大の成分を μ とすると

$$\mu_{I^*}\left(\dfrac{I}{I^*}\right) = \mu_I(\cos\beta)_{\max} \equiv \mu \tag{3・38}$$

となる.

$\boldsymbol{\mu}_{I^*}$ の測定できる最大成分 μ を核の磁気双極子モーメント（核磁気モーメント）とよんでいる．表3・1に核スピンと核磁気モーメントを示す．表における核磁気モーメントの値は，式(3・38)で示された値である．陽子の数と中性子の数がともに偶数である偶偶核の基底状態[①]の核スピンは例外なく0である．したがって，核磁気モーメントも0である．

解説⑪
基底状態：励起状態ではなく，最もエネルギーの低い状態をいう．

3・6 原子核の構造

ラザフォードにより原子核の存在が確認され，ラザフォードによる陽子の発見，チャドウィック（Chadwick）による中性子の発見により，イワネンコ（Iwanenko）やハイゼンベルグ（Heisenberg）は，原子核は陽子と中性子からなるという原子核の構造を提案した．その後，原子核は陽子と中性子から構成されているとする多くの模型が提案された．原子核の模型は，核子は互いに強く相互作用し集団運動を行っている見方（**強結合的描像**）と，原子核のポテンシャル内を独立した核子がそれぞれ運動するとする見方（**弱結合的描像**）がある．

強結合的描像として，N. ボーア（N. Bohr）の**液滴模型**（liquid-drop model）がある．これは，原子核をあたかも水滴とみなしたものであり（**図3・9**(a)），$A>15$ 以上の原子核の結合エネルギーがうまく説明され，核分裂における**複合核模型**を成功におさめた．

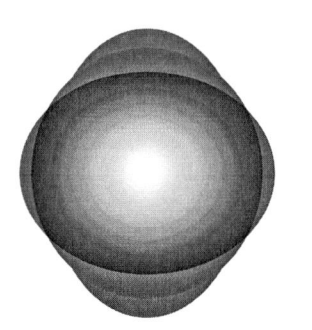

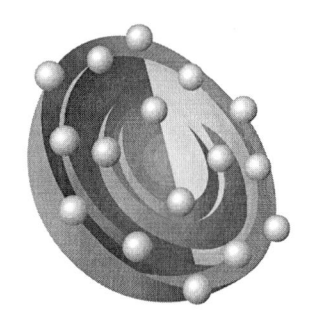

(a) 液滴模型　　(b) 殻模型

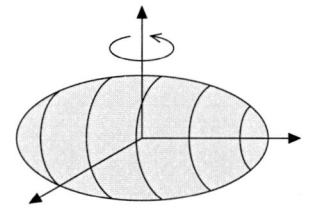

(c) 統一模型

図 3・9 原子核のモデル　a：液滴模型　b：殻模型　c：統一模型
(出典：a, b：日経エレクトロニクス（2002年10月号），c：高田健次郎他，原子核構造論，朝倉書店（2002））

弱結合的描像として**殻模型**（shell model）がある（図3・9(b)）．原子においては，クーロン場内を独立した電子が運動しているとして，クーロン力による位置エネルギーをシュレーディンガー(Schroedinger)方程式に代入することにより，原子の殻構造が導かれ，原子が安定となる原子の魔法数$Z=2, 10, 18, 36, 54, 86$が得られた．原子核ではZまたはNが，$2, 8, 20, 28, 50, 82, 126$で核子の結合エネルギーが大きくなるなど，これらの数は原子核の**魔法数**（magic number）として知られている．原子と同様に魔法数では核子が閉殻を形作っていると考えられる．1949年メイヤー（Mayer）とイェンセン（Jansen）らは，平均ポテンシャルの他に核子の固有スピン角運動量と核子の軌道角運動量の内積に比例する**スピン-軌道力**（spin-orbit force）によるポテンシャルを付け加えた．このポテンシャルをシュレーディンガー方程式に代入することにより，初めて魔法数が導かれた．

原子核の低いエネルギーの励起状態は液滴模型における水滴表面の振動で説明され，高いエネルギーの励起状態は殻模型における核子の励起で説明される．A. ボーア（A. Bohr）とモッテルソン（Mottelson）はこれらの模型を統合し，核子はゆっくりと変化する平均ポテンシャルの中をほぼ独立して運動するとした**統一模型**を提唱した．この模型における励起状態は，表面振動，核子の励起，そして変形した核の回転で示される（図3・9(c)）．この模型は**集団模型**ともよばれている．液滴模型と殻模型を関連づけたモデルとして，1974年に有馬朗人とイアケロ（Iachello）は，**相互作用するボソン模型**（IBM）を提唱している．

ここでは液滴模型について説明する．

3・6・1　液滴模型

水分子が集まって水滴ができているが，液滴模型では原子核も核子が集まった水滴のような構造をしているとしたものである．

液滴模型では以下を説明することができる．

① 核の半径は$R=R_0 \times A^{1/3}$であらわされ，核の体積は質量数に比例し，核の密度は一定である．
② 安定な核では，原子番号が増大するに従い中性子の数がより増加する．過剰な中性子数（$N-Z$）は$A^{5/3}$に比例する．
③ 質量数が20以上では，核子あたりの結合エネルギーは質量数が増大してもほぼ一定であり，約8.5 MeVである．
④ 同重体における（例えば$A=135$）一連のβ壊変では，核の質量は安定な核種（例えば^{135}Ba）を最小にした放物線を描く．
⑤ α壊変において，解放されるエネルギーが増大するに従い半減期が短くなる．
⑥ 熱中性子による^{235}Uの核分裂．
⑦ ^{238}Uより重い核が天然には存在しない．

3・6・2　原子質量の半実験的公式

液滴模型を用いることにより原子核の結合エネルギーを定量的に扱うことができる．Z個の陽子とN個の中性子を含む安定な中性原子の質量mは

$$m = Zm_H + Nm_n - B \tag{3・39}$$

で表すことができる．m_H は中性水素原子の，そして m_n は中性子の質量である．ここで B は結合エネルギーであり，それは核の特性から次の5つの項であらわせる．

$$B = B_0 + B_1 + B_2 + B_3 + B_4 \tag{3・40}$$

ここで B_0 は**体積エネルギー**，B_1 は**表面エネルギー**，B_2 は**クーロンエネルギー**，B_3 は**非対称エネルギー**，そして B_4 は**対エネルギー**である．

i) 体積エネルギー

質量数が16以上の核種においては，核子あたりの結合エネルギーがほぼ一定である．このことは核力がとなりあった核子のみに働くことを示している．これから核力による結合エネルギーは

$$B_0 = a_v A \tag{3・41}$$

とおくことができる．B_0 は正の値である．ここで，a_v は実験データから決められる定数である．

ii) 表面エネルギー

核の内部にある核子は周囲が他の核子と交換力を働かせることにより結合することができるが，核の表面にある核子は交換力を働かせる核子が不足する．その分，結合エネルギーは小さくなる．表面エネルギーは核の表面積 ($4\pi R^2 = 4\pi(R_0 A^{1/3})^2$) に比例することから，

$$B_1 = -a_s A^{2/3} \tag{3・42}$$

とおくことができる．B_1 は負の値である．

iii) クーロンエネルギー

核内では陽子の電荷によるクーロン力が核内の全ての陽子に働き，反発力を生じる．核内において電荷 Ze が一様に分布しているとすると，クーロン力による反発エネルギーは，

$$B_2 = -\frac{3}{5}\frac{e^2 Z^2}{R_0 A^{1/3}} \equiv -a_c \frac{Z^2}{A^{1/3}} \tag{3・43}$$

とおくことができる．B_2 は負の値である．

iv) 非対称エネルギー

^{12}C，^{14}N のように軽い核では陽子と中性子の数が等しい傾向があり，このことは中性子-陽子間の結合が陽子-陽子間の結合または中性子-中性子間の結合より大きいとして説明することができる．このことから過剰な陽子または中性子，$|N-Z|$ は結合エネルギーを小さくすると考えられる．このような影響をうける核の体積の割合は $|N-Z|/A$ であるので，核全体としての結合エネルギーの不足はこれらの積に比例することになり，

$$B_3 = -a_a \frac{(N-Z)^2}{A} \tag{3・44}$$

となる．B_3 は負の値である．

v) 対エネルギー

安定な同位元素では，偶数の陽子と偶数の中性子を含む核種（偶偶核）が半数以上で，残りを偶奇核と奇偶核がほぼ分け合い，奇奇核はほとんど存在しない．この

第3章 原子核の構造

存在比は核の結合エネルギーに関係していることから，このような核子の数の偶奇性による結合エネルギーを

$$B_4 = \delta(A, Z) \tag{3・45}$$

で表す．ここで，

$$\begin{aligned}
\delta &= 0 & (A=奇) \\
&= -a_p \frac{1}{A^{3/4}} & (Z=偶 \quad N=偶) \\
&= a_p \frac{1}{A^{3/4}} & (Z=奇, \ N=奇)
\end{aligned} \tag{3・46}$$

である．

以上から原子質量の半実験的公式は，

$$m(A, Z) = Zm_H + (A-Z)m_n - a_v A + a_s A^{2/3} + a_c \frac{Z^2}{A^{1/3}} \\ + a_a \frac{\left(\frac{A}{2}-Z\right)^2}{A} + a_p \frac{1}{A^{3/4}} \tag{3・47}$$

となる．この式をワイツェッカー（Weizsaeker）の**質量公式**とよぶ．測定された質量に対して最小2乗法で，a_v, a_s, a_c, a_a, a_p の値が決定される．原子の質量は原子質量単位で，

$$M(A, Z) = 1.007825Z + 1.008665(A-Z) - 0.016710A + 0.018500A^{2/3} \\ + 0.000750 \frac{Z^2}{A^{1/3}} + 0.10000 \frac{\left(\frac{A}{2}-Z\right)^2}{A} + a_p \frac{1}{A^{3/4}} \tag{3・48}$$

ここで，

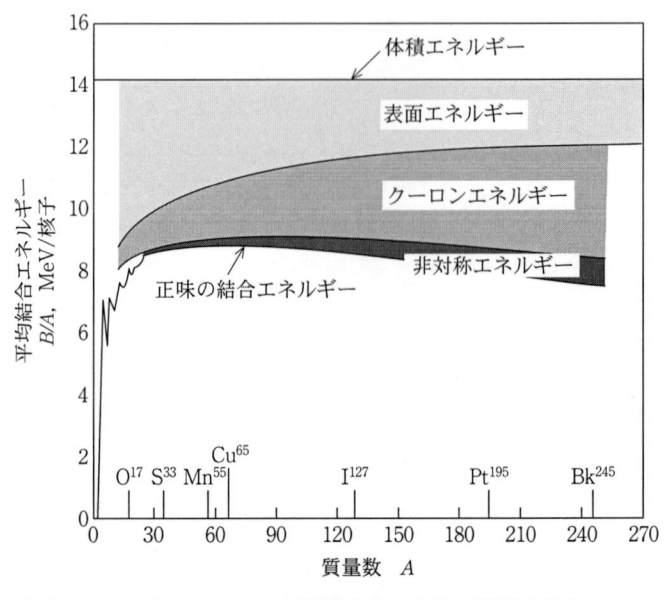

図3・10 ワイツェッカーの質量公式における各項の寄与
（出典：Evans, The Atomic Nucleus, McGRAW-HILL (1955)）

$$a_p = 0 \quad (A=奇)$$
$$= -0.036 \quad (Z=偶 \quad N=偶) \tag{3・49}$$
$$= +0.036 \quad (Z=奇, N=奇)$$

原子の質量を MeV で示すと，
$$m(A,Z) = 938.7380Z + 939.5204(A-Z) - 15.565A + 17.232A^{2/3}$$
$$+ 0.700\frac{Z^2}{A^{1/3}} + 93.145\frac{\left(\frac{A}{2}-Z\right)^2}{A} + a_p\frac{1}{A^{3/4}} \tag{3・50}$$

$$ap = 0 \quad (A=奇)$$
$$= -34 \quad (Z=偶 \quad N=偶) \tag{3・51}$$
$$= +34 \quad (Z=奇, N=奇)$$

となる．この式は $A>15$ で実測とよく一致する．図 3・10 は B/A における各エネルギー項の寄与を示す．原子質量の半実験的公式の応用として，核分裂により解放されるエネルギーの計算がある．

3・7 素粒子，基本粒子

物質は階層構造をもち，分子 → 原子 → 原子核 → 陽子・中性子と解明されてきた．このことから陽子，中性子，電子，そして光子が物質を構成している究極の粒子，**素粒子**（elementary particle）と考えられた．その後，この段階の粒子として，陽電子，パイ中間子，さらに巨大な加速器により 300 種を越える粒子が見つかったことにより，さらにこれらの基本となる粒子が存在するのではないかと考えられた．これら素粒子の特性や，生成・崩壊の仕方，分類から階層性の説明のためクォークが導入され，6 種の**クォーク**（quark）と 6 種の**レプトン**（lepton）が物質を構成する粒子であり，さらにこれら粒子間の力を媒介する**ゲージ粒子**（gauge particle）族が**基本粒子**（fundamental particle）であることがわかった[12]．

何百種類という素粒子は，**強い相互作用**をする素粒子，**弱い相互作用**をする素粒子，さらに相互作用を媒介する素粒子に分類できる．それらを**表 3・2** に示す．**ハドロン族**の素粒子は基本粒子であるクォークとそれらを結びつけるグルオンからできている．クォークを**表 3・3** に示す．

解説⑫
クォークは，ハドロンを構成する基本粒子であり，スピン 1/2，電荷 $\pm(2/3)e$ または $\pm(1/3)e$ である．1964 年にゲルマン（Gell-Mann）とツバイク（Zweig）が別々に提案した．最初クォークは疑問視されたが，電子線を陽子に衝突させる実験において大きな角度の散乱がみられ，陽子の内部に点状の粒子，クォークの存在することがわかった．1969 年，ゲルマンにノーベル賞が授与された．

表 3・2 素粒子の分類

強い相互作用をする素粒子	ハドロン族 hadron	重粒子族 baryon	陽子，中性子，Λ（ラムダ）粒子，Σ（シグマ）粒子，Ξ（グザイ）粒子，Δ（デルタ）粒子，等
		中間子族 meson	π, K（カッパー），η（イータ），ρ（ロー），ω（オメガ），ϕ（ファイ），J/ψ（ジェイ プサイ）粒子，Υ（ウプシロン）等
弱い相互作用をする素粒子	レプトン族 lepton		ν_e（電子ニュートリノ），e, ν_μ（ミューニュートリノ），μ（ミュー粒子），ν_τ（タウニュートリノ），τ（タウ粒子）の 6 個のみ
相互作用の媒介をする素粒子	ゲージ族 gauge boson		光子，弱ボソン（W^+, Z_0, W^-），グルオン（8 種類）

第3章 原子核の構造

表 3・3 クォークの種類と性質

世代	粒子名	記号	電荷	スピン・パリティ	質量	バリオン数 A	レプトン数
第1世代	アップクォーク	u ($\bar{u}$)	+2/3 (−2/3)	$1/2^+$ ($1/2^-$)	1.5-4.5 MeV	1/3 (−1/3)	0
第1世代	ダウンクォーク	d ($\bar{d}$)	−1/3 (+1/3)	$1/2^+$ ($1/2^-$)	5-8.5 MeV	1/3 (−1/3)	0
第2世代	チャームクォーク	c ($\bar{c}$)	+2/3 (−2/3)	$1/2^+$ ($1/2^-$)	1-1.4 GeV	1/3 (−1/3)	0
第2世代	ストレンジクォーク	s ($\bar{s}$)	−1/3 (+1/3)	$1/2^+$ ($1/2^-$)	80-155 MeV	1/3 (−1/3)	0
第3世代	トップクォーク	t ($\bar{t}$)	+2/3 (−2/3)	$1/2^+$ ($1/2^-$)	174 GeV	1/3 (−1/3)	0
第3世代	ボトムクォーク	b ($\bar{b}$)	−1/3 (+1/3)	$1/2^+$ ($1/2^-$)	4-4.5 GeV	1/3 (−1/3)	0

ハドロンは，**バリオン**（重粒子族）と**メソン**（中間子族）に分けられる．バリオンとは重いという意味で，核子および核子よりも重いスピン半奇数（1/2, 3/2, 5/2, …）の素粒子であり，3つのクォークでできている．例えば陽子はuudで中性子はuddである．メソンはもともと電子よりも重く核子よりも軽い粒子をさしたが，現在では核子よりも重い中間子がある（正確には，強い相互作用をする粒子のうち，バリオン数が0の粒子を中間子とよぶ）．メソンはクォークと反クォークの対でできている．例えば，π^- は $d\bar{u}$ である．

レプトンとは軽いという意味であり，弱い相互作用をする粒子である．レプトン族の粒子は6個のみである．

ゲージ粒子はスピンが1であり，光子は電磁力を媒介し，**弱ボソン**は弱い相互作用を媒介し，そしてグルオンは強い相互作用を媒介する．

◎ ウェブサイト紹介

日本高エネルギー加速器研究機構

http://www.kek.jp/kids/index.html

日本高エネルギー加速器研究機構のホームページにあるキッズサイエンティスト．宇宙創成にはじまる物理教室，加速器の説明，研究者へのインタビュー，物理辞典，等がある．

米国ローレンス・バークレー国立研究所

http://pdg.lbl.gov/

米国ローレンス・バークレー国立研究所にある Particle Data Group（PDG）のウェブサイト．PDG は粒子物理学とそれに関係した天体物理学についてレビューし，粒子のデータを収集・分析する国際共同グループ．

米国スタンフォード大学

http://www2.slac.stanford.edu/vvc/Default.htm

学生や教師を対象にした，米国スタンフォード大学 Stanford Linear Accelerator Center（SLAC）のホームページにある仮想見学者センターウェブサイト．

◎ 参考図書

K. Hagiwara et al.：Phys. Rev. D 66（2002）
高田健次郎他：原子核構造論，朝倉書店（2002）
市村宗武他：原子核の理論，岩波書店（2001）
八木浩輔：原子核物理学，朝倉書店（2001）
永江知文他：原子核物理学，裳華房（2000）
国立天文台編：理科年表，丸善（1999）
小暮陽三：絵で分かるクォーク，日本実業（1998）
江尻宏泰：クォーク・レプトン核の世界，裳華房（1998）
R. B. Firestone, et al.：Table of Isotopes, John Wiley & Sons（1996）
西臺武弘：放射線医学物理学・第3版，文光堂（2005）
大槻義彦：物理学，学術図書出版（1994）
渡辺愼：身近な物理学の歴史，東洋書店（1993）
原　康夫：詳解物理学，東京教学社（1993）
原　康夫他：物理学，東京教学社（1990）
学自然科学教育研究会編：教養の新物理学，東京教学社（1984）
白土釻二：原子物理学，日本理工出版会（1984）
森田正人：原子核の世界，講談社（1979）
真田順平訳：セグレ　原子核と素粒子，吉岡書店（1974）
野中到：核物理学，培風館（1973）
玉木英彦他訳：シュポルスキー原子物理学，東京図書（1967）
真田順平：原子核・放射線の基礎，共立全書（1966）
Evans：The Atomic Nucleus, McGRAW-HILL（1955）

◎ 演習問題

問題1　^{208}Pb の原子核の半径はいくらになるか．

問題2　陽子は $g=5.5857$，$I=1/2$ の値をもつ．陽子の角運動量および磁気モーメントの大きさはいくらか．

問題3　陽子の磁気回転比の値はいくらか．

問題4　$^{238}_{92}$U が2個の $^{119}_{46}$Pd に分裂するときに解放されるエネルギーを求めよ．（ただし，^{119}Pd は不安定な核種であり，分裂後中性子の放出，β 壊変によりさらにエネルギーを放出する）

第4章
原子核の壊変

4・1 放射能
4・2 壊変の法則
4・3 壊変の形式

第4章
原子核の壊変

本章で何を学ぶか

　原子核は核子からなり，核子には陽子と中性子の2種類がある．原子核は，限定された組合せの核構造でのみ安定な状態にある．それ以外の構造にある不安定な原子核は，一定の寿命で構造を変える．不安定な原子核が構造を変える現象を原子核の壊変といい，自然に壊変を起こす能力が放射能である．原子核の結合エネルギーは構造の違いで大きく異なるため，壊変に伴って放出される粒子は，そのエネルギーの差を受け取って高エネルギーとなる．これが放射線である．

　本章では，放射線の発生の元となる原子核の壊変について，その種類と特性，壊変の際に放出する放射線の種類について基本的な事柄を学ぶ．放出される放射線は被曝の原因となるが，個々に性質が大きく異なる放射線の特徴を知って，放射能をもつ物質と放射線の特性をうまく利用すれば，医療に多大な貢献ができることを理解してほしい．

4・1　放射能

4・1・1　放射性核種，放射性同位元素

　原子核内では核力とクーロン力などが作用し，それらのバランスで原子核の構造を維持している．不安定な原子核はその構造が維持できずに核構造を変えるが，これを壊変という．壊変を起こす原子核を**放射性核種**（radionuclide）という．元素（原子）の化学的性質は，原子核を構成する陽子の数のみで決定するため，陽子数が同じで中性子数の異なる核種をもつ元素は，どれも化学的に同じふるまいをする．安定元素と区別するために，放射能をもつ元素のことを**放射性同位元素**（radioisotope）という．安定な核が283種類程度であるのに対して放射性同位元素は数千種類存在する．

　中性子数が同じで陽子数の異なる核種どうしを**同中性子体**（isotone）という．陽子と中性子の数の合計が同じ核種どうしを**同重体**（isobar）という．

　放射性同位元素の壊変によって生じた核種を**娘核種**（daughter nuclide），壊変前の放射性同位元素の原子核を**親核種**（parent nuclide）とよぶ．

4・1・2　放射能とは

　α線，β線，γ線などの放射線を原子核から自然に放出する性質があることを**放射性**（radioactive）といい，放射性物質が保持しているこの能力を**放射能**（radioactivity）という．放射能は本来，原子核の壊変を起こす能力を意味したが，現在では壊変率を放射能と言い換えて使用している．この場合放射能（単にactivity）は，放射性同位元素が単位時間当たりに壊変する割合として明確に定義される．

4・2 壊変の法則

4・2・1 壊変定数，半減期，平均寿命

放射能，すなわち壊変率は，放射性同位元素が単位時間当たりに壊変する割合である．1個の放射性の原子核だけでは，それがいつ壊変するのかわからない．しかし，多数の原子核を観測すると，単位時間あたり一定の割合の原子核が壊変する．壊変する原子核の数はその総数に比例する．N を時刻 t における放射性の原子核の数，λ を**壊変定数**（decay constant）とすると，放射能は次式で与えられる．

$$\frac{dN}{dt} = -\lambda N \tag{4・1}$$

最初（$t=0$）の元素数を N_0 とすると，式（4・1）より

$$N = N_0 e^{-\lambda t} \tag{4・2}$$

すなわち，親核種の数 N は時刻 t とともに指数関数的に減少する．このとき放射能も指数関数的に減少する（**図 4・1**）．原子核の数 N が N_0 の半分になるまでの時間を**半減期**（half life）といい，$T_{1/2}$ で表す．すなわち，

$$\frac{1}{2}N_0 = N_0 e^{-\lambda T_{1/2}} \tag{4・3}$$

これより，

$$T_{1/2} = \frac{\ln 2}{\lambda} \approx \frac{0.693}{\lambda} \tag{4・4}$$

1つの放射性の原子核が壊変するまでの平均時間を**平均寿命**（mean life）といい，τ で表す．時刻 t における放射性の原子核の数が N であるから，τ は次式で与えられる．

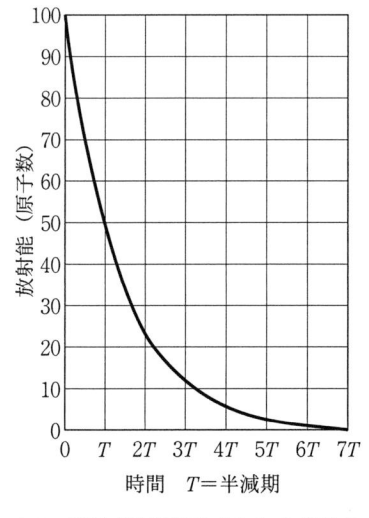

(a) 普通方眼紙にあらわした放射性核種の壊変曲線

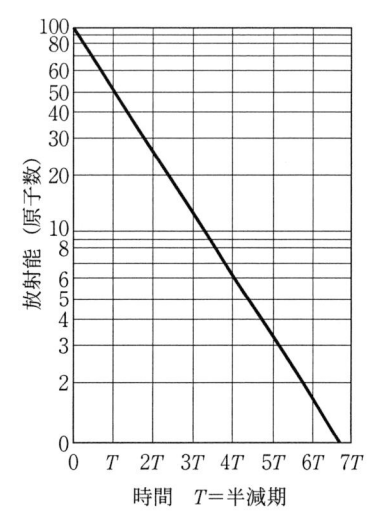

(b) 半対数方眼紙にあらわした放射性核種の壊変直線

図 4・1 放射線壊変の指数法則．（**A**）直線グラフ，（**B**）片対数グラフ

$$\tau = \frac{\int_0^\infty tN dt}{\int_0^\infty N dt} = \frac{\int_0^\infty t e^{-\lambda t} dt}{\int_0^\infty e^{-\lambda t} dt} = \frac{\left[-\dfrac{t}{\lambda} e^{-\lambda t}\right]_0^\infty + \dfrac{1}{\lambda}\int_0^\infty e^{-\lambda t} dt}{\left[-\dfrac{1}{\lambda} e^{-\lambda t}\right]_0^\infty} = \frac{1}{\lambda} \quad (4\cdot 5)$$

すなわち，$\tau = 1/\lambda$ である．

放射能の単位は Bq（ベクレル）であり，毎1秒間に壊変する放射性の原子核の数（s^{-1}）を表す．1秒間に1個壊変すれば，1 Bq の放射能である．歴史的には Ci（キュリー）が放射能の単位として使用されていたが，現在は使用されていない．1 Ci = 3.7×10^{10} Bq である．これは1 g の純粋な（無担体）^{226}Ra（半減期1600 y）の放射能に由来する．すなわち，

$$N = 6.02 \times 10^{23}/226 = 2.67 \times 10^{21} \quad (4\cdot 6)$$
$$\lambda = 0.693/(1\,600 \times 365 \times 24 \times 3\,600) = 1.37 \times 10^{-11}\,(s^{-1}) \quad (4\cdot 7)$$

であるから，正確にはその放射能は

$$\lambda N\,(s^{-1}) = 3.66 \times 10^{10}\,\text{Bq} \quad (4\cdot 8)$$

である．Bq 以外に dps (disintegration/second)，dpm (disintegration/minute) が用いられることもある．

4・2・2 比放射能

単位質量もしくは単位物質量当たりの放射能を**比放射能**（specific activity）という（**表4・1**）．安定同位元素のことを**担体**（carrier）[①] といい，他の核種が含まれていない理想的な試料を**無担体**（carrier free）であるというが，その無担体試料の比放射能は以下の式で計算される．

$$\text{Sp. Ac.} \equiv \frac{\text{activity}}{\text{mass}} = \frac{\lambda N}{NM/N_A}$$
$$= \frac{N_A}{M}\cdot\lambda \quad (4\cdot 9)$$

表 4・1　比放射能の例

核種	A	半減期	比放射能〔kBq/g〕
^{3}H	3	12.3 y	3.58×10^{11}
^{14}C	14	5.73×10^3 y	1.65×10^8
^{35}S	35	87.5 d	1.58×10^{12}
^{60}Co	60	5.27 y	4.18×10^{10}
^{137}Cs	137	30 y	3.2×10^9
^{226}Re	226	1.6×10^3 y	3.66×10^7
^{238}U	238	4.5×10^9 y	12.4

ここに M は試料の分子数，N_A はアボガドロ数（6.02×10^{23}）．

通常は，安定元素が大量に共存していたり無担体ではないために，比放射能はこれより低い値となる．単位は Bq/g, Bq/kg が用いられる．逆に放射能から無担体試料の量が算出できる．

たとえば，37 kBq（1 mCi）の ^{60}Co（半減期 5.27 y，1 y = 3.15×10^7 s）の量は 8.9×10^{-10} g（≈1 ng）である．また，A をある放射性核種の質量数，T を半減期（y）とすれば，1 g のその無担体放射性核種の放射能 Q は，

$$Q = 1.323 \times 10^{10}/(AT)\,\text{〔MBq〕} \quad (4\cdot 10)$$

4・2・3 分岐壊変，分岐比

放射性核種の中には，2種類以上の壊変をするものがある．また，親核種のみならず娘核種も放射性核種であることがある．

解説 ①

担体：極微量あるいは極低濃度の物質をトレーサ（tracer）というが，沈殿生成によるトレーサの分離は非常に困難である．そのためトレーサの分離，濃縮などを効果的に行なうために系に加える物質が必要であり，これを担体という．目的の操作に関し，目的物質と化学的挙動が等しいかまたは極めてよく似た物質が選ばれる．たとえば，同じ元素の安定同位体を担体として通常量加えれば，トレーサを共に沈殿させることができる．しかし，あとでトレーサを担体から分離することが必要な場合は，最初に加える担体の選択が重要となる．

特に，溶液中からある成分を除去する目的の担体はスカベンジャー（scavenger）といい，不要な放射性核種を沈殿させて除くために使用する．

i） 分岐壊変 (branching decay)

親核種が壊変1と壊変2の2種類の壊変をするとき，壊変1と壊変2のそれぞれの壊変定数 λ_1, λ_2 は，親核種の部分壊変定数という．親核種の数を N とすると，親核種の壊変は2つに枝分かれしてそれぞれ異なる娘核種を生成する．親核種の減少率は壊変1により $-\lambda_1 N$，壊変2により $-\lambda_2 N$ となり，全体では $-(\lambda_1 N + \lambda_2 N)$ となる．

$$\frac{dN}{dt} = \left(\frac{dn}{dt}\right)_1 + \left(\frac{dN}{dt}\right)_2 = -\lambda_1 N - \lambda_2 N = -(\lambda_1 + \lambda_2)N = -\lambda N \quad (4\cdot11)$$

したがって，親核種の全体の壊変定数 λ は λ_1 と λ_2 との和となる．親核種の壊変における枝分かれの割合を**分岐比**（branching ratio）という．壊変1と壊変2の分岐比はそれぞれ，λ_1/λ, λ_2/λ である．たとえば，^{40}K は 11% が EC 壊変で ^{40}Ar の娘核種，89% が β^- 壊変で ^{40}Ca の娘核種を生成する．^{99}Mo が ^{99m}Tc に β^- 壊変する分岐比は 0.924 である．

ii） 逐次壊変 (series decay)

親核種の壊変で生成した娘核種もまた放射性核種であるような壊変形式を逐次壊変もしくは**系列壊変**（series decay）という．親核種と娘核種の原子数と壊変定数をそれぞれ N_1, N_2, λ_1, λ_2 とすると，親核種および娘核種の原子数の変化は次式で与えられる．

$$\frac{dN_1}{dt} = -\lambda_1 N_1 \quad (4\cdot12)$$

$$\frac{dN_2}{dt} = \lambda_1 N_1 - \lambda_2 N_2 \quad (4\cdot13)$$

この方程式を解くと，つぎの Bateman の式が得られる．

$$N_2 = \frac{\lambda_1}{\lambda_2 - \lambda_1} \cdot N_{1,0} \cdot (e^{-\lambda_1 t} - e^{-\lambda_2 t}) + N_{2,0} \cdot e^{-\lambda_2 t} \quad (4\cdot14)$$

ここに，$N_{1,0}$, $N_{2,0}$ はそれぞれ $t=0$ のとき存在している親核種と娘核種の原子数である．

4・2・4　放射平衡

逐次壊変では，親核種の半減期が娘核種の半減期よりも長いと，親核種の壊変で生成した娘核種の数が増えるため，娘核種自身の壊変も増加していく．したがって，最初は娘核種が存在しなかった場合でもある程度時間がたつと，娘核種の生成率と壊変率が釣り合うようになる．この状態を**放射平衡**（radioactive equilibrium）という．以下において親核種の壊変定数および半減期を λ_1, $(T_{1/2})_1$ とし，娘核種の壊変定数および半減期を λ_2, $(T_{1/2})_2$ とすると，これらの大小関係に基づいて以下の3つの形態に分類される．

i） 過渡平衡 (transient equilibrium)

たとえば，トリウム系列の ^{212}Pb（$T_{1/2} = 10.64$ h）→ ^{212}Bi（$T_{1/2} = 60.6$ m）→ ^{212}Po もしくは ^{208}Tl のように，$(T_{1/2})_1 > (T_{1/2})_2$，すなわち $\lambda_1 < \lambda_2$ の場合，Bateman の式で t がある程度以上になると，$\exp(-\lambda_1 t)$ に比べて $\exp(-\lambda_2 t)$ が無視できるほどの値になる．したがって，次式で近似できる．

第4章 原子核の壊変

$$N_2 = \frac{\lambda_1}{\lambda_2 - \lambda_1} \cdot N_{1.0} e^{-\lambda_1 t}$$
(4・15)

式(4・15)より，娘核種が見かけ上親核種の半減期で減少していることになる．すなわち，娘核種と親核種の数の比は一定になる．

$$\frac{N_2}{N_1} = \frac{\lambda_1}{\lambda_2 - \lambda_1}$$

$$= \frac{(T_{1/2})_2}{(T_{1/2})_1 - (T_{1/2})_2}$$
(4・16)

このような平衡状態を過渡平衡という．医学利用の臨床現場では，短半減期核種が使用される．しかし，半減期が短いとその核種を臨床現場で長期間保存することができない．過渡平衡は，以上のような短半減期核種の臨床利用のために活用されている．すなわち，長半減期の親核種を過渡平衡の状態で保存しておき，娘核種が必要な場合には親核種より分離して短半減期の娘核種を使用する（**図4・2**）．

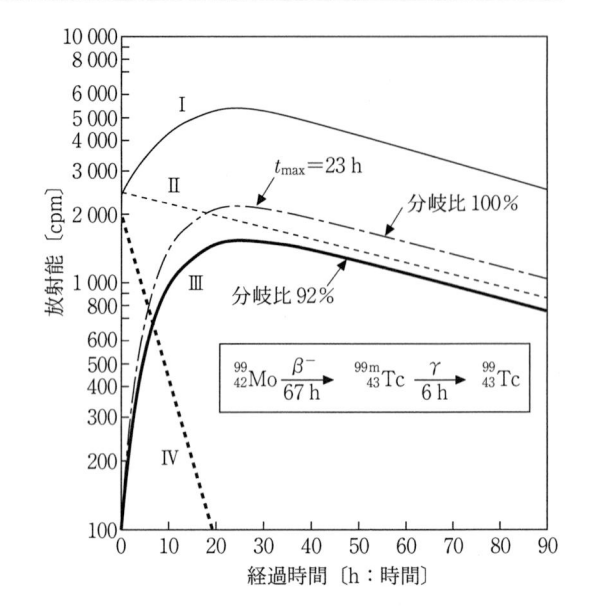

Ⅰ：全体の放射能
Ⅱ：親核種による放射能
Ⅲ：娘核種による放射能
Ⅳ：分離された娘核種の放射能

図4・2 過渡平衡における親核種と娘核種，全体の放射能

短半減期の娘核種を得るこのような操作は，乳牛から牛乳をしぼり取るように，繰り返し行うことが可能なため**ミルキング**とよばれる．その一例は，^{99}Mo（$T_{1/2}=65.94$ h）→^{99m}Tc（$T_{1/2}=6.01$ h）→^{99}Tcであり，140 keV γ線放出核種である^{99m}Tcを臨床で利用する．このような短半減期核種生成装置のことをcow systemあるいはジェネレータという．ミルキングにより放射性核種を得ることのもう1つの長所は，親核種と娘核種の元素が異なるので，無担体で放射性核種が得られる点である．

娘核種を親核種から分離した時点を $t=0$ として，再び娘核種が生成されその数が極大をとるまでの時間 t_m を求める．Batemanの式において $N_{2.0}=0$ とおいて，

$$N_2 = \frac{\lambda_1}{\lambda_2 - \lambda_1} \cdot N_{1.0}(e^{-\lambda_1 t_m} - e^{-\lambda_2 t_m})$$
(4・17)

ここに $N_{1.0}\exp(-\lambda_1 t_m) = N_1$ であるから，式(4・17)は，

$$N_2 = \frac{\lambda_1}{\lambda_2 - \lambda_1} \cdot N_1\{1 - e^{(\lambda_1 - \lambda_2)t_m}\}$$
(4・18)

$t=t_m$ では $dN_2/dt=0$ であるから，$\lambda_1 N_1 = \lambda_2 N_2$ が成り立つ．したがって，

$$\frac{\lambda_1}{\lambda_2} = \frac{N_2}{N_1} = \frac{\lambda_1}{\lambda_2 - \lambda_1} \cdot \{1 - e^{(\lambda_1 - \lambda_2)t_m}\}$$
(4・19)

以上により t_m は下記の式で与えられる．

$$t_m = \frac{1}{\lambda_1 - \lambda_2} \cdot \ln\left(\frac{\lambda_1}{\lambda_2}\right)$$
$$= \frac{2.303}{\lambda_1 - \lambda_2} \cdot \log\left(\frac{\lambda_1}{\lambda_2}\right) \quad (4 \cdot 20)$$

ii) 永続平衡（secular equilibrium）

過渡平衡の場合でたとえば，ウラン系列の ^{226}Ra ($T_{1/2} = 1.6 \times 10^3$ y) → ^{222}Rn ($T_{1/2} = 3.824$ d) → ^{218}Po のように，$(T_{1/2})_1 \gg (T_{1/2})_2$ のときの現象に注目しよう．すなわち $\lambda_1 \ll \lambda_2$ の場合，親核種の半減期が娘核種の半減期に比べて圧倒的に長いと，ある短い期間では壊変による親核種の減少は無視できて，一定の生成率で娘核種が生成されているように見える．このとき娘核種の生成率はその壊変率に等しくなり，見かけ上娘核種の原子数が時間に依存しなくなる．このような状態を**永続平衡**と名付けている（図4・3）．

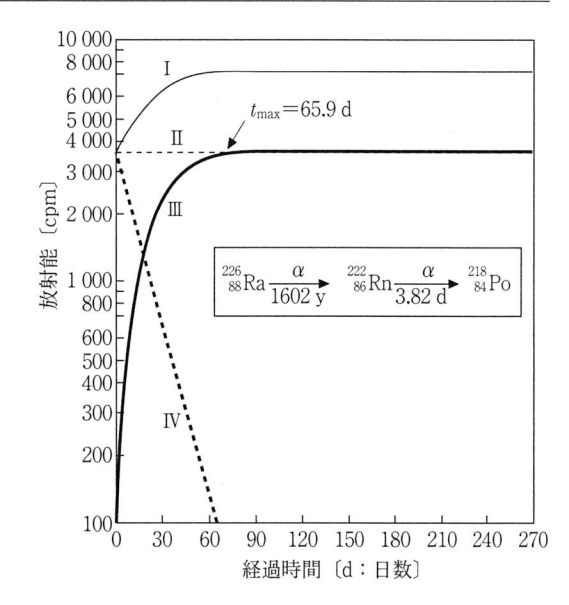

Ⅰ：全体の放射能
Ⅱ：親核種による放射能
Ⅲ：娘核種による放射能
Ⅳ：分離された娘核種の放射能

図 4・3 永続平衡における親核種と娘核種，全体の放射能

永続平衡では Bateman の式から次式がいつでも成り立つ．

$$\frac{dN_2}{dt} = \lambda_1 N_1 - \lambda_2 N_2 = 0 \quad (4 \cdot 21)$$

これより，$\lambda_1 N_1 = \lambda_2 N_2$ が常に成り立つ．すなわち，$N_1/(T_{1/2})_1 = N_2/(T_{1/2})_2$ が成り立つ．

iii) 非平衡（no equilibrium）

平衡が成立しない状態をいう．たとえば，ウラン系列の ^{210}Bi ($T_{1/2} = 5.013$ d) → ^{210}Po ($T_{1/2} = 138.4$ d) → ^{206}Pb のように，$(T_{1/2})_1 < (T_{1/2})_2$，すなわち $\lambda_1 > \lambda_2$ の場合，放射平衡は成立しない．

4・3 壊変の形式

陽子数 Z で総核子数 A の核種を (A, Z) もしくは ^A_ZX で表す．ここで X は元素記号である．

4・3・1 アルファ壊変

ヘリウムの原子核が親核種 (A, Z) から放出され，娘核種 $(A-4, Z-2)$ になる

のが**アルファ（α）壊変**（alpha decay）である．すなわち，

$$(A, Z) \longrightarrow (A-4, Z-2) + \alpha \tag{4・22}$$

の変化をする．元素記号を用いた表記では，

$${}^{A}_{Z}X \longrightarrow {}^{A-4}_{Z-2}X + \alpha \tag{4・23}$$

たとえば，$^{226}_{88}$Ra（半減期 1600 y）→ $^{222}_{86}$Rn+α と記述する．α線のエネルギーは線スペクトルを示す．^{226}Ra の α 壊変では，α 粒子が $E=4.8$ MeV で放出される．

娘核種の電荷 Z_1，半径を r とすると，α 粒子の電荷 Z_2（電荷 $Z_2=2$）に対する原子核のクーロン障壁 E_c は，次式で与えられる．

$$E_c = \frac{1}{4\pi\varepsilon_0} \cdot \frac{Z_1 Z_2 e^2}{r} = \frac{e^2}{4\pi\varepsilon_0 \cdot hc/2\pi} \cdot \frac{hc}{2\pi} \cdot \frac{Z_1 Z_2}{r} \tag{4・24}$$

^{222}Rn の場合，$r = 1.4 \times A^{1/3} = 1.4 \times 222^{1/3}$〔fm〕$= 8.5$〔fm〕であるから，

$$E_c = \frac{1}{137} \cdot \frac{197 \text{〔MeV・fm〕}}{85 \text{〔fm〕}} \cdot 86 \cdot 2 = 29 \text{〔MeV〕} \tag{4・25}$$

したがって，$E=4.8$ MeV で放出される α 粒子は，壊変前に原子核内でクーロン障壁 E_c より 20 MeV 以上低いエネルギーの状態にあると考えられる．古典力学的にはこの障壁を α 粒子が越えることはできない．しかし，量子力学的にはトンネル効果により障壁を突き抜ける確率が存在しており，α 壊変の理論的裏付けとなっている．

i) α 壊変の Q 値

α 壊変：$(A, Z) \to (A\text{-}4, Z\text{-}2) + \alpha$ により放出されるエネルギー E は，壊変前後の原子核の結合エネルギーの差に等しい．すなわち，原子核 (A, Z) の結合エネルギーを $BE(A, Z)$ で表すと，次式が成り立つ．

$$E = BE(A\text{-}4, Z\text{-}2) + BE(\alpha) - BE(A, Z) \tag{4・26}$$

この値 E を α 壊変の Q 値という．たとえば ^{226}Ra の場合は，

$BE(^{226}\text{Ra}) = 1731.6$ MeV

$BE(\alpha) = 28.3$ MeV

$BE(^{222}\text{Rn}) = 1708.2$ MeV

より，$Q = 1708.2 + 28.3 - 1731.6 = 4.9$ MeV である．静止していた親核の α 壊変により，α 粒子と娘核とにエネルギー Q が分配される．α 粒子の質量を m，速度を v とし，娘核の質量を M，速度を V とすれば，運動量とエネルギーの保存則により，次式が成り立つ．

$$MV + mv = 0, \quad \frac{1}{2}MV^2 + \frac{1}{2}mv^2 = Q \tag{4・27}$$

したがって，α 粒子の運動エネルギー E_α は，

$$E_\alpha = \frac{1}{2}mv^2 = \frac{M}{M+m} \cdot Q \tag{4・28}$$

^{226}Ra の場合は，$E_\alpha = 222 \times 4.9/226 = 4.8$ MeV となる．

ii) Geiger-Nuttal の法則

α 壊変の Q 値が大きければ，クーロン障壁を通り抜ける確率も高くなる．したがって，α 線のエネルギーと α 壊変の半減期との間に何等かの関係があることが予想される．実際に，α 壊変の壊変定数 λ，α 線のエネルギー E_α とすると，次の関係があることが認められた．

$$\log \lambda = A + B \cdot \log E_\alpha \tag{4・29}$$

この関係を Geiger-Nuttal の法則という．

4・3・2 ベータ壊変

ベータ（β）壊変（beta decay）では高速電子が放出される．単独の中性子は電子を放出して陽子に壊変することにより安定になるが，単独の陽子は安定であり壊変はしない．ただし，核内では陽子から中性子に壊変することにより，エネルギー的に安定となる場合がある．

β壊変により放出される電子のエネルギーは連続分布をする．また，電子のスピンが1/2であるのに，β壊変の親核種と娘核種は同じ核子数であるため，核スピンが1/2の偶数倍か奇数倍かはβ壊変で変化しない．β壊変で電子のみが放出されるとすれば，エネルギー保存則と角運動量保存則が成り立たなくなることが実験的に示され，β壊変では電子（e^+, e^-）と同時に電気的に中性のニュートリノ（ν, $\bar{\nu}$）が放出されると予想された．これは，実験でも存在が証明された．

すなわち，陽子（p），中性子（n）は以下のように壊変する．

$$n \longrightarrow p + e^- + \bar{\nu} \tag{4・30}$$
$$p \longrightarrow n + e^+ + \nu \tag{4・31}$$

ただし，後者は単独の陽子では起きない．親核種 (A, Z) は，

$$\beta^- \text{壊変}: (A, Z) \longrightarrow (A, Z+1) + e^- + \bar{\nu} \tag{4・32}$$
$$\beta^+ \text{壊変}: (A, Z) \longrightarrow (A, Z-1) + e^+ + \nu \tag{4・33}$$

の変化をする．たとえば，$^{32}_{15}P$（半減期14.26 d）$\rightarrow ^{32}_{16}S + e^- + \bar{\nu}$．

β^+ 壊変の起こる代わりに軌道電子を捕獲して，$p + e^- \rightarrow n + \nu$ となる壊変が起こることがある．これを軌道電子捕獲（EC）といい，以下のように壊変する

$$EC: (A, Z) + e^- \longrightarrow (A, Z-1) + \nu \tag{4・34}$$

軌道電子が捕獲されると，その電子軌道に空席を生じるため，この軌道を埋める際にX線が発生する．

元素記号を用いた表記でβ壊変をまとめると

$$\beta^- \text{壊変}: {}^A_Z X \longrightarrow {}^A_{Z+1} X + \beta^- + \bar{\nu} \tag{4・35}$$
$$\beta^+ \text{壊変}: {}^A_Z X \longrightarrow {}^A_{Z-1} X + \beta^+ + \nu \tag{4・36}$$
$$EC \quad : {}^A_Z X + e^- \longrightarrow {}^A_{Z-1} X + \nu \tag{4・37}$$

i) β壊変の Q 値

ニュートリノの質量を0として電子の質量を m_e，陽子数 Z，中性子数 N の原子核の質量を $M_{\text{nucl}}(Z, N)$ とすれば，β壊変の起こる条件は以下のようになる．

$$\beta^- \text{壊変}: M_{\text{nucl}}(Z, N) > M_{\text{nucl}}(Z+1, N-1) + m_e \tag{4・38}$$
$$\beta^+ \text{壊変}: M_{\text{nucl}}(Z, N) > M_{\text{nucl}}(Z-1, N+1) + m_e \tag{4・39}$$
$$EC \quad : M_{\text{nucl}}(Z, N) + m_e > M_{\text{nucl}}(Z-1, N+1) \tag{4・40}$$

一方，中性原子の質量 $M_{\text{atom}}(Z, N)$ を用いて上の条件式を書き直す．電子の結合エネルギーを無視すれば，$M_{\text{atom}}(Z, N) = M_{\text{nucl}}(Z, N) + Zm_e$ となるから，

$$\beta^- \text{壊変}: M_{\text{atom}}(Z, N) - M_{\text{atom}}(Z+1, N-1) > 0 \tag{4・41}$$
$$\beta^+ \text{壊変}: M_{\text{atom}}(Z, N) - M_{\text{atom}}(Z-1, N+1) > 2m_e \tag{4・42}$$
$$EC \quad : M_{\text{atom}}(Z, N) - M_{\text{atom}}(Z-1, N+1) > 0 \tag{4・43}$$

Q 値はそれぞれに，

$$Q_{\beta^-} = \{M_{\mathrm{atom}}(Z, N) - M_{\mathrm{atom}}(Z+1, N-1)\}c^2 \quad (4 \cdot 44)$$

$$Q_{\beta^+}, Q_{\mathrm{EC}} = \{M_{\mathrm{atom}}(Z, N) - M_{\mathrm{atom}}(Z-1, N+1)\}c^2 \quad (4 \cdot 45)$$

β 壊変では，電子とニュートリノが同時に放出され，壊変の Q 値は電子，ニュートリノ，娘核種に分配される．したがって，β 線のエネルギーは連続スペクトルとなる．その最大エネルギーは，以下のように与えられる．

$$\beta^- \text{壊変}: E_{\beta^-}(\max) = Q_{\beta^-} \quad (4 \cdot 46)$$

$$\beta^+ \text{壊変}: E_{\beta^+}(\max) = Q_{\beta^+} - 2m_e c^2 \quad (4 \cdot 47)$$

4・3・3 ニュートリノ

ニュートリノ（neutrino）は，1933 年にパウリ（W. Pauli）によって β 壊変のエネルギー保存を保証するために存在が提唱された．1935 年に原子炉から発生するニュートリノを検出し，反ニュートリノの存在も証明された．ニュートリノは物質との間に弱い相互作用しかしないので，検出することが困難である．ニュートリノの質量は電子の質量の 10^{-6} 以下であるが，まだ確定はしていない．通常の放射線測定では β 線の連続スペクトルにのみ，その存在を認識するニュートリノではあるが，天体物理学においては大きな役割を担っている．

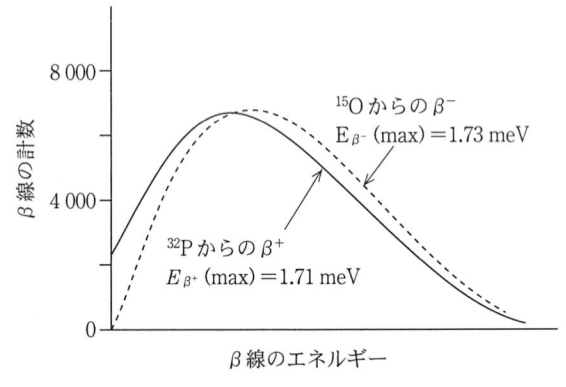

4・3・4 β 線のエネルギー分布

β 線のエネルギースペクトルは，0 から最大エネルギーまで連続して存在する．β^- 壊変では，原子核のプラス電荷により β^- 線が引き寄せられる．そのため，β 線のエネルギースペクトルは 0 でも頻度分布が存在する．一方，β^+ 壊変では β^+ 線が反発されるので，0 における頻度分布は 0 となる．エネルギー分布の平均値は最大値の約 1/3 である（図 4・4）．

図 4・4 β 線のエネルギー分布
（^{15}O からの β^- $E_{\beta^-}(\max) = 1.73$ meV，^{32}P からの β^+ $E_{\beta^+}(\max) = 1.71$ meV）

4・3・5 β^+ 壊変と軌道電子捕獲の競合

電子の代わりに陽電子が原子核から放射される β^+ 壊変は，1934 年キュリー（Curie）とジョリオ（Joliot）により発見された．一方，原子のまわりを運行する軌道電子を原子核が捕獲する現象は，電子の放射現象の逆過程であるとみなせる．この現象の起きる可能性は，1935 年に湯川と坂田が最初に予言し，1938 年に Alvarez が発見した．

軌道電子捕獲は，ニュートリノが放射されるだけなので直接の観測は極めて難しいが，K 軌道電子が捕獲された後に特性 X 線が放射される事象を利用して，間接

的に検証ができる．親核と娘核の中性原子質量差をエネルギー換算した ΔE (MeV) が 1.022 MeV より十分大きい場合，原子番号 Z の親核種からの β^+ 壊変の割合 P^+ と，K 軌道電子捕獲の割合 P_K の比 (P_K/P_+) は，$(Z/\Delta E)^3$ に比例する．

^{22}Na の場合（$\Delta E = 2.84$ MeV）を例にとると，β^+ 壊変は 90%，軌道電子捕獲は 10% の割合で起きる．

$$^{22}_{11}\text{N} \longrightarrow {}^{22}_{10}\text{Ne} + \beta^+ + \nu \, (90\%)$$
$$^{22}_{11}\text{N} + e^- \longrightarrow {}^{22}_{10}\text{Ne} + \nu \, (10\%)$$
(4・48)

一方，^{65}Zn の場合（$\Delta E = 1.35$ MeV）の場合では，β^+ 壊変が 2%，軌道電子捕獲が 98% の割合となる．

$$^{65}_{30}\text{Zn} \longrightarrow {}^{65}_{29}\text{Cu} + \beta^+ + \nu \, (2\%)$$
$$^{65}_{30}\text{Zn} + e^- \longrightarrow {}^{65}_{29}\text{Cu} + \nu \, (98\%)$$
(4・49)

4・3・6 ガンマ放射，内部転換，核異性体転移

α 壊変や β 壊変後の娘核種は基底状態にあるとは限らず，励起状態になることも多い．ガンマ（γ）放射は，このような励起状態の核種がより安定になろうとしてエネルギーを電磁波として放出する壊変である．γ 放射では核子の構成に変化はない．遷移した前後の状態における準位をそれぞれ E_i，E_f とすると，γ 線のエネルギーは $E_g = E_i - E_f$ である．組成は変化しないので，元素記号を用いた γ 放射の表記例は次のようになる．

$$^A_Z X^* \longrightarrow {}^A_Z X + \gamma$$
(4・50)

ここに，$^A_Z X^*$ は原子核の励起状態を示す．

励起状態の半減期が測定できる程度に長い場合を**核異性体**（nuclear isomer）といい，その準位からの遷移を**核異性体転移**（isomeric transition）もしくは IT という．このような原子核の励起状態は，**準安定状態**（metastable）と見なされるので記号 m を用いて，たとえば ^{99m}Tc というように質量数に m を添えて区別する．

γ 線を放出する代わりに，軌道電子を放出する過程を**内部転換**（internal conversion）という．内部転換は γ 線放出との競合過程である．その電子は線スペクトルを示し**内部転換電子**（internal conversion electron）と呼ばれる．電子の結合エネルギーを E_b とすると，内部転換電子のエネルギーは $E_e = E_i - E_f - E_b = E_g - E_b$ である．この過程は K 殻電子で最も起きやすく，以下 L, M, … 殻電子の順となる．内部転換は陽子数 Z の 3 乗に比例して発生頻度が増加する．競合する γ 線放射の数 λ_g と内部転換電子の発生数 λ_e の比 (λ_e/λ_g) を内部転換係数という．なお，内部転換が起きると電子軌道に空席が生じるために，付随して X 線もしくはオージェ電子（6・4・3 項参照）を発生することも留意すべきである．

4・3・7 壊変エネルギー

原子核の壊変の際に放出される粒子，すなわち放射線が大きなエネルギーをもつのは，原子核の構造が変化すると質量が大きく変わり，その差分がエネルギーに変換されるためである．このときアインシュタインの式（$E = mc^2$）に基づいて，質量がエネルギーに変換されることになる．原子より 10^5 倍も小さい原子核の中で複

数の陽子が同居できるのは，核子間に核力が作用しクーロン力を上回る強力な引力が働くからである．核構造が変化すると，原子状態が変化して生じる数 eV 程度のエネルギーより 10^5 倍も大きいエネルギーが放出される．

質量数が同じで原子番号が1つ違う中性原子 ^A_ZX と $_{Z+1}^AX$ の質量を比較すると，^A_ZX の方が大きい場合は β^- 壊変を起こし，$_{Z+1}^AX$ の方が 1.022 MeV 以上大きい場合は β^+ 壊変が起きる．$_{Z+1}^AX$ から ^A_ZX の質量を差し引いた分が軌道電子の束縛エネルギーより大きければ電子捕獲が起きる．ただし，K 殻電子のような内部軌道電子と異なり最外部の電子では束縛エネルギーを無視しても差し支えないため，$_{Z+1}^AX$ の方が大きければ電子捕獲は起きるとみなして良い．

放射能があっても発生する放射線を検知できない場合があるのは，壊変の形式や放射線のエネルギーによるところが大きい．

4・3・8 壊変図

壊変図は，同重核に対して異なる核種を原子番号ごとに横軸に表示し，核の結合エネルギーを縦軸に表示した図である（**図 4・5**）．この図では，γ 線放射が縦軸に沿う方向で下向きの矢印として示され，＋および－の β 壊変が横軸に沿う方向でそれぞれ左側および右側への向きの矢印として示される．β^+ 壊変を起こすには親核種と娘核種の間の結合エネルギーに対して電子2個の質量分だけエネルギーを余分に必要とする．これは，核ではなく中性原子に基づく結合エネルギーで縦軸を表示しているためである．

それぞれの壊変図中の核種は総核子数が同じである．質量数，つまり総核子数が増すごとに別の壊変図があり，それらの図を重ねるとちょうどページ数が質量数に対応するような，全壊変を表す本（放射性同位元素表，table of isotope）ができる．このとき，α 壊変は壊変図を載せた紙面に垂直な方向で移動する過程に相当

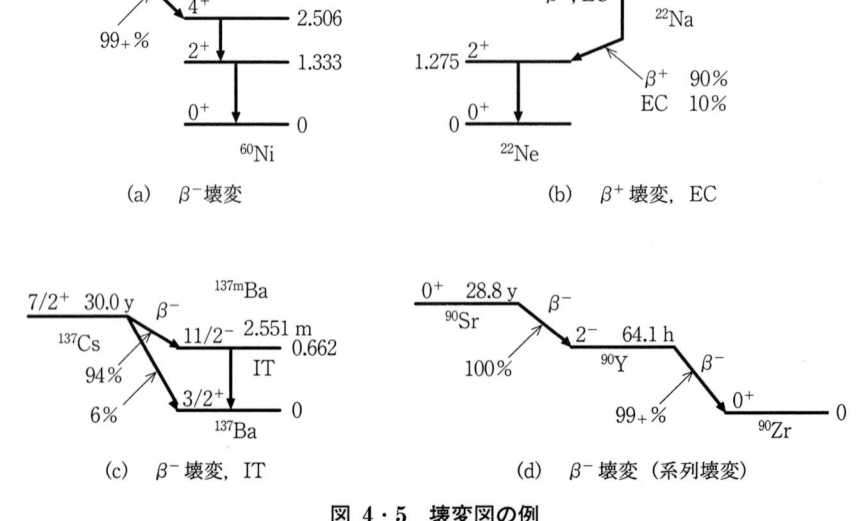

図 4・5 壊変図の例

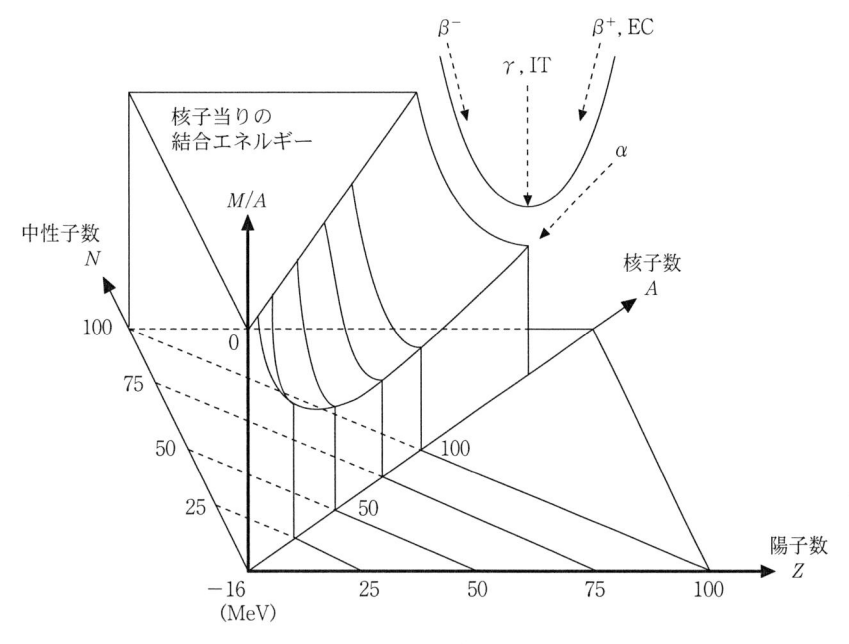

図 4・6 核種図上の結合エネルギー曲面と放射性壊変の関係

し，娘核種の場所は親核種より4ページ分戻ることになる．

図4・6は，陽子数と中性子数の2次元座標上に表される核種図を基にして，その面の垂直軸を核子当たりの結合エネルギーとすることで，すべての核種に対するエネルギー準位を曲面で表す3次元核種図である．放射性同位元素表は，この3次元核種図において核子数ごとに断面を表したものとなっている．核種の原子番号，質量数，結合エネルギーをx, y, z軸とした3次元的な空間として核のエネルギー状態が表示されていることに留意して欲しい．この3次元空間において，α壊変，β壊変，γ放射は，原子核を安定にしようとする別個の過程というだけでなく，互いに直交した基底過程であることがわかる．

4・3・9 自発核分裂

質量数の非常に大きい核では，自然に2つの核に分裂することがある．これを自発核分裂という．数個の中性子が同時に放出される．たとえば，カリホルニウム $^{254}_{98}\text{Cf}$ ($T_{1/2}=60.5\,\text{d}$) などは中性子源として広く用いられている．

電荷Zの原子核が変形して核電荷の分布が2箇所を中心にもつようになると，クーロン反発力が生じて分裂する．これがα壊変や自発核分裂を引き起こす．平均的な陽子間距離をdとすると，近似的に原子核のクーロン反発力E_rは$Z(Z-1)/d$に比例する．ここにdは$A^{1/3}$に比例する．したがって，$E_r \propto Z^2/A^{1/3}$．一方，核子間に働く核力により，原子核は球形に戻ろうとする．その復元力E_aは，表面張力と同じで核の表面積$A^{2/3}$に比例する．したがって，$E_a \propto A^{2/3}$．クーロン反発力と復元力の比は$E_r/E_a \propto Z^2/A$．もう少しきちんと計算すると，$Z^2/A=49.2$のときにクーロン反発力と復元力が同じになる．しかし，実際には^{236}U ($T_{1/2}=2.39\times10^7\,\text{y}$) が35.8であるなど，この値が35位でも$\alpha$壊変や自発核分裂

が観測される．これも量子力学的トンネル効果によるものである．

4・3・10　自然界に存在する壊変系列

壊変系列（decay series）とは，娘核種も放射性核種であるために，孫娘核種が存在するというように，3世代以上壊変が継続する連続した壊変の集合体である（図4・7）．一般に，n個の核種からなる逐次壊変のn番目の核種の原子数N_nは，$t=0$のとき$N_1=N_{1.0}$，$N_2=N_3=\cdots=N_n=0$ならば，

$$N_n = \lambda_1 \cdot \lambda_2 \cdots \lambda_{n-1} \cdot N_{1.0} \cdot \sum_{i=1}^{n} k_i e^{-\lambda_i t} \tag{4・51}$$

ここに，k_iは以下の式で与えられる．

$$k_i = \frac{1}{(\lambda_1 - \lambda_i)(\lambda_2 - \lambda_i) \cdots (\lambda_{i-1} - \lambda_i)(\lambda_{i+1} - \lambda_i) \cdots (\lambda_n - \lambda_i)} \tag{4・52}$$

式（4・52）を Bateman の式という．

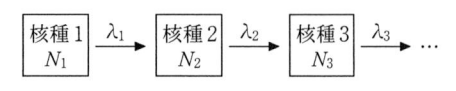

図4・7　系列壊変

地球を構成している元素の大部分は，百数十億年前に宇宙が誕生したときに生成し，ウランのような重い元素は，太陽系のできる前に超新星の爆発により生成したと推定される．したがって，地球の年齢に匹敵する10^9 y より半減期の短い放射性核種は，長い年月の間に壊変し尽くして，天然には見い出せなくなった．^{129}I（$T_{1/2}=1.57 \times 10^7$ y）などはその一例である

自然に存在する壊変系列は3つある．^{238}U から始まるウラン系列，^{232}Th から始まるトリウム系列，^{235}U から始まるアクチニウム系列である．ネプチニウム系列はその先頭の親核種^{237}Np（$T_{1/2}=2.14 \times 10^6$ y）が短半減期であるため天然には存在していないが，核データからその系列を組み立てることができる．

これらの壊変系列では，α壊変とβ^-壊変で遷移している．質量数はα壊変でのみ4つ変化するので，ある系列を構成する核種の質量数Aは4の倍数の差となる．すなわち，$A=4n+m$（mは0, 1, 2, 3のいずれか）となり，mが各系列を特長づけている．$m=0$がトリウム系列，$m=1$がネプチニウム系列，$m=2$がウラン系列，$m=3$がアクチニウム系列である．

◎ウェブサイト紹介

高度情報科学技術研究機構・原子力百科事典
　　http://mext-atm.jst.go.jp/atomica/index.html
　　　　放射線および放射性同位元素の説明やその応用が紹介されている．Q&A が豊富．

放射線医学総合研究所
　　http://www.nirs.go.jp/qa/html/index.html
　　　　放射線と放射能の説明とその人体影響，医学利用の情報がある．

長崎大学医学部・原爆後傷害医療研究施設・国際放射線保健部門（原研国際）

http://www.med.nagasaki-u.ac.jp/renew/information/interna_heal_j/
放射能に関する Q&A がある．

◎ 参考図書

C. M. Lederer, V. S. Shirley : Table of Isotopes 7 th edition, John Wiley & Sons, Inc. (1978)
日本アイソトープ協会編：アイソトープ便覧，丸善（1984）
西臺武弘：放射線医学物理学・第3版，文光堂（2005）
大塚徳勝：Q&A 放射線物理，共立出版（1995）
尾内能夫，坂本澄彦：放射線基礎医学 I（1982）

◎ 演習問題

問題1　100 GBq の ^{226}Ra（半減期 1600 y）の質量〔g〕を計算せよ．

問題2　バイアルびん中の ^{99m}Tc（半減期 6.0 h）標識薬剤の濃度が，時刻 9：00 に 100 MBq/ml であった．その日の時刻 15：00 に 75 MBq の ^{99m}Tc 標識薬剤を用意する必要が生じた．何 ml の薬剤を時刻 15：00 にそのバイアルびんより抜き取ればよいか．

問題3　^{14}C（半減期 5.73×10^3 y）および ^{11}C（半減期 122 s）のそれぞれの比放射能（Bq/g）を計算せよ．

問題4　時刻 0 のとき親核種 ^{99}Mo（半減期 67 h）のみ 10 MBq の放射能があった．134 時間後の親核種および娘核種 ^{99m}Tc（半減期 6.0 h）のそれぞれの放射能を求めよ．ただし，^{99}Mo が ^{99m}Tc に β^- 壊変する分岐比は 0.924 である．

問題5　$^{11}_{6}\text{C} \rightarrow ^{11}_{5}\text{B} + \beta^+ + \nu$ において，β 線の最大エネルギーを計算せよ．
ただし，中性原子 $^{11}_{6}\text{C}$ および $^{11}_{5}\text{B}$ の質量は，それぞれ 11.01143 u および 11.00930 u であり，原子質量単位 1 u＝931.5 MeV である．

第5章
核反応と核分裂

5・1 核反応
5・2 核分裂

第5章
核反応と核分裂

本章で何を学ぶか

　核反応の研究は，主に原子核の性質を解明するという側面と放射性核種を製造するという側面がある．原子核にいろいろな粒子を衝突させ，生成される核種，放出される粒子および放射線の種類と性質を調べることにより，原子核についての知識は深まった．同時に，放射性核種はトレーサー利用を中心にいろいろな学問分野の発展に寄与してきた．医療における核医学検査や小線源治療も，放射性核種の人工製造ぬきには考えられない．
　本章では，医療に放射性核種がなくてはならないという現状をふまえ，放射線技術科学に最低限必要な核反応と核分裂の基礎知識を解説した．反応機構についての記載は定性的にとどめた．しかし，核反応や放射性核種の例示など，出来るだけ医療の現場を意識して選定した．どのように医療と関連しているかを是非考えてほしい．

5・1　核反応

5・1・1　核反応研究のはじまり—原子核の人工変換—

　中世よりスズ（Sn）や鉛（Pb）のような卑金属を，銀（Ag）や金（Au）のような貴金属に化学的に変換しようとする錬金術[①]の試みがあった．今日では元素を人工変換することは化学的に出来ないことがわかっている．元素を変換することは原子核中の陽子の数を変えることであり，陽子の結合エネルギーは6～8 MeV/核子なので，直接の元素の変換には6 MeV以上のエネルギーが必要である（軽元素ではもう少し低エネルギーで良いがMeVオーダーは必要である）．化学的に[②]見合うこれだけのエネルギーを原子核に与えることは人工的には不可能である．ところが，α線の散乱実験のなかで，原子核の人工変換が発見された．
　1919年，ラザフォード（E. Rutherford）が初めて人工的に核反応を起こした．式（5・1）で表わすように，^{214}Po[③]からのα粒子（7.69 MeV）を^{14}Nの原子核に衝突させ，^{17}Oと陽子が

$$^{14}N + \alpha \longrightarrow {}^{17}O + p \tag{5・1}$$

生成するのを確認した．こうして人工的に新しい原子核を製造できることがわかった．その後1934年ジョリオ・キュリー（F. Joliot-I. Curie）夫妻は，式（5・2）で表わすような，

$$^{27}Al + \alpha \longrightarrow {}^{30}P + n \tag{5・2}$$

^{214}Po[③]からのα粒子を使い^{27}Alの原子核に衝突させ，放射性核種^{30}P[④]と中性子が生成する現象を発見した．この発見は最初の人工放射性核種の製造と中性子の発生という点で重要である．この発見と加速器の登場[⑤]により核反応の研究が盛んになった．

解説 ①
錬金術はならなかったが，強酸やアルカリなどの多くの化学薬品を作りだし，化学が発展した．

解説 ②
化学反応は変化量をモル（アボガドロ数の原子・分子）で表わし，核反応は変化量を原子核の個数で表わしている．高エネルギー下の化学反応であっても，原子（原子核）あたりに化学的に均一に付与されるエネルギーは僅かで，eVオーダーである．

70

5・1・2 核反応式の表示法

核反応の表示には，すでに前項に述べたような式 (5・3) の表示とこれを簡略化した式 (5・4) のような表示がある．

$$X + a \longrightarrow Y + b \tag{5・3}$$
$$X(a, b)Y \tag{5・4}$$

X を **標的核** (target nucleus)，a を **入射粒子** (incident particle または projectile)，Y を **生成核** (product nucleus) または **残留核** (residual nucleus)，b を **放出粒子** (emitted particle) という．ここで X，Y は原子核，a，b は高エネルギーの原子核あるいは放射線，原子核は核種としての表示方法を，放射線については一般的に認められた略称を用いなければならない．また，反応の前 (X+a) と後 (Y+b) で核子⑥ の総和は保存されるので，Y を測ることによって b を，b を測ることによって Y を知ることができる．核反応の表示方法としては，一般には式 (5・4) 表示がよく用いられ，「X+a の反応により Y+b が生成する」のほか「X の ab 反応により Y が生成する」とも表現している．具体的に注意すべき表示方式および記号について **表 5・1** にまとめた．X，Y を元素記号のみで表わしても，個々の原子核で起こっている核反応の特徴を表わしたことにはならないので注意しなければならない⑦．また 1 つの原子核に複数の入射粒子が衝突することは普通ないので a は単数であるが，b は複数に放出されることがあるので，その場合 $b_1 b_2 b_3 \cdots$ と列記する．また放出粒子に同じものがあるとき，たとえば b_1 と b_2 が同じ粒子であれば $2 b_1 b_3 \cdots$ と書く．

表 5・1 核反応の簡便表示と使用される記号

核反応表示：	X (a, b) Y

原子核 X，Y の表示：

$$_{(N_p)}^{A}[元素記号]_{(N_n)} \quad 例\ {}^{14}_{(7)}N_{(7)}\ {}^{27}_{(13)}Al_{(14)}$$

( ) は通常省略 → ^{14}N, ^{27}Al

A：質量数
N_p：陽子の数（原子番号）
N_n：中性子の数

粒子，放射線 a，b の記号，読み方，本体および質量数，原子番号：

γ：ガンマ	光子（電磁波）		$^0_0\gamma$
n：ニュートロン	中性子		^1_0n
p：プロトン	陽子，水素 1 (^{1}H)		^1_1p
d：デュートロン	重陽子，水素 2 (^{2}H)		^2_1d
t：トリトン	三重陽子，水素 3 (^{3}H)		^3_1t
α：アルファ	ヘリウム 4 (^{4}He)		$^4_2\alpha$

5・1・3 核反応の分類

核反応は標的核や入射粒子の種類および入射粒子のエネルギーによって多様である．その分類を **図 5・1** に示した．核反応という言葉は，弾性散乱や非弾性散乱のよ

解説 ③
多量に保存していた ^{226}Ra（半減期 1600 y）より必要に応じてミルキングし，^{214}Pb（半減期 27 m）—^{214}Bi（半減期 20 m）を調製し ^{214}Po α 線源として利用していた．

解説 ④
生成核 ^{30}P は，β^+ 崩壊する核種で，半減期 2.5 m である．生成核種が P であることを Al より揮発分離し確認した．

解説 ⑤
1932 年にコッククロフトとワルトンは加速器を開発し核反応研究に利用した．

解説 ⑥
原子核の中の中性子と陽子のこと．それぞれの総数は保存される．

解説 ⑦
核反応の変化量は原子核の個数であり，化学反応の変化量はモル（アボガドロ数の原子・分子）数である．

第5章 核反応と核分裂

うに，標的核によって入射粒子が進行方向をかえられるような相互作用にも用いられるが，一般には，相互作用によって原子核の構成に変化を生じさせるとき，すなわち核変換のときに用いられることが多い．この狭義の核反応（**核変換**）は，入射粒子と標的核の散乱現象ではなく「標的核と入射粒子が複合した励起状態の原子核」**複合核**（compound nucleus）を考えるとより理解しやすい．

複合核モデルは，1936年ボーア（N. Bohr）によって提唱されたもので，核反応を (1) 複合核の形成，(2) 複合核から生成核への壊変の2つの過程に分け，この2

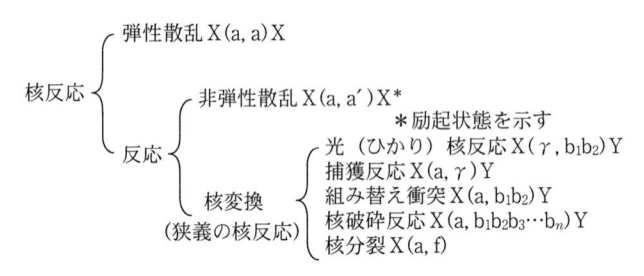

```
          ┌ 弾性散乱 X(a, a)X
          │
核反応 ┤          ┌ 非弾性散乱 X(a, a′)X*
          │          │                    *励起状態を示す
          │          │          ┌ 光（ひかり）核反応 X(γ, b₁b₂)Y
          │ 反応 ┤          │ 捕獲反応 X(a, γ)Y
          │          │ 核変換 ┤ 組み替え衝突 X(a, b₁b₂)Y
          │          │(狭義の核反応)│ 核破砕反応 X(a, b₁b₂b₃…bₙ)Y
          └          └          └ 核分裂 X(a, f)
```

図 5・1 核反応の分類

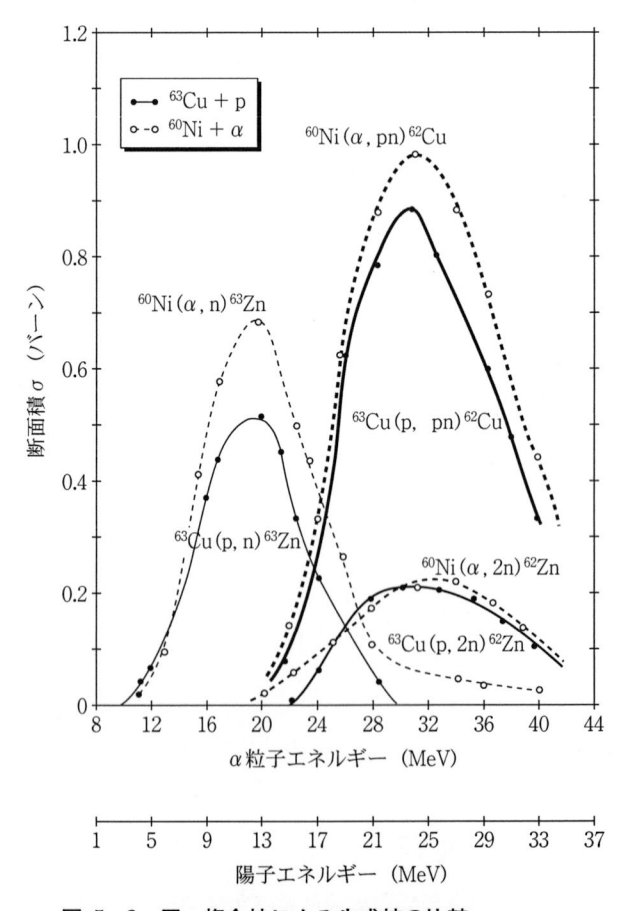

図 5・2 同一複合核による生成核の比較
（出典：S. N. Ghoshal, Phys. Rev., 80, 939 (1950) より）

つの過程を全く独立に扱う理論である．これによれば，複合核の壊変様式はそのエネルギー，角運動量，パリティ[8]に依存し，複合核の生成過程に依存しない．それゆえ複合核が同一ならば入射粒子の種類によらず生成核の割合は同一となる．図5・2と式 (5・5) で説明できる．図は ^{60}Ni+α および ^{63}Cu+p 反応により，同一の複合核の ^{64}Zn を生成する反応

$$\left.\begin{array}{c}^{60}\text{Ni} + \alpha(^{4}_{2}\text{He}) \\ ^{63}\text{Cu} + \text{p}(^{1}_{1}\text{H})\end{array}\right\} \longrightarrow (^{64}_{30}\text{Zn})^{*} \longrightarrow \begin{cases}^{63}\text{Zn} + \text{n} \\ ^{62}\text{Zn} + \text{n} + \text{n} \\ ^{62}\text{Cu} + \text{n} + \text{p}(^{1}\text{H})\end{cases} \quad (5 \cdot 5)$$

*励起状態　　　　　　複合核

において，次の過程による生成核の割合は両者とも極めてよく一致することを示しており，ボーアの複合核モデルの正しさを実験的に証明している．

5・1・4　核反応のエネルギー

i) 核反応エネルギー，Q 値，発熱反応，吸熱反応

核反応によって保存される量は，(1) 質量＋運動エネルギー，(2) 電荷[9]，(3) 運動量（角運動量を含む），(4) 核子（陽子，中性子）の数（「5・1・2 核反応式の表示法」の項で述べた）および (5) パリティである．これら物理量を考察することが核反応をより良く理解するためには必要である．ここでは (1) および (3) の系の全エネルギーと全運動量の保存則から導かれる重要な関係式について述べる．

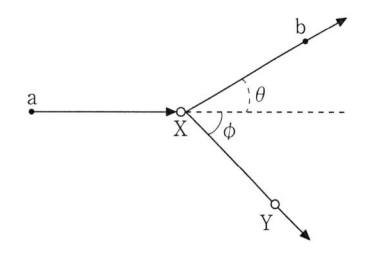

図 5・3 核反応 X+a → Y+b における生成核・放出粒子の運動（実験室系）

式 (5・3) で与えられる反応系を図5・3のような実験室系[10]で考えよう．入射粒子aの質量および運動エネルギーを m_a, K_a, 標的核 X の質量を m_X, 放出粒子bおよび生成核の質量，運動エネルギー，運動方向をそれぞれ，m_b, m_Y, K_b, K_Y, θ および ϕ とするとエネルギー保存則から

$$(m_a + m_X)c^2 + K_a = (m_b + m_Y)c^2 + K_b + K_Y \quad (5 \cdot 6)$$

となる．ただし質量に対する相対論の補正は無視する．いま反応前後の運動エネルギーの増加を Q と表わすと，上式から

$$Q = (K_b + K_Y) - K_a = \{(m_a + m_X) - (m_b + m_Y)\}c^2 \quad (5 \cdot 7)$$

となる．すなわち，Q は反応に際して減少した質量に対応するエネルギーで，入射粒子の運動エネルギーに無関係な量である．これを**核反応エネルギー**と呼び，その核反応を特徴づける量である．そこで，この反応エネルギーを **Q 値**（Q value）として反応式 (5・3) に付記して式 (5・8) のように表す．

$$\text{X} + \text{a} \longrightarrow \text{Y} + \text{b} + Q \quad (5 \cdot 8)$$

Q は正および負の値をとりうる．Q が正のとき**発熱反応**，Q が負のとき**吸熱反応**という．

どんな核反応でも，標的核，入射粒子，生成核および放出粒子の静止質量がわかっていれば，その核反応の Q 値を計算することができる．式 (5・2) で例示した

解説 ⑧　原子核のパリティは核内粒子の配位に関する対称性を示すものである．

解説 ⑨　原子核内で電荷分布は球対称ではなく回転だ円体の一様な電荷密度を示している．

解説 ⑩　標的核を固定し入射粒子を運動させ衝突させる実験室系に対して，粒子の運動を入射粒子と標的核とからなる重心に固定して考える重心系がある．入射粒子の質量が標的核の質量に対して無視できない場合は重心系で考えるのがよい．

^{27}Al$(\alpha, \text{n})^{30}$P 反応の Q 値を算出してみよう．各原子核および素粒子の静止質量は原子質量単位で，

$$
\begin{aligned}
^{27}\text{Al} &= 26.981539 \text{ u} \\
^{30}\text{P} &= 29.978317 \text{ u} \\
^{4}\text{He} &= 4.002603 \text{ u} \\
^{1}\text{n} &= 1.008665 \text{ u}
\end{aligned} \tag{5・9}
$$

である．これらを式 (5・7) に代入して

$$^{27}\text{Al} + {}^{4}\text{He} - ({}^{30}\text{P} + \text{n}) = -0.02840 \text{ u} \tag{5・10}$$

となり，

$$1 \text{ uc}^2 = 931.5 \text{ MeV} \tag{5・11}$$

より，

$$Q = -2.64 \text{ MeV} \tag{5・12}$$

が得られる．このようにして ^{27}Al$(\alpha, \text{n})^{30}$P 反応の Q 値が計算でき，この核反応は吸熱反応であることがわかる．読者がさらに種々の核反応の Q 値を計算したいと思うときには，どうしてもその反応が関連する原子核および素粒子の静止質量が必要である．現在では，インターネットによりその関連する数値を取得できる．すなわち LBNL Isotopes Project ホームページ http://ie.lbl.gov/toi.html にアクセスして，**mass excess**[⑪] $\varDelta$ 〔日本の教科書の多くは，**質量偏差** (mass deviation) として記載している〕の膨大なデータより必要なものを使えばよい．$\varDelta$ の定義より質量数 A の質量 m は

$$m = \varDelta + A \tag{5・13}$$

となる．したがって標的核，入射粒子，生成核および放出粒子のそれぞれの $\varDelta_\text{X}$, $\varDelta_\text{a}$, $\varDelta_\text{Y}$ および $\varDelta_\text{b}$ を使うことによって，Q 値は簡単に式 (5・14) のようになる．

$$Q = \varDelta_\text{X} + \varDelta_\text{a} - (\varDelta_\text{Y} + \varDelta_\text{b}) \tag{5・14}$$

ここで，$\varDelta$ は多くの場合，質量エネルギーとして MeV あるいは keV の単位で表現してあるので，式 (5・14) のように単純な和と差のみで良いことになる．

ⅱ）しきい値

Q が負の吸熱反応においては，核反応が起こるためには，外から（入射粒子によって）エネルギーを系に持ち込まなければならない．核反応後の生成核と放出粒子の運動エネルギーの和，$K_\text{Y} + K_\text{b}$，が負であることは物理的に不可能である．吸熱反応の場合，

$$Q = K_\text{Y} + K_\text{b} - K_\text{a} \tag{5・15}$$

より，

$$|K_\text{a}| > Q \tag{5・16}$$

でなければならない．この入射粒子によって系に持ち込むべき運動エネルギーの最小値を**最小エネルギー**または**しきい値** (threshold value) という．このことについて考える．

ここで，図 5・3 のような系の反応前後の運動量保存則から，

$$\sqrt{2m_\text{a}K_\text{a}} = \sqrt{2m_\text{b}K_\text{b}} \cos\theta + \sqrt{2m_\text{Y}K_\text{Y}} \cos\phi \tag{5・17}$$

$$0 = \sqrt{2m_\text{b}K_\text{b}} \sin\theta - \sqrt{2m_\text{Y}K_\text{Y}} \sin\phi \tag{5・18}$$

解説⑪

mass excess＝質量偏差 (m−A).

ϕ を消去すると
$$m_Y K_Y = m_a K_a + m_b K_b - 2\sqrt{m_a m_b K_a K_b} \cos\theta$$
上の式と式 (5・7) から K_Y を消去して
$$Q = K_a\left(\frac{m_a}{m_Y} - 1\right) + K_b\left(\frac{m_b}{m_Y} + 1\right) - \frac{2\sqrt{m_a m_b K_a K_b}}{m_Y}\cos\theta \tag{5・19}$$
となる．よってすべての質量が知られ，K_a が決められると，K_b の測定から Q 値を求めることができる．Q の値が既知であるときには，θ に対する K_b は式 (5・17)，(5・18) から
$$\sqrt{K_b} = \xi \pm \sqrt{\xi^2 + \eta}$$
$$\xi = \frac{\sqrt{m_a m_b K_a}}{m_b + m_Y}\cos\theta, \quad \eta = \frac{m_Y}{m_b + m_Y}\left\{Q + K_a\left(1 - \frac{m_a}{m_Y}\right)\right\} \tag{5・20}$$
となる．η が負のとき 2 つの解が許される．すなわち吸熱反応の場合のみである．また入射粒子の運動エネルギー K_a の値は一定の値より大きくないと核反応は起こらないことになる．そこで $K_b = 0$ は反応の起こり始めるときであるから，このときの K_a のエネルギー最小値であるしきい値 t は，$\theta = 0$ で $\xi^2 + \eta = 0$ を満足するときであり，
$$\frac{m_a m_b t}{(m_b + m_Y)^2} + \frac{Q m_Y + t(m_Y - m_a)}{m_b + m_Y} = 0 \tag{5・21}$$
となる．式 (5・6) を用いると，
$$t = (-Q) \cdot \frac{m_a + m_X - \dfrac{Q}{c^2}}{m_X - \dfrac{Q}{c^2}}$$
となる．一般に $m_X \gg (Q/c^2)$ であることから，しきい値 t は，
$$t \simeq (-Q) \cdot \frac{m_X + m_a}{m_X} = (-Q)\left(1 + \frac{m_a}{m_X}\right) \tag{5・22}$$
となる．

複合核の考え方でこの問題を解くこともできる．すなわち，m_X, m_a の複合核を考え，その複合核について運動量保存則を適用して，
$$m_a v = (m_X + m_a) V \tag{5・23}$$
$$v = \frac{m_X + m_a}{m_a} V \tag{5・24}$$
である．しきい値 t は，
$$t = \frac{1}{2} m_a v^2$$
$$= \frac{1}{2} m_a \frac{(m_X + m_a)^2}{m_a^2} V^2 \tag{5・25}$$
である．一方，反応の前と複合核におけるエネルギー保存則より，
$$\frac{1}{2} m_a v^2 = |Q| + \frac{1}{2}(m_X + m_a) V^2 \tag{5・26}$$
が成立する．ゆえに，
$$\frac{1}{2}(m_X + m_a) V^2 = t - |Q|$$
となる．これを式 (5・25) に代入すると，

第5章 核反応と核分裂

$$t = (t - |Q|) \cdot \frac{m_X - m_a}{m_a} \tag{5・27}$$

$$t\left(\frac{m_X + m_a}{m_a} - 1\right) = |Q| \cdot \frac{m_X + m_a}{m_a} \tag{5・28}$$

$$t = \left(1 + \frac{m_a}{m_X}\right) \cdot |Q| \tag{5・29}$$

となる．式 (5・22) と同一の式が導かれる．しきい値は Q 値の $(1 + m_a/m_X)$ 倍であることがわかる[12]．たとえば $^{27}\mathrm{Al}(\alpha, \mathrm{n})^{30}\mathrm{P}$ 反応の場合，Q 値が $-2.64\,\mathrm{MeV}$ であるから，この反応が起こるための α 粒子のしきい値は，

$$2.64\,\mathrm{MeV} \times \left(1 + \frac{4}{27}\right) = 3.03\,\mathrm{MeV} \tag{5・30}$$

となる．

解説 ⑫
質量の比 m_a/m_X は質量数 A の比とほとんど等しいので，m_a/m_X のかわりに A_a/A_X が用いられている．

5・1・5 核反応断面積

核反応の起こる確率は**断面積**（cross section）で表す．1個の入射粒子が核反応を起こす確率 P は，標的である反応場の単位面積当たりに含まれる原子核の数 N に比例する．

$$P = \sigma N \tag{5・31}$$

ここで，比例定数 σ は核反応断面積あるいは単に**断面積**[13]とよび，核反応の起こりやすさを示す．σ は面積のディメンションを持ち，その単位にはバーン（barn），b で表わす．

$$1\,\mathrm{b}(バーン) = 10^{-28}\,\mathrm{m}^2 \tag{5・32}$$

原子核の直径は約 $10^{-14}\,\mathrm{m}$ なので，その断面積は $10^{-28}\,\mathrm{m}^2$，すなわち約1バーンである．バーンは反応の起こりやすさを示す単位として便利であり，広く使われている．

解説 ⑬
断面積という係数は核反応だけでなく，広く放射線と原子，原子核，電子との相互作用の確率にも使用されている．

断面積は反応の種類によって異なり，入射粒子の種類およびエネルギーに依存する．ある条件下での標的の**全断面積**（total cross section）σ_{tot} は，一般に，

$$\sigma_{tot} = \sigma_{sc} + \sigma_r \tag{5・33}$$

となり，σ_{sc} と σ_r の和で表される．σ_{sc} は反応 (a, a) で**散乱断面積**とよび，弾性散乱の起こる確率を指しており，σ_r は**反応断面積**とよび，**非弾性散乱**をも含めて核反応の起こる確率を指している．さらに，反応が (a, a′), (a, b$_1$), (a, b$_2$), (a, b$_3$), を含む場合，

$$\sigma_r = \sigma(\mathrm{a, a'}) + \sigma(\mathrm{a, b_1}) + \sigma(\mathrm{a, b_2}) + \sigma(\mathrm{a, b_3}) + \cdots \tag{5・34}$$

$$\sigma_{tot} = \sigma(\mathrm{a, a}) + \sigma(\mathrm{a, a'}) + \sigma(\mathrm{a, b_1}) + \sigma(\mathrm{a, b_2}) + \sigma(\mathrm{a, b_3}) + \cdots \tag{5・35}$$

となる．

核反応を理解するうえで重要なことは，「どんな核反応がどのような確率で起こるか」ということである．そのためには入射粒子のエネルギーの変化より起こる核反応の種類が変化していくことを考えると，入射粒子エネルギーとその反応の断面積の関係を知ることが重要である．この断面積と入射エネルギーの関数を**励起関数**（excitation function）という．5・1・2項で述べた図5・2は励起関数の一例である．核反応機構の研究に有効である．

一般に，断面積は単一の核種（同位体）について用いられるものであり，**同位体**

断面積をいう．それに対して，安定な同位体を複数持っている元素に対しては**原子断面積**を用いることがある．つまり，

$$\text{原子断面積} = \Sigma(\text{同位体断面積} \times \text{同位体存在比}) \tag{5・36}$$

となる．

5・1・6 いろいろな核反応

種々の核反応を例示し，放射線技術科学の分野においてどのように利用されているかについて知ろう．

i) 中性子による核反応

① 遅い中性子：主に起こる核反応は，弾性散乱 (n, n)，および中性子吸収とともに光子が放出される**捕獲反応** (n, γ) である．軽い核については，^{6}Li(n, α)^{3}H, ^{10}B(n, α)^{7}Li, ^{14}N(n, p)^{14}C のような荷電粒子放出をともなう核反応も起こる．^{233}U, ^{235}U, ^{239}Pu については核分裂が起こる（次項で説明する）．この中性子領域で大きな σ をもつ ^{10}B(n, α)^{7}Li 反応は特に重要である．この領域で B (ホウ素) の σ はエネルギーの増加とともに徐々に減少する．

このホウ素の利用には，中性子遮蔽用パラフィンへの付加材料としての B，中性子測定用比例計数管の BF$_3$，および中性子治療の標的薬剤としての B 化合物などがある．いずれも核反応 ^{10}B(n, α)^{7}Li を利用する．

② 速中性子 (10 keV 以上)：1 MeV 以上では中性子放出の反応が起こりやすくなり，残留核が励起状態で残る非弾性散乱 (n, n′) が起こる．(n, p), (n, α) 反応なども広範な原子核について起こるようになる．この領域の中性子の遮蔽という観点から，非弾性散乱 (n, n′) 続いて低エネルギーになってからの弾性散乱 (n, n) の反応は重要である．

ii) 陽子および α 粒子による核反応

非常に軽い標的核以外では，100 keV 程度の入射エネルギーでは核反応が起こりにくく，それ以外の標的核では (p, n), (α, n) などの核子，重粒子を放出する反応は Q 値が負になる場合が多い．その面からも低エネルギーでは反応は起こらないといえる．しきい値を超える 60 MeV 位までの入射エネルギー範囲において，陽子および α 粒子による核反応では，ほぼ複合核モデルが成立すると考えていい．

核医学に用いられている放射性核種の生成反応の多くはここに分類される（**表 5・2**）．

iii) 重陽子および ^{3}He 粒子による核反応

重い標的核に重陽子および ^{3}He

表 5・2　核医学核種の生成核反応

ガンマカメラ用（低エネルギー γ 線放出）核種
^{99m}Tc：^{235}U(n, f)^{99}Mo → ^{99m}Tc
^{67}Ga：^{66}Zn(d, n)^{67}Ga
^{81m}Kr：^{79}Br(α, 2n)^{81}Rb, ^{81}Rb → ^{81m}Rb
^{123}I：^{124}Te(p, 2n)^{123}I
^{124}Xe(p, 2n)^{123}Cs → ^{123}Xe → ^{123}I
^{133}Xe：^{235}U(n, f)
^{201}Tl：^{203}Tl(p, 3n)^{201}Pb → ^{201}Tl
PET 用（陽電子放出）核種
^{11}C：^{14}N(p, α)^{11}C
^{13}N：^{12}C(d, n)^{13}N
^{13}C(p, n)^{13}N
^{16}O(p, α)^{13}N
^{15}O：^{14}N(d, n)^{15}O
^{15}N(p, n)^{15}O
^{18}F：^{18}O(p, n)^{18}F
^{20}Ne(d, α)^{18}F

粒子が入射した際には，中性子よりも陽子が放出されやすく，また多くの粒子が放出されやすくなることがある．これは複合核モデルで説明することは不可能で直接過程のモデルで考える．

iv) 高エネルギー陽子の核反応

陽子の入射エネルギーが 100 MeV 以上に増加してくるとともに，標的核は，激しく破壊され，多数の粒子が放出され，多種類の生成核が生じるようになる．このような現象を総称して**核破砕反応**または**破砕反応**（spallation）という．この領域では陽子のドブロイ波長が核内の核子間距離より短くなり，陽子と核子の衝突時間が核子-核子間の衝突時間より早くなる．したがって入射陽子のエネルギーは核内で核子1個1個に伝わって，核子間で衝突を繰り返して多数の粒子放出が起こる．さらに，陽子の入射エネルギー 140 MeV を超えると π 中間子も発生し，その π 中間子の反応も寄与し始める．

500 MeV 以上になると，質量数が 30 位までの核破片が放出される．この現象を**フラグメンテーション**（fragmentation）という．説明するモデルは不十分である．さらに入射エネルギーが GeV オーダーになると，核破片は増えてくるが，全体の核破砕反応断面積はあまり変化しない．さらに入射エネルギーが 10 GeV を越してくると，すべての核種の生成断面積は変化しなくなってくる．これは入射エネルギーが π 中間子の発生に使われてしまい，その発生した π 中間子は原子核を励起することなく核外に放出されるためと考えられている．

v) 重イオン核反応

高エネルギーの重イオンによって引き起こされる核反応を**重イオン核反応**（heavy ion nuclear reaction）という．この反応の元来の目的は重い元素の製造であったが，入射粒子の原子番号の増加とともにクーロン障壁が高くなり，それに見合うエネルギーによる衝突では融合の確率は高くないので，その目的には有効ではなかった．現在，核子あたり 300 MeV 位までの重イオンビームを使って，安定な原子核から遠く離れた新核種の生成や不安定な核のビーム（RI ビーム）としての利用を目指した研究が進んでいる．広いエネルギー範囲にわたって十分説明できるモデルはない．

vi) 光核反応

高エネルギー電磁波によって引き起こされる核反応を**光（ひかり）核反応**（photonuclear reaction）という．この反応の最大の特徴は断面積に幅広い共鳴領域がある．これは巨大共鳴（giant resonance）と呼ばれ，核子間の双極子振動として説明されている．比較的低いエネルギー領域（10-25 MeV）の σ の大きい (γ, n) 反応はこの現象である．

5・2　核分裂

5・2・1　核分裂研究のはじまり

質量数 100 以上の原子核に遅い中性子を照射すると，一般に，核は中性子捕獲 (n, γ) 反応を起こし，さらに生成した中性子過剰の核は次に β^- 崩壊を起こして原

子番号が1つだけ大きい元素に変換する．1935年頃，多くの研究者達は，この考えにそって質量数の最も大きい ^{238}U に中性子を照射し，

$$^{238}_{92}\text{U} + \text{n} \longrightarrow {}^{239}_{92}\text{U} \xrightarrow{\beta^-} {}^{239}_{93}\text{X} \tag{5・37}$$

という過程で，Z=93の超ウラン元素が生成されることに興味を持ち，盛んに研究が行われた．

1938年ハーン（O. Hahn）とストラスマン（F. Strassmann）は天然ウランの試料に遅い中性子を照射すると強い放射性物質が出来ることを見出した．彼らは初め，

$$_{92}\text{U} + \text{n} \longrightarrow {}_{88}\text{Ra} + 2\alpha \tag{5・38}$$

$$_{92}\text{U} + \text{n} \longrightarrow {}_{56}\text{Ba} + {}_{36}\text{Kr} \tag{5・39}$$

式 (5・38)⑭ のように，生成したラジウムの放射能と考えた．しかし，加えた担体バリウムとの共沈・再結晶の化学操作を通して，生成した放射能がバリウム同位体からのものであるとしか考えられないことを示し，さらにクリプトンの放射性核種と同じ半減期の存在を示した．その結果，この現象は式 (5・39)⑭ のように考えられ，ウランがほぼ半分に割れることを示した．これを**核分裂**（nuclear fission）という．

> **解説 ⑭**
> 両式は核反応式としては不十分で，質量数とその和の保存を示さねばならない．

5・2・2 核分裂のエネルギー

研究が進み，核分裂を起こしたのは ^{235}U であり，その天然存在比 0.72% の微量な同位体であることがわかった．その反応は式 (5・40) の例のように示す．核分裂反応を起こすための中性子は，熱エネルギー程度の**熱中性子**（thermal neutron）であることが重要である．また分裂に際して平均 2.5 個の中性子が発生される．

$$^{235}\text{U} + \text{n} \longrightarrow {}^{236}\text{U} \longrightarrow {}^{92}\text{Kr} + {}^{141}\text{Ba} + 3\text{n} + Q \tag{5・40}$$

生成物を核分裂片とよぶ．2つの核分裂片 ^{92}Kr および ^{141}Ba は，β^-崩壊を繰り返してそれぞれ安定核 ^{92}Zr および ^{141}Pr になる．

$$^{92}_{36}\text{Kr} \xrightarrow{\beta^-} {}^{92}_{37}\text{Rb} \xrightarrow{\beta^-} {}^{92}_{38}\text{Sr} \xrightarrow{\beta^-} {}^{92}_{39}\text{Y} \xrightarrow{\beta^-} {}^{92}_{40}\text{Zr} \quad (\text{安定})$$

$$^{141}_{56}\text{Ba} \xrightarrow{\beta^-} {}^{141}_{57}\text{La} \xrightarrow{\beta^-} {}^{141}_{58}\text{Ce} \xrightarrow{\beta^-} {}^{141}_{59}\text{Pr} \quad (\text{安定})$$

また**核分裂エネルギー**を計算すると，

^{235}U= 235.0439 u	$^{92}_{40}$Zr= 91.9050 u
^{1}n= 1.0087 u	$^{141}_{59}$Pr=140.9076 u
236.0526 u	3^{1}n= 3.0261 u
	235.8387 u

$\Delta Mc^2 = 227$ MeV

すなわち，1核分裂あたり平均約 200 MeV のエネルギーが解放されたことになる．このエネルギーの約 80% は核分裂片の運動エネルギー，残りの数% のエネルギーは核分裂と同時に飛び出す中性子や γ 線にもたらされ（**即発中性子**および**即発 γ 線**とよんでいる），さらに数% は核分裂片の β^- 崩壊および γ 線（**遅発 γ 線**）にもたらされている．即発中性子を熱中性子に減速することによって，濃縮した ^{235}U では核分裂を連続して起こす．これを**連鎖反応**（chain reaction）という．

原子炉（nuclear reactor）では，濃縮した^{235}Uをその燃料に利用し，安定した連鎖反応が持続するように熱中性子数を制御している．1ワットの熱出力のために，毎秒約1.2×10^{-11} gの^{235}Uが核分裂する必要がある．

5・2・3 核分裂収率

熱中性子により^{235}Uおよび^{239}Puは，中位の2つの核に非対称的に分裂する．生成する核分裂片は質量数90-105と135-145ぐらいの2つの質量に分裂する確率が高い．その割合を**核分裂収率**（fission yield）という．

$$\text{核分裂収率} = \frac{\text{核分裂で生じた質量数}A\text{の原子核数}}{\text{全核分裂数}} \times 100 \ [\%] \quad (5 \cdot 41)$$

核分裂で2つの核に分かれるから，核分裂収率の合計は200%となる．熱中性子による^{235}Uおよび^{239}Puの核分裂収率曲線を図5・4に示す．両核分裂を比較すると質量数95付近の収率が異なっていることがわかる．代表的な長寿命核種の^{90}Sr（半減期29.1 y）の収率は^{235}Uと^{239}Puで異なっているが，^{137}Cs（半減期30.1 y）では差がない．このことから^{90}Sr/^{137}Csの比から分裂した核種を推定できる．

^{235}Uと熱中性子の核分裂において，ごく僅か0.3%位の確率で三体に分裂する．三体分裂は2つの重い核と1つの軽い核の3つに分かれる．原子力発電の際に問題になる^{3}H（半減期12.33 y）はこの例である．

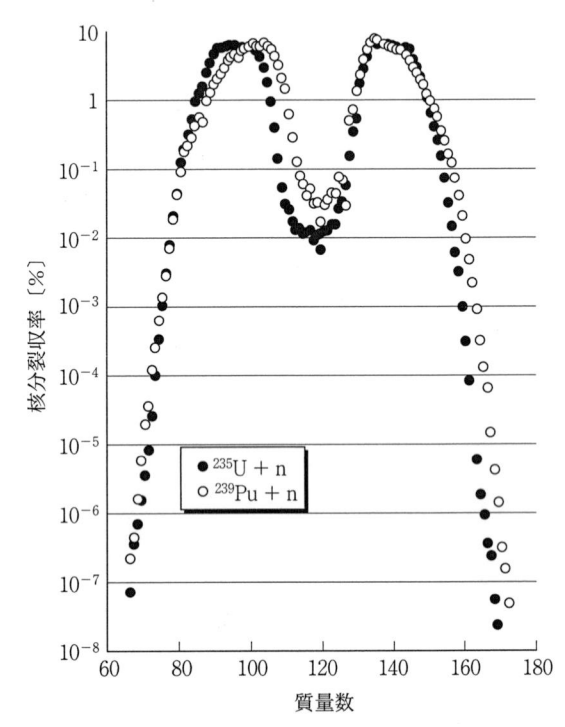

図5・4 熱中性子による^{235}Uおよび^{239}Puの核分裂収率の質量分布

（出典：http://ie.lbl.gov/fission.html に掲載の T. R. England and B. F. Rider, Los Alamos National Laboratory, LA-UR-94-3106；ENDF-349（1993）中の数値より作成）

◎ウェブサイト紹介

LBNL Isotopes Projectの原子核データホームページ
  http//ie.lbl.gov/toi.html
    最新の原子核データが集められており，核種の質量など簡単に知ることができる．

◎ 参考図書

西臺武弘：放射線医学物理学・第3版，文光堂（2005）
竹井　力：放射線物理学，南山堂（1971）
影山誠三郎：原子核物理，朝倉書店（1975）
田島英三：原子核物理概論，地人書館（1976）
古川路明：放射化学，朝倉書店（1994）
Toth Eszter（笠　潤平，笠　耐共訳）原子核物理，丸善（1998）

◎ 演習問題

問題 1　横軸を中性子の数，縦軸を陽子の数を表わす核種表がある．マークしてある生成核を作るための標的核を選択し，その標的核を示す欄に利用すべき核反応を書け．例として（n, γ）反応とその標的核の欄を示した．

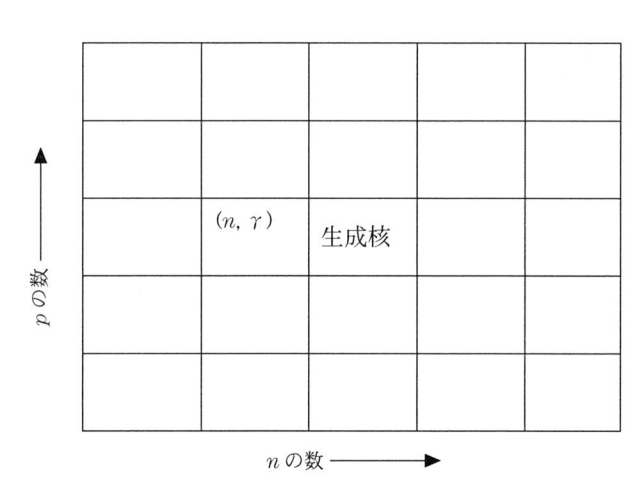

（表：縦軸 p の数，横軸 n の数，セル内に (n, γ) と「生成核」）

問題 2　ラザフォードが発見した核反応 $^{14}\mathrm{N}(\alpha, \mathrm{p})^{17}\mathrm{O}$ の Q 値および最小エネルギー（しきい値）を計算せよ．入射粒子として $^{214}\mathrm{Po}$ からの α 線が利用できることを示せ．ただし $^{14}\mathrm{N}$，$^{17}\mathrm{O}$，$^{1}\mathrm{H}$，$^{4}\mathrm{He}$ の静止質量は，それぞれ，14.00307 u，16.99913 u，1.00782 u，4.00260 u である．

問題 3　次の核反応の Q 値および最小エネルギーを計算せよ．
（1）　$^{60}\mathrm{Ni}(\alpha, \mathrm{pn})^{62}\mathrm{Cu}$　　（2）　$^{63}\mathrm{Cu}(\mathrm{p}, \mathrm{pn})^{62}\mathrm{Cu}$　　（3）　$^{10}\mathrm{B}(\mathrm{n}, \alpha)^{7}\mathrm{Li}$
（4）　$^{14}\mathrm{N}(\mathrm{n}, \mathrm{p})^{14}\mathrm{C}$　　（5）　$^{197}\mathrm{Au}(\gamma, \mathrm{n})^{196}\mathrm{Au}$　　（6）　$^{209}\mathrm{Bi}(\mathrm{p}, 5\mathrm{n})^{205}\mathrm{Po}$
標的核，生成核および素粒子の必要なデータは，インターネットにより LBNL Isotopes Progect のホームページ http//ie.lbl.gov/toi.html にアクセスして得よ．

問題 4　原子炉の中性子束を利用して，標的核を長い時間照射して放射性核種を製造することがよくある．その際の生成放射能の式 A は，
$$A = \sigma f N (1 - e^{-\lambda t})$$
となる．この式を導け．ただし A は生成放射能〔Bq〕，N および σ は標的核の原子数および核反応断面積〔cm^2〕，f は中性子フラックス〔cm^{-2}s^{-1}〕，t は照射

第5章 核反応と核分裂

時間〔s〕，λ は生成核の壊変定数〔s^{-1}〕とする．

問題 5 ^{235}U は 1 核分裂あたり平均で約 200 MeV のエネルギーが解放される．このエネルギーを使って，1 ワットの熱出力するためには，毎秒約 1.2×10^{-11} g の ^{235}U が核分裂する必要がある．計算で示せ．

第6章

電子線と物質の相互作用

6・1 相互作用の種類
6・2 エネルギー損失
6・3 減弱と飛程
6・4 X線の発生

第6章
電子線と物質の相互作用

本章で何を学ぶか

　電子は物質中で弾性散乱，非弾性散乱，制動放射等の様々な過程をへて徐々にエネルギーを失っていく．本章では，これらの諸過程について述べ，電子のエネルギー損失，阻止能，飛程等の基本的な概念を理解する．また，電子がX線ターゲットに入射した場合に発生する制動X線と特性X線の発生メカニズムとエネルギースペクトルについて述べ，診断X線の基本的性質を理解する．

　電子線と物質との相互作用においては，現象のエネルギー関係と確率関係が重要である．エネルギー関係とは物質との相互作用の前後でエネルギーがどのようにやりとりされるかということであり，全エネルギーおよび運動量は個々の反応前後で保存されなければならない．確率関係とは種々の現象がどのような確率で起こるかということであり，これを規定するものが断面積とよばれるものである．これらの関係においては粒子および相互作用の基本的性質がその土台となっている．X線すなわち光子には電荷，質量がなく，粒子数が保存されなくてもよいことが最も基本となる性質である．このように自由に生成，消滅してもよい粒子のことをボーズ粒子（ボソン）とよび，光子，中間子などがこれに含まれる．これに対して，電子は軽粒子（レプトン）に分類されるフェルミ粒子（フェルミオン）であり，電荷，粒子数などが相互作用の前後で保存される必要があり，物質中でのふるまいを強く規定する．電子は物質に入射後，多数の原子・原子核と相互作用をしながら徐々にエネルギーや方向を変化させる．この過程で，原子を**電離** (ionization)・**励起** (excitation) することによる衝突損失，ならびに原子核による放射損失により最

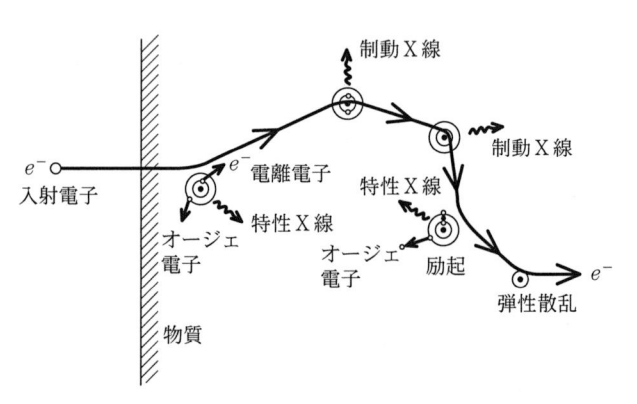

図 6・1　電子の物質中での相互作用
電子は物質中で，弾性散乱，非弾性散乱（電離，励起），制動放射等の相互作用をくりかえし，次第にエネルギーを失っていく．最後はほとんど静止状態になって物質中にとどまり，単独で消滅することはない．電離，励起に伴って放出された2次電子で，電離能力のあるものをδ（デルタ）線とよぶ．

終的には全運動エネルギーを失うが，消滅することはなく物質中にとどまる．図6・1にこれらの様子を示す．

6・1 相互作用の種類

散乱は**弾性散乱**（elastic scattering）と**非弾性散乱**（inelastic scattering）に分類される．一般的に，衝突によって相手の粒子の内部エネルギーを変化させない場合を弾性散乱，相手を励起状態にする場合を非弾性散乱とよぶ．

6・1・1 弾性散乱

電子と原子核との相互作用は，通常は弾性散乱（クーロン散乱）が起こり，原子核は励起されない．励起状態を持たない粒子，例えば電子，光子などが標的粒子の場合は励起状態がないので弾性散乱が起こる．弾性散乱によって方向が変わると同時に入射粒子および標的粒子のエネルギーも変化することがある．例えば，中性子は弾性散乱によって減速されエネルギーも減少する．また，シンクロトロンにより高エネルギーに加速された電子にレーザー光を衝突させると，弾性散乱[①]によって極めて高いエネルギーの散乱光子を得ることができる．これを逆コンプトン散乱という．

6・1・2 非弾性散乱

電子が原子と衝突し，電離・励起する過程は，原子を励起状態にする非弾性散乱である．この場合，入射電子はエネルギーが減少し，方向も変化する．また，極めて高エネルギーの入射電子の場合には原子核が励起される非弾性散乱（クーロン励起）[②]が起こる．電子が物質中を通過する際には，質量が小さいため重い荷電粒子の場合に比べて多数の弾性・非弾性散乱を受け，ジグザグ状の飛跡となる．

6・1・3 制動放射

電子が原子核の強い電場により制動を受けたとき，**制動放射**（bremsstrahlung）による光子を放出する．一般に，荷電粒子が制動等の加速運動を受けると制動放射を起こすことが電磁気学から知られており，電子シンクロトロンにより円軌道を回る電子から放射されるシンクロトロン光も制動放射の一種である．重い荷電粒子の場合，質量が大きいため制動を受けにくく，制動放射の割合は小さい．質量が小さい電子・陽電子の場合にはエネルギー損失の過程として重要である．

6・1・4 電子対消滅

陽電子（positron）は電子の反粒子であり，一般に粒子・反粒子は互いに反対符号の電荷と粒子数を有し，質量は等しい．これらの粒子・反粒子は消滅の前と後で全エネルギー・運動量，電荷，粒子数を保存したまま質量がエネルギーに変化し，消滅することが知られている．

電子対生成によって生成した電子・陽電子は，生成時にもっていたエネルギーを物質中での弾性散乱，非弾性散乱，制動放射等によるエネルギー損失によって失っ

解説①

弾性散乱：弾性散乱とは，標的粒子の内部エネルギーを増加させない散乱である．したがって，標的粒子が励起状態を持たない点状粒子（たとえば電子，陽子，中性子など）の場合には，一般に弾性散乱が起こる．弾性散乱においてもエネルギー，運動量保存則による運動学的関係より，入射粒子の運動エネルギーが減少することがある．

解説②

非弾性散乱：非弾性散乱とは内部エネルギーを増加させる散乱であり，標的粒子は一般に励起状態をもつ複合粒子である．入射粒子が極めて高エネルギーの場合には，陽子，中性子は点状粒子ではなく内部構造のある複合粒子と考える必要があり，核子が励起される．これを深部非弾性散乱という．

第6章　電子線と物質の相互作用

ていく．速度の小さくなった陽電子は，図6・2に示すように近くに接近した電子と互いの重心の周りをらせん状に回転しながらさらに接近し，ほぼ全運動量がない状態で対消滅を起こす．電子・陽電子の全静止エネルギー1.022 MeVはすべて光子エネルギーに変化するが，このときエネルギー・運動量の保存則より光子は180度反対方向に0.511 MeVのエネルギーで放射される．これを**消滅線**（annihilation radiation）とよぶ．

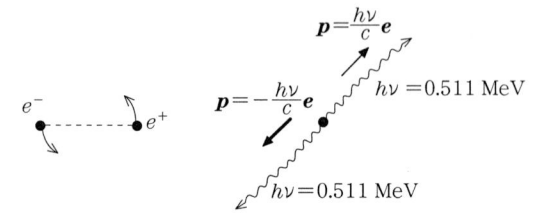

図 6・2　電子対消滅と消滅線
電子と陽電子が近づくと，互いの重心のまわりを回転しながらさらに接近し，全運動エネルギーがほとんどない状態で消滅する．消滅前後の全エネルギー，運動量が保存されることから，消滅線は0.511 MeVのエネルギーで180°反対方向に放射される．

この消滅線は，核医学における **PET**（positron emission tomography）検査[3]に利用されている．

6・1・5　チェレンコフ放射

荷電粒子が水やアクリルなどの透明な誘電物質中を通過するとき，物質中での光の速度よりも荷電粒子の速度が速くなる場合がある．このとき，可視光線が放射されることを1937年，**チェレンコフ**（Cherenkov）が実験的に確かめた．

この現象はフランク，タムにより古典電磁気学により説明され，現在では量子論的に解明されている．

透明体に荷電粒子が入射すると，そのまわりに電場をつくるので誘電体は**分極**（polarization）を起こす．荷電粒子がすぎさると分極はもとにもどるので，結果として電荷分布の振動が起こり，このとき電磁波を光として放出する．透明体の屈折率n，光の速度cとし，荷電粒子が速度vで進むとする．媒質中での光の速度はc/nになるので，$v \geq c/n$のときホイヘンスの原理により，位相が重なって光は強められ遠くまで達する．

図6・3において，誘電体中の点A_0を通った荷電粒子が，点A_nに達したとすると，$A_0 A_n = d$とおけば，荷電粒子がこの間を通過する時間はd/vとなる．点A_0から放射角θで放射された光が$A_0 B_0$を走るのに要す

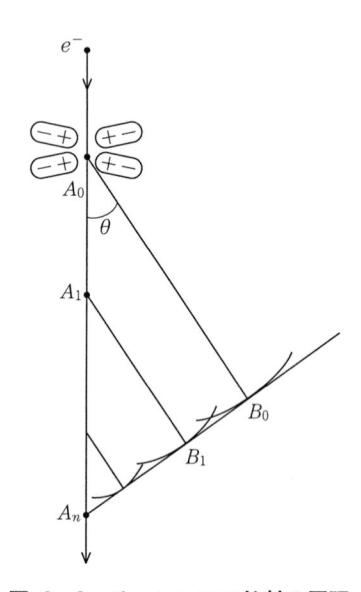

図 6・3　チェレンコフ放射の原理
電子が透明な誘電体（水，アクリルなど）に入射すると，経路にそって誘電分極が次々に起こり，電子の通過後はもとにもどる．この時，電荷分布の時間的変化に伴う電磁波が光として，放出され，それらが干渉によって強められ，チェレンコフ光が放射される．

解説③
PET：陽電子が電子と対消滅したとき発生する消滅線は，核医学におけるPETとして臨床応用がなされている．PETで用いられる陽電子放出核種には^{11}C，^{13}N，^{15}O，^{18}Fなどがあり，いずれも半減期が短いので病院内サイクロトロン等で生成する必要がある．

る時間は $d\,n\cos\theta/c$ となるので

$$\cos\theta = \frac{1}{n\left(\dfrac{v}{c}\right)} = \frac{1}{n\beta} \quad (\beta = v/c) \tag{6・1}$$

のとき，A_0A_n 上のすべての点で発生した光の波面が重なり合う．

$0 \leq \theta \leq 90°$ より，$0 \leq \cos\theta \leq 1$ となり，チェレンコフ放射の起こる条件は以下のようになる．

$$n\beta \geq 1 \tag{6・2}$$

ここで，$n\beta = 1$ となる β の値に対する荷電粒子の運動エネルギーを**臨界エネルギー** (threshold energy) という．

電子については，緑色の可視光（540 nm）の水に対する屈折率 n は 1.34 であり，臨界エネルギーは約 250 keV と低いので，治療用電子加速器の電子線でチェレンコフ放射が発生する．また，使用済みの原子炉の燃料棒を入れたプールでは，燃料棒表面から発生する β 線や，γ 線の 2 次電子によるチェレンコフ光が観測される．また，高エネルギー物理の実験では，粒子線検出器に用いられている．

6・2 エネルギー損失

6・2・1 電離によるエネルギー損失 (energy loss)

電子が物質中を通過するとき，原子の殻外電子とのクーロン相互作用により，原子を電離したり，励起することによってエネルギーを損失する．これを**衝突損失** (collision loss)[④] という．電子の**エネルギー損失**は，1 回の非弾性衝突では非常に小さいが，多数回の非弾性衝突の繰り返しにより大きくなる．衝突による荷電粒子のエネルギー損失は，最初**ボーア** (N. Bohr) により古典論的に計算され，後に**ベーテ** (H. A. Bethe)，**ブロッホ** (F. Bloch) らにより量子論的に求められた．

電子，陽子などの荷電粒子が物質中を通過するとき，単位距離ごとに失う平均エネルギーを阻止能という．電子に対する衝突阻止能はベーテにより以下の式が与えら

解説 ④

衝突損失：重い荷電粒子（質量 m，電荷 ze，速度 V）の衝突損失の理論は 1913 年，ボーアによって古典的に求められた．物質の原子番号 Z，電子密度 N，衝突パラメータを b とすると，衝突による阻止能は

$-\left(\dfrac{dE}{dx}\right)$
$= \dfrac{4\pi z^2 e^4}{mV^2} NZ$
$\ln\left(\dfrac{b_{\max}}{b_{\min}}\right)$

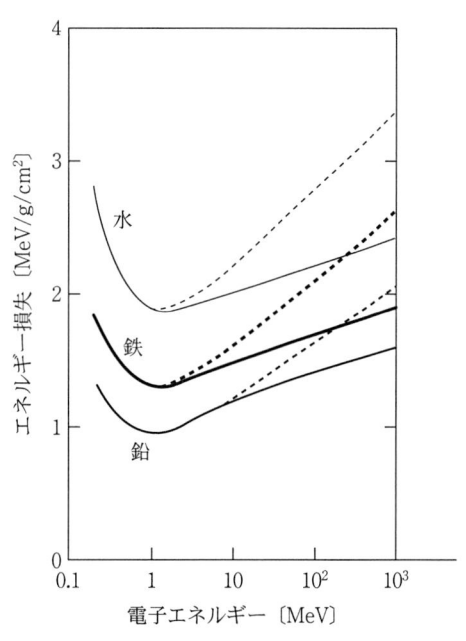

入射粒子が電子の場合には，その後，量子論的に，相対論や同種粒子の効果を取り入れてベーテ・ブロッホの式が導かれたが，式の基本的特徴は変わっていない．

図 6・4 電子の衝突損失とエネルギーの関係
電子の衝突損失は 1 MeV あたりで最小となり，それよりも低エネルギーおよび高エネルギー側で大きくなる．非常に低いエネルギーではエネルギー損失はエネルギーの低下とともに減少する．点線は密度効果の補正のない場合，実線は補正のある場合で，密度の高い物質では密度効果の割合は電子エネルギーとともに増大し 100 MeV で約 20% に達する．

第6章 電子線と物質の相互作用

れている．

$$-\left(\frac{dE}{dx}\right)_{\text{coll}} = \frac{2\pi e^4 NZ}{m_0 v^2}\left\{\ln\frac{m_0 v^2 E}{2I^2(1-\beta^2)} - (2\sqrt{1-\beta^2}-1+\beta^2)\ln 2 + 1 - \beta^2 \right.$$
$$\left. + \frac{1}{8}(1-\sqrt{1-\beta^2})^2 - \delta\right\} \quad [\text{erg/cm}] \quad (6\cdot 3)$$

ここで，N は単位体積あたりの原子数（原子数/cm³），Z は物質の原子番号，e は電気素量，m_0 は電子の質量，I は平均励起エネルギー，E は入射量子の運動エネルギーである．また，δ は密度効果の補正項といわれるものである．

密度効果は，入射電子の電場による物質の分極に起因するもので，密度の大きい物質の場合に効いてくる．この効果は，電子エネルギー1 MeV 以下では小さく，エネルギーの増大とともにその効果が現れ，100 MeV では阻止能を約20％減少させる．図6・4にいくつかの物質に対する阻止能と電子エネルギーの関係を示す．

衝突によるエネルギー損失は，電子エネルギーが低く（$E \ll m_0 c^2$）なると，$1/\beta^2 (= c^2/v^2)$ に比例するので大きくなる．また，電子エネルギーが電子の静止エネルギーよりもずっと大きく（$E \gg 2m_0 c^2$）なると｛ ｝内の ln の項が効いてきて，エネルギー損失は徐々に大きくなる．エネルギー損失が最小となる最小電離のエネルギーは，静止エネルギーの2倍の $2m_0 c^2$ あたりにある．また，電子エネルギーが 100 eV 程度以下に小さくなると，電子エネルギーの低下とともに減少する．

6・2・2 放射によるエネルギー損失（放射損失）

制動放射によるエネルギー損失，すなわち**放射損失**（radiation loss）[5] は，**ハイトラー**（W. Heitler）によって以下のように得られている．

古典電子半径 r_0 とすると，単位長さあたりの放射による平均エネルギー損失は

$$-\left(\frac{dE}{dx}\right)_{\text{rad}} = \frac{Nr_0^2 Z(Z+1)(E+m_0 c^2)}{137}\left(4\ln\frac{2(E+m_0 c^2)}{m_0 c^2} - \frac{4}{3}\right)$$
$$[\text{erg/cm}] \quad (6\cdot 4)$$

この式は，高エネルギー電子および高原子番号の物質に対して放射損失が重要で

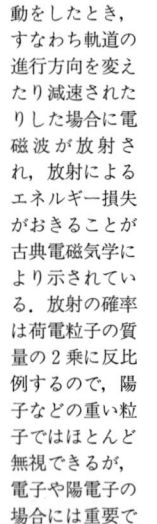

解説 ⑤

放射損失：荷電粒子が加速度運動をしたとき，すなわち軌道の進行方向を変えたり減速されたりした場合に電磁波が放射され，放射によるエネルギー損失がおきることが古典電磁気学により示されている．放射の確率は荷電粒子の質量の2乗に反比例するので，陽子などの重い粒子ではほとんど無視できるが，電子や陽電子の場合には重要である．放射損失の量子論的理論はベーテ，ハイトラーにより導かれた．

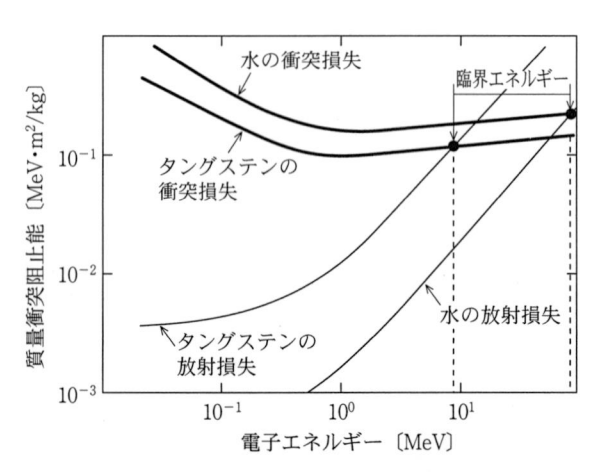

図6・5 水，タングステンに対する質量衝突阻止能と電子エネルギーの関係

あることを示している．放射損失と衝突損失の比は，電子エネルギー E (MeV) に対して次式で与えられる．

$$\frac{(dE/dx)_{\mathrm{rad}}}{(dE/dx)_{\mathrm{coll}}} \simeq \frac{(E+m_0c^2)Z}{1\,600\,m_0c^2} \tag{6・5}$$

$$= \frac{(E+0.511)Z}{820} \tag{6・6}$$

図 6・5 に水とタングステンに対する質量衝突阻止能と電子エネルギーの関係を示す．図で，放射損失と衝突損失が等しくなるエネルギーを臨界エネルギーとよぶ．

6・2・3　阻止能

単位通過距離あたりのエネルギー損失の値には確率的なゆらぎがあるが，その平均値を**阻止能** (stopping power)[6] という．すでに述べたエネルギー損失の式 (6・3), (6・4) は**線阻止能** (linear stopping power) と呼ばれ，S で表す．

実際の応用においては，物質の厚さは長さ〔cm〕より，単位面積あたりの重さ〔g/cm^2〕を用いた方が便利である．このため，線阻止能 (S) を密度 ρ で割った**質量阻止能** (mass stopping power) S/ρ がよく用いられる．

単位体積 (1 cm^3) あたりの原子数 N は，密度 ρ〔g/cm^3〕，原子量 A，アボガドロ数 N_A により次のように表される．

$$N = \frac{\rho N_A}{A} \tag{6・7}$$

線衝突阻止能の式 (6・3) の $\{\ \}$ 内は物質の平均励起エネルギー I によってあまり変化しないので，それを B と表すと，質量衝突阻止能 $(S/\rho)_c$ は

$$-\left(\frac{dE}{\rho dx}\right)_{\mathrm{coll}} = \frac{2\pi e^4 NZ}{m_0 v^2 \rho} B = \frac{2\pi e^4 N_A Z}{m_0 v^2 A} B \tag{6・8}$$

この式で，Z/A の値は物質によってあまり変化しない．そのため，非弾性衝突による質量衝突阻止能は近似的に物質の種類によらない．このことから，線衝突阻止能は密度に比例する．

線放射阻止能の式 (6・4) についても同様に，以下の質量衝突阻止能 $(S/\rho)_r$ が得られる．

$$-\left(\frac{dE}{\rho dx}\right)_{\mathrm{rad}} \approx \frac{Z(Z+1)}{A} \approx Z\left(\frac{Z}{A}\right) \tag{6・9}$$

この式で，Z/A の値は物質によってあまり変化しない．そのため，質量放射阻止能は近似的に物質の原子番号に比例する．

また，式 (6・8) より，衝突損失による質量阻止能は物質の原子番号と原子量の比 (Z/A) に比例する．したがって，あるエネルギーの電子に対する物質 1 の質量衝突阻止能から，同じエネルギーに対する物質 2 の質量衝突阻止能を評価することができる．物質 1，2 に対する質量衝突阻止能を各々 $(S_c/\rho)_1$, $(S_c/\rho)_2$ とすると

$$\left(\frac{S_c}{\rho}\right)_2 \approx \frac{(Z/A)_2}{(Z/A)_1}\left(\frac{S_c}{\rho}\right)_1 \tag{6・10}$$

この式で，多くの場合，原子量の代わりに質量数を用いて問題ない．

同様に，式 (6・9) より，放射損失による質量阻止能は物質の原子番号の 2 乗と

解説 ⑥

阻止能：電子，陽子などの荷電粒子が物質中を通過するとき，単位距離ごとに失う平均エネルギーをいう．衝突損失によるものを衝突阻止能，放射損失によるものを放射阻止能とよび，その総和が全阻止能である．線阻止能を物質の密度で割ったものを質量阻止能という．

原子量の比 (Z^2/A) にほぼ比例する．したがって，あるエネルギーの電子に対する物質1の質量放射阻止能から，同じエネルギーに対する物質2の質量放射阻止能を評価することができる．物質1, 2に対する質量阻止能を各々 $(S_r/\rho)_1$, $(S_r/\rho)_2$ とすると次式が成り立つ．

$$\left(\frac{S_r}{\rho}\right)_2 \approx \frac{(Z^2/A)_2}{(Z^2/A)_1}\left(\frac{S_r}{\rho}\right)_1 \tag{6・11}$$

この式で，Z^2 のかわりに $Z(Z+1)$ を用いればさらに良い近似値が得られる．

6・2・4　LET（線エネルギー付与），限定線衝突阻止能

線エネルギー付与（linear energy transfer）あるいは **LET**[7] とは，荷電粒子が物質中を通過するとき，運動経路に沿って単位長さあたりに，その周囲の物質の特定範囲が受け取るエネルギーをいう．単位としては keV/μm が使用される．同一吸収線量の放射線の生物学的効果の差異は，主としてその生体組織中の LET の差に基づくと考えられる．

6・2・5　比電離

荷電粒子が物質中を通過するとき，単位距離を進むごとにつくるイオン対の数を**比電離**（specific ionization）という．入射粒子が直接つくるイオン対を一次比電離とよぶが，通常，原子から放出された 2 次電子がつくるイオン対を含めた全比電離を指す．低エネルギーの電子ほど相手の軌道電子とのクーロン相互作用の働く時間が長く，比電離は大きくなる．1～10 MeV の電子に対して，一次イオン対は約半分で，残りは 2 次電子によってつくられる．比電離と荷電粒子の物質中での通過距離の関係はブラッグ曲線で表される．

6・2・6　W 値

1 個のイオン対を作るに要する平均のエネルギーを W 値という．W 値と比電離の積は阻止能となる．W 値は電離箱による線量測定において重要な定数である．

電子に対する空気の W 値（W_air）は，空気中で 1 イオン対を生成するのに要する平均エネルギーであり，eV 単位であらわされる．W_air の値として，従来日本は 33.73 eV を用いてきた．しかしながら，最近，国際的に用いられるようになった 33.97 eV の値を採用する決定がなされ，それによる線量標準測定法 (01) が普及しつつある．

6・3　減弱と飛程

電子線が物質に入射すると，弾性散乱，非弾性散乱を繰り返し，ジグザグ運動をしながら次第にそのエネルギーを失っていく．しかしながら，粒子数（軽粒子数）保存則にしばられ，光子と違って決して消滅することはなく，最後にはほとんど静止状態になる．したがって，減弱とは光子のような個数の減少ではなく，電子ビームが物質中の各点で引き起こす電離量の変化を意味する．

解説 [7]
LET：電離放射線が物質中を通過するとき，通過経路に沿って単位長さあたりに周囲の物質の特定の範囲が受けとるエネルギーをいう．一般に，光子や電子の LET は小さく，重荷電粒子や中性子は大きい．LET が異なれば同じ線量でも放射線の生物学的作用が異なる．

6・3・1 飛程

電子線が物質に入射してから停止するまで，多数回方向を変えて進行する走行距離の総和のことを平均飛程〔または単に**飛程**（range）[8]〕という．

物質中の電子の飛程は次式で定義される．

$$R = \int_0^R dx = \int_E^0 \frac{1}{\left(\frac{dE}{dx}\right)} dE \tag{6・12}$$

電子線の場合，重い荷電粒子と異なり，電子は多重散乱による飛程のばらつきがある．このため，実際に電子を物質に入射したとき到達する深さは，式（6・12）で表される真の飛程より常に小さい．このため，平均飛程にかわって実用飛程 R_p を用いることが多い．実用飛程は外挿飛程ともよばれる．

R_p は図 6・6 のように透過電子線強度分布の制動放射によるバックグラウンド部分を除いた分布曲線と横軸と交わる点を読んで求める．

> **解説 ⑧**
>
> 飛程：荷電粒子が物質中を停止するまでに進行する距離をいう．X 線，γ 線や中性子などの非荷電粒子には飛程の概念はなく，平均自由行程，半価層などが用いられる．重い荷電粒子はほとんど直進するので，最初のエネルギーが同じなら同一物質中の飛程はほぼ一定である．電子の場合は多重散乱を受け飛跡がジグザグとなり，飛程もばらつきがある．放射線治療では，荷電粒子の生体物質中での到達距離の目安となり，重要である．

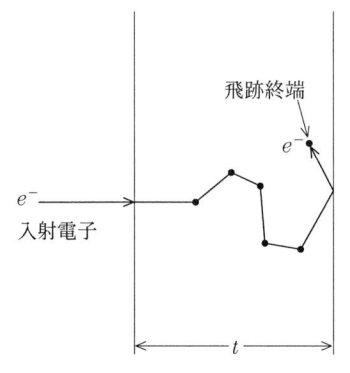

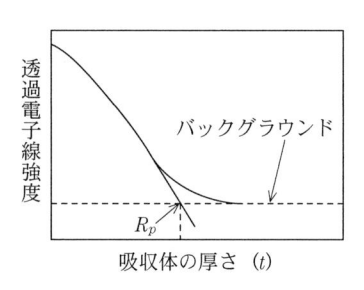

図 6・6 電子の飛程
真の飛程 R は，ジグザグの経路に沿った直線の総和であるが，これは写真乳剤や霜箱によらなければ測定が難しい．実際の測定では，物質の厚さ t を変化させて測定した透過電子線強度分布から制動 X 線によるバックグラウンドを除去して外挿により求める．

6・3・2 ビルドアップ効果

電子線の物質中での電離量を電離箱で測定した線量分布曲線を深部量百分率曲線といい，放射線治療で用いられる．通常，水中での電離量が測定される．図 6・7 にいくつかのエネルギーの電子線形加速器からの異なったエネルギーの電子線に対する分布を示す．図で，線量の最も

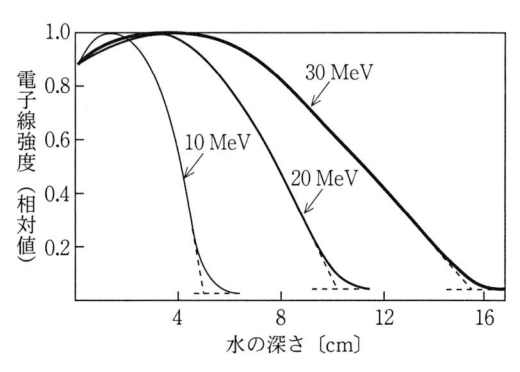

図 6・7 電子線の深部線量率曲線

大きい場所は表面ではなく，ある深さの位置であることがわかる．これは，電子線が物質中で起こした多重散乱が主な原因である．一般に，入射エネルギー10 MeV以下の電子線の場合，物質入射直後の浅い場所での側方散乱の割合が大きく，表面における線量は最大線量の80～90％である．10 MeV以上の高エネルギーになると側方散乱の寄与が相対的に小さくなり，ビルドアップ効果は小さくなる．ビルドアップ効果は皮膚表面線量の低下をもたらし，放射線治療において非常に重要な意味を持つ．

6・3・3 後方散乱

電子が物質中で散乱する場合，一回だけの散乱では小角度の散乱の方が大角度散乱より起こる確率が大きい．しかし，**多重散乱**（multiple scattering）が起こると，その結果電子は大きく進行方向を変え，ついにはもとの方向に戻ることもある．これを**後方散乱**（back scattering）という．試料皿にのせた薄い試料からのβ線をGM計数管で計測するような場合，後方散乱は測定結果に影響するので，これを補正する必要がある．後方散乱の効果は，線源支持体の厚さが厚いほど，また，その原子番号が高いほど大きい．一般に，後方散乱係数は，最大飛程の1/3～1/5程度の厚さで飽和し，この値を飽和後方散乱係数と呼ぶ．図6・8に飽和後方散乱係数と指示体の原子番号とを示す．

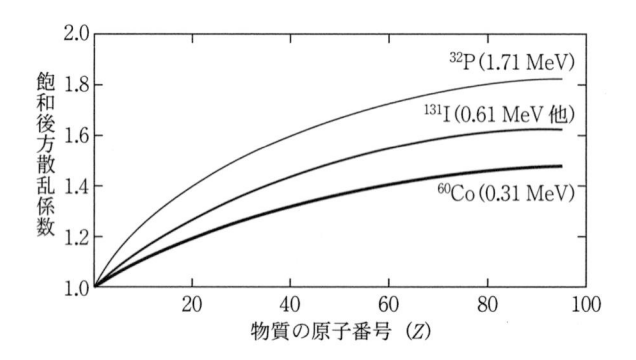

図 6・8　β線の後方散乱係数と支持体の原子番号との関係

後方散乱係数は支持体の厚さとともに増加し，ある厚さで飽和する．この値を飽和後方散乱係数とよぶ．飽和後方散乱係数は支持体の原子番号とともに増加する．

6・3・4 水中飛程のエネルギー依存性

一般に5～50 MeVの電子エネルギーに対して次式が成り立つ．

$$R_p = 0.52E - 0.30 \text{ [cm]} \tag{6・13}$$

ここでEは電子エネルギー〔MeV〕である．図6・7にこの式を適用すると，非常によく合っていることがわかる．この式は，**深部線量率曲線**（depth dose curve）の実測データから電子ビームエネルギーを求めるときに用いられる．

6・4 X線の発生

6・4・1 X線の定義と種類

X線とは一般的には電磁波のうち波長が0.1 Å〜100 Å程度の範囲のもので，長波長側は紫外線に，短波長側は γ 線につながると定義されている．粒子的な見方をすれば，X線の実体は電磁波の量子である光子（photon）であり，そのエネルギー（E）と波長（λ），振動数（ν）との間にはよく知られた次の関係式がある．

$$E = h\nu = hc/\lambda \tag{6・14}$$

ここに h はプランク定数，c は光速度であり，これらの値を代入すると次式が得られる．

$$E\,[\text{keV}] = 12.4/\lambda\,[\text{Å}] \tag{6・15}$$

X線よりも短波長側に位置する γ 線が原子核のエネルギー準位の変化により原子核内部から発生するのと異なり，X線は核外，主として原子レベルで発生する．この式を用いればX線はエネルギーに換算すると約 0.1 keV〜数百 keV となるが，高エネルギー治療用加速器などを用いた場合には数 MeV のX線が発生する．

X線とは原子レベル，すなわち原子核よりも外側のレベルで発生した光子であるが，その発生機構の違いから制動X線と特性X線に分けることができる．加速された電子が物質中に入射したとする．電子は物質内部の原子の軌道電子との間のクーロン相互作用，および原子核の強い電場によって軌道を曲げられ制動を受けて徐々にエネルギーを損失していき，最後には全エネルギーを失う．前者は入射電子と原子との非弾性散乱によるもので，これによるエネルギー損失を衝突損失とよぶ．後者は原子核との非弾性散乱によるもので，これによるエネルギー損失を放射損失とよぶ．このうち，原子との非弾性散乱により励起状態になった原子から放射されるX線を特性X線，核の強い電場により制動を受け放射されるものを制動X線とよぶ．X線発生回路の模式図を図6・9に示す．

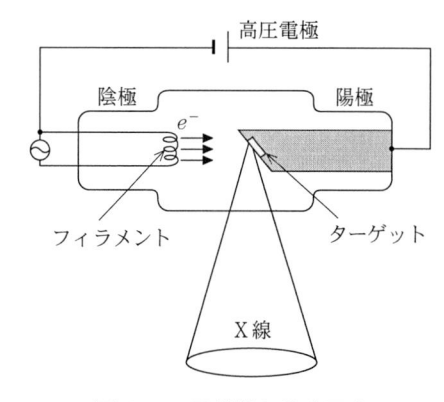

図 6・9　X線管と発生回路

6・4・2　特性X線の発生，モーズリーの法則

電子が**ターゲット**（target）に入射し，原子との非弾性散乱によってエネルギーを失っていく際，相手の原子はそれと等しいエネルギーを得ることによって電離，または励起される．いま，最も内側のK軌道電子が電離により放出されたとすると，そこより高い軌道電子が落ち，2つの軌道エネルギーの差が光子として放出さ

第6章　電子線と物質の相互作用

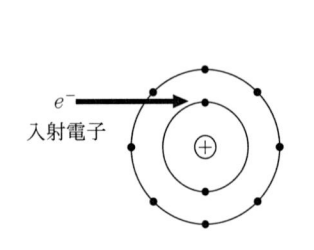

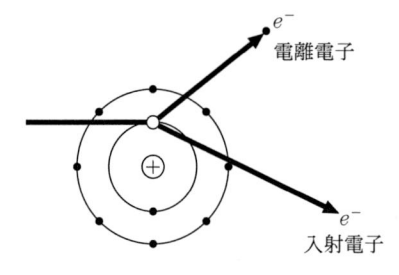

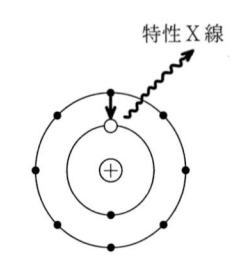

図 6・10　特性 X 線の発生原理

準位	W(Z=74)	Mo(Z=42)
$N_{II, III}$ (4p)	0.49, 0.42	0.04
M_V (3d)	1.87	0.23
M_{IV} (3d)	2.28	0.39
M_{III} (3p)	2.57	0.41
M_{II} (3p)	2.82	0.51
L_{III} (2p)	10.21	2.52
L_{II} (2p)	11.54	2.63
L_I (2s)	12.10	2.87
K (1s)	69.52	20.00

タングステン　モリブデン

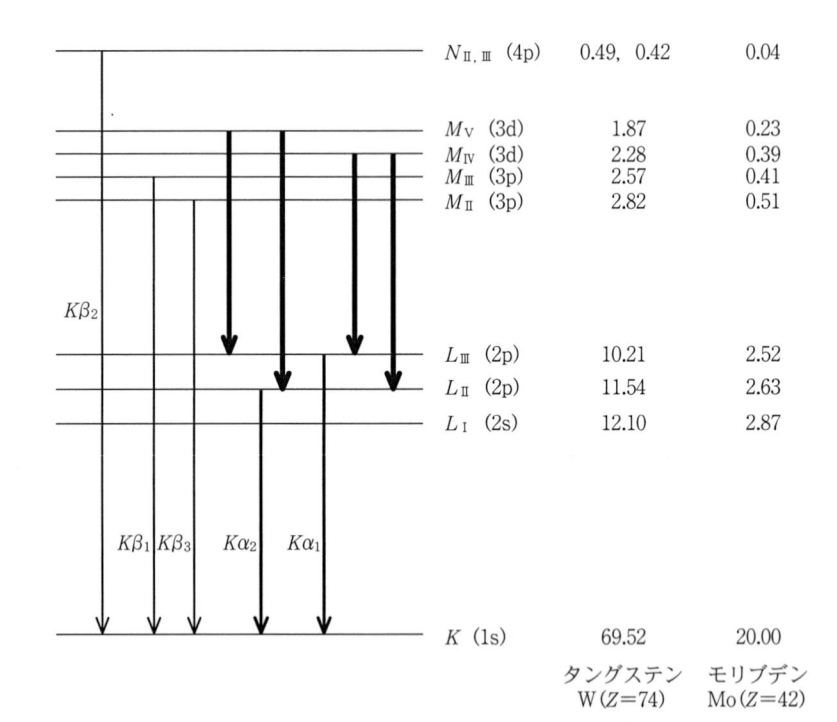

図 6・11　特性 X 線とエネルギー準位間の遷移

解説⑨

特性 X 線：入射粒子が物質中で衝突損失でエネルギーを失い，衝突した原子を電離した場合に2次的に発生するX線をいう．励起状態の原子が，よりエネルギーの安定な状態に遷移するときに準位間のエネルギー差が光子エネルギーとなるので単色で，等方的に放射される．特性 X 線エネルギーにより原子の原子番号が同定できるので，未知の物質の成分分析に利用される．

れる場合，これを K **特性 X 線**（characteristic X-ray）[9] または KX 線とよぶ．図 6・10 にこの様子を模式的に示す．これはまた，エネルギー準位の間の遷移として図 6・11 のように示される．原子のある励起状態からよりエネルギーの低い状態への遷移においては量子数間に選択規則があることが知られている．主量子数 n については一般に $\Delta n = 0$ は禁止され，最も起こりやすい電気双極子遷移の場合，方位量子数 l については $\Delta l = \pm 1$ のときに遷移が起こる．

同様に L 軌道電子の穴に上の軌道電子が落ちた場合に放出される特性 X 線を LX 線とよぶ．特性 X 線のエネルギーは一定のエネルギーをもつ軌道電子エネルギー準位の差になるため，単色で，いろいろな異なった軌道エネルギーの電子が落ちるため，複数のエネルギーをとる．

特性 X 線は軌道電子の**結合エネルギー**（binding energy）よりも高いエネルギーの電子が入射した場合に発生する．軌道電子の結合エネルギーのことを吸収端エ

ネルギーという．図 6・11 に種々の原子の K，および L 電子の結合エネルギーを示す．タングステンターゲットを用いた X 線管球では K 電子の結合エネルギーが 69.5 keV なので，管電圧が約 70 kV 以上でないと KX 線は発生しない．乳房撮影（マンモグラフィ）では，タングステンのかわりにモリブデンがターゲットに用いられる．管電圧は 30 kV 前後が用いられるが，このとき発生する KX 線のエネルギーは約 17.5 keV となる．

一般に L 電子の結合エネルギーは K 電子の結合エネルギーよりもずっと小さいため，KX 線が発生しない場合でも LX 線が発生する．タングステンターゲットの場合，LX 線のエネルギーは 10 keV 前後となり，診断用 X 線管ではフィルタによる吸収等で通常は観測されない．

特性 X 線のエネルギーと原子の原子番号の間には一定の関係がある．原子構造が解明される以前の 1913 年モーズリー（Moseley）は特性 X 線の系統的研究を行い，特性 X 線を発生する物質の原子番号 Z が大きくなるとともに波長 λ が短くなること，各物質とも K, L, M, N… と名付けられる系列線のグループから成っていることを実験的に得たので，**モーズリーの法則**（Moseley's law）とよばれている．

原子番号 Z と振動数 ν の関係は

$$\nu = A(Z - \sigma)^2 \tag{6・16}$$

ここで A は定数，σ は各線に対する定数である．

特性 X 線のエネルギーを測定することで，未知の元素の元素分析を行うことができる．特性 X 線を発生させるためには原子を励起しなければならないが，このために電子，X 線，荷電粒子などが用いられる．電子を用いたものに電子線マイクロアナライザ，分析電子顕微鏡，X 線を用いたものに蛍光 X 線分析器，荷電粒子をもちいた方法に PIXE などがある．

なお，X 線によって励起された原子から放射される特性 X 線のことを特に**蛍光 X 線**（fluorescent x-ray）とよぶ．

6・4・3 オージェ効果

2 つの軌道エネルギーの差が光子として放出される代わりに，外側の軌道電子が放出される場合を**オージェ効果**（Auger effect）とよぶ．このとき放出される電子を**オージェ電子**（Auger electron）[10] とよぶ．特性 X 線発生とオージェ効果は競合し，どちらか一方のみが起こる．これらの過程を競合過程と呼び，ガンマ線放射と内部転換は原子核内で生じる同様な例である．図 6・12 に物質の原子番号に対する特性 X 線，およびオージェ電子放出の起こる割合が示されている．原子番号が大きいほど蛍

解説 ⑩
オージェ電子：励起状態の原子が，エネルギーのより安定な状態に遷移するときに準位間のエネルギー差が軌道電子に移り，その軌道電子が電離電子として放出される過程をオージェ効果，放出される電子をオージェ電子とよぶ．特性 X 線放出との競合過程である．オージェ電子の運動エネルギーは，軌道電子の結合エネルギーだけ特性 X 線より低い．

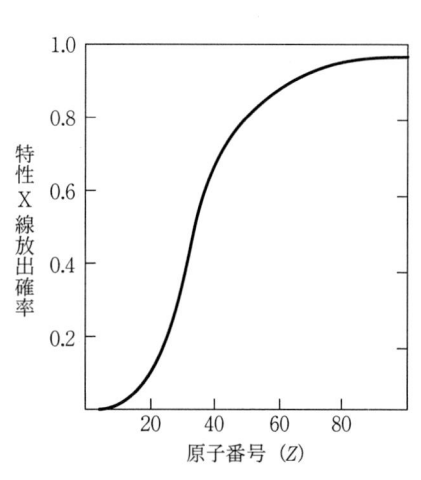

図 6・12 特性 X 線放出確率と物質の原子番号の関係
励起状態の原子が，より安定な状態に遷移するとき，準位間のエネルギー差は，特性 X 線又はオージェ電子に与えられる．これらの過程はどちらか一方だけが起こり，原子番号によって各々の発生する割合が異なる．

X線放出の確率が増大する．

6・4・4　制動X線の発生

荷電粒子がその軌道を急に変えたり，速度を落としたりする等の加速度運動をした場合，電磁波すなわち光子が放射されることが古典電磁気学から一般に導かれる．このような加速度運動によって電磁波を放射する現象を**制動放射**（bremsstrahlung），また放射されるX線のことを**制動X線**（bremsstrahlen）[11]とよぶ．エネルギーが連続分布であるため連続X線ともよばれる．この現象は質量の軽い電子の場合に最も起こりやすく，陽子などの重い荷電粒子ではほとんど無視できる．このような電子の加速度運動によるX線放射として2つの重要な具体例が知られている．ひとつはX線管で，高電圧で加速された電子がタングステンなどのターゲット物質中の原子核によって制動を受ける場合である．他の一つは，電子シンクロトロンによって加速され高速円運動する電子が軌道接線方向に光子を放射する**シンクロトロン放射**（synchrotron radiation）で，放射光とよばれている．

6・4・5　制動X線の強度と発生効率

X線の単位時間の発生強度は
$$I = k_i Z V^2 \tag{6・17}$$
で表される．ここで i は管電流，Z はターゲット物質の原子番号，V は管電圧である．k は定数で，およそ 1.1×10^{-9} である．

一方，X線管に入力される電子線の全エネルギーは iV であり，制動放射線発生効率 η は
$$\eta \cong \frac{k i Z V^2}{iV} = k Z V \tag{6・18}$$

6・4・6　制動X線の強度分布

制動放射線の強度の角度分布については**ゾンマーフェルト**（Sommerfeld）による以下の式がある．
$$I(\theta) = A \frac{\sin^2 \theta}{(1-\beta\cos\theta)^6} \tag{6・19}$$

ここで，I は制動X線強度，θ はターゲット物質へ入射した電子の進行方向を0°とした角度である．この式で入射電子のエネルギーが増加し β が1に近づくと前方方向（$\theta=0°$）の強度は限りなく増加することがわかる．また，入射電子エネルギーが低くなり，β が0に近づくと横方向（$\theta=90°$）の強度が増加するこ

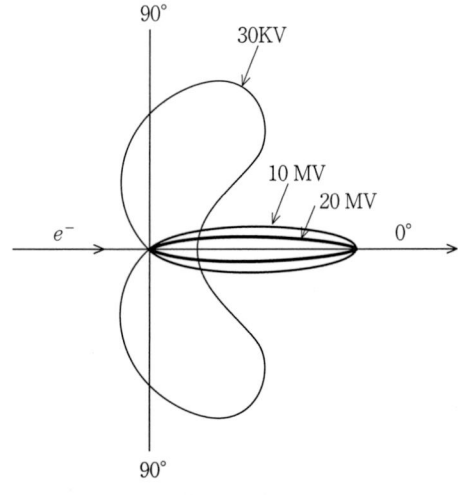

図 6・13　制動X線強度の角度分布

解説 ⑪

制動X線：荷電粒子が加速度運動をしたとき，放射損失が起こり電磁波が放射される．X線管ではこの電磁波がX線領域となるので制動X線とよばれる．エネルギースペクトルは連続であり，このため連続X線あるいは白色X線ともよばれる．空間分布は，診断X線領域では横方向が主であるが，高エネルギーになるに従って前方が主となる．

とがわかる．

図 6・13 に角度分布の様子を示す．30～150 keV までの比較的低エネルギーの電子による制動 X 線を用いる診断 X 線領域では，制動 X 線が主に横方向に放出されるため，X 線管の電子ビームの軸に対して横方向に X 線が取り出される．これに対して，数 MeV 以上の電子により発生する制動 X 線を用いる放射線治療領域では，電子加速器の電子ビームに薄いターゲットを挿入し，前方に放射される制動 X 線が用いられている．

6・4・7　X 線のエネルギースペクトル

X 線管から放射される制動 X 線の**エネルギースペクトル**（energy spectrum）は**図 6・14** に示すように，管電圧に対応する最大エネルギーを持つ連続分布となる．このような分布となる理由は定性的には以下のような効果によって説明される．

i）原子核からの距離の違い

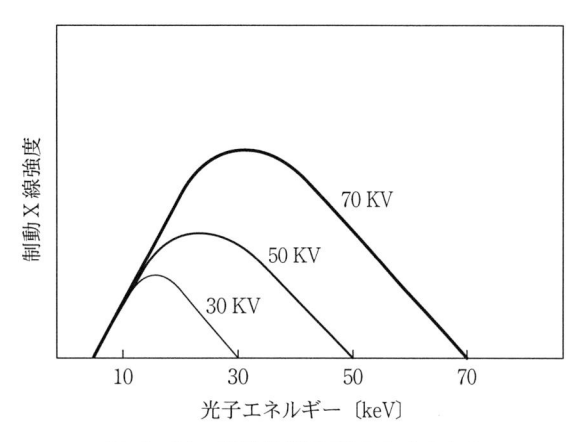

図 6・14　制動放射 X 線のスペクトル

いま，一定エネルギーの均一分布の電子が原子核近傍を通過する場合を考える．電子から原子核をみた場合，図 6・15 のように電子の通過軌道は核を中心とする幅が一定の同心状リングのどれかになる．これらの微少幅 dr のリングの核中心からの距離を r とすると，電子がこれらのリングを通過する確率はその断面積 $2\pi r dr$ に比例する．最も内側のリングに入射した場合に最も強く制動を受け，最も高いエネルギーの制動 X 線が放射される．このとき，入射電子は全運動エネルギーを失い，ほぼ静止状態になるが，そのような確率は極めて小さい．リングの半径が大きくなるほど制動は小さく

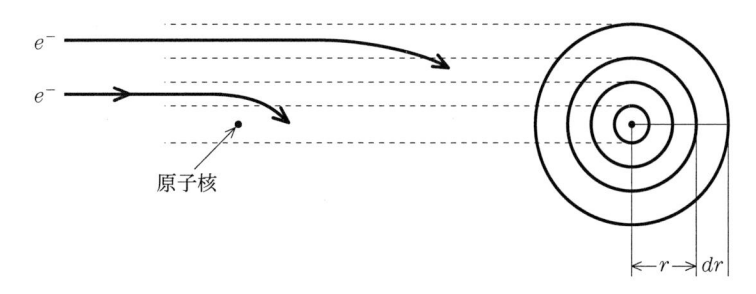

図 6・15　原子核からの距離と電子の制動の様子
一定エネルギーの電子は，原子核の強い電場で制動を受け，制動損失により，エネルギーを一部または全て失う．この時，同じエネルギーの光子を制動 X 線として放出する．

第6章　電子線と物質の相互作用

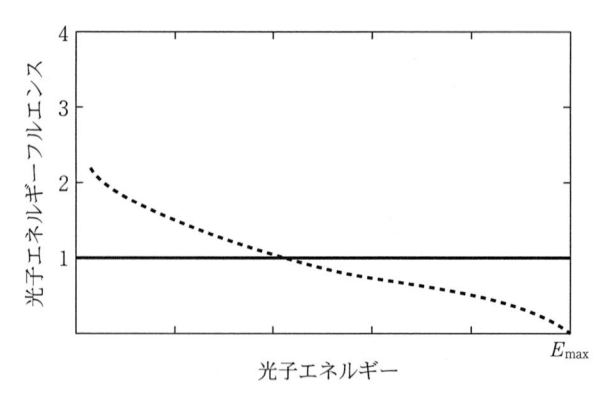

図 6・16　薄いターゲットからの制動X線スペクトル
点線は量子論的計算によるスペクトルで，強度分布は全エネルギーにわたって大体一様である．

なり，発生する制動X線のエネルギーは小さくなるが，そのような現象を起こす電子数が多いので，確率は大きくなる．

これより，発生する制動X線の強度（エネルギーフルエンス）すなわち光子エネルギー（E）と光子数（N）の積は光子エネルギーにあまり依存せず，一定になると考えられる．

$$E \cdot N = \text{const} \tag{6・20}$$

制動X線の強度を横軸を光子エネルギー（E），縦軸を光子エネルギーと光子数（N）の積にとり，プロットすると**図6・16**の実線のようになる．これは，極めて薄いターゲットから発生する制動X線のエネルギースペクトルと考えられる．より正確な量子論的計算による薄いターゲットでの制動X線の強度分布が点線で示されているが，光子エネルギーにあまり依存せず，ほぼ一様に近い分布となっている．

ⅱ）ターゲット内での電子のエネルギー損失

実際のX線管に用いられるターゲットは厚いため，ターゲット内のある場所で制動放射を起こす電子のエネルギーは，そこに到達するまでの間の衝突，および放射損失でエネルギーが入射時よりも低くなっている．ターゲットを一定のエネルギー損失（$-dE$）を起こす微少な厚さのターゲットの重なりと考える

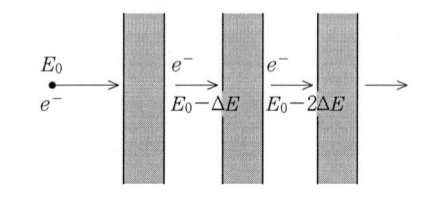

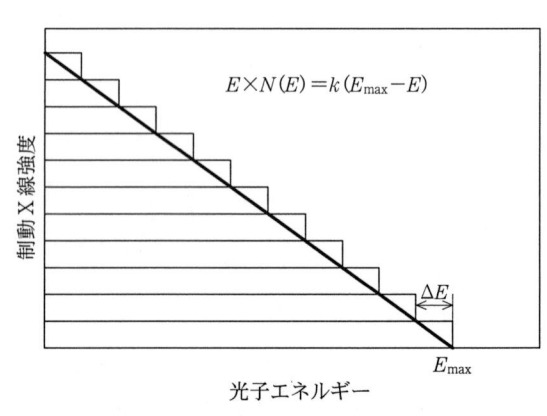

図 6・17　厚いターゲットから発生する制動X線強度分布

と次式が成り立つ．

$$d(E \cdot N(E)) = -k \cdot dE \tag{6・21}$$

これより，各ターゲット層で発生する制動X線の強度分布を重ね合わせると

$$E \times N(E) = k(E_{max} - E) \tag{6・22}$$

となる．図6・17にこれらの関係を示す．式 (6・22) は**クラマース** (Cramers) の式とよばれている．この式は簡単で，比較的よく実測データと合うためよく用いられる．

iii) ターゲット内での減弱

ターゲット内で発生した制動X線はターゲット表面までの間に減弱をうける．光子は低エネルギーほど減弱されやすいため，ターゲット表面から放射される制動X線の強度分布は**図6・18**の点線で示すようになり，実験的に得られる制動X線スペクトルと定性的によく一致する．

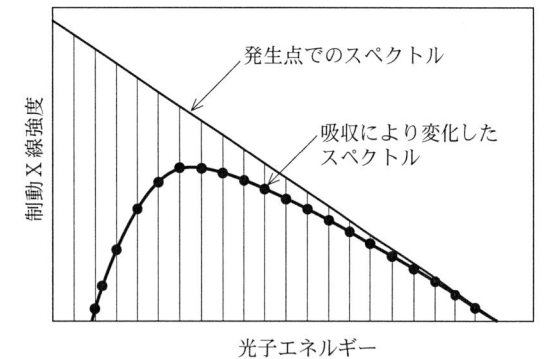

図 6・18　ターゲット物質中での吸収による制動X線強度の変化

6・4・8　デュエン・ハントの法則

X線管電圧 V と加速電子エネルギー E の間には

$$E = eV \tag{6・23}$$

の関係がある．また，X線の振動数 ν，波長 λ との間に

$$eV = h\nu = hc/\lambda \tag{6・24}$$

これらの式に $1\,eV = 1.602 \times 10^{-19}\,J$，$h = 6.626 \times 10^{-34}\,Jsec$，$c = 3.0 \times 10^8\,m/sec$ を代入すると

$$eV = E_{max} = h\nu_{max} = hc/\lambda_{min} = 12.4/\lambda_{min} \tag{6・25}$$

が成立する．ここに V は kV 単位で表した最大管電圧，λ_{min} は Å（オングストローム：$10^{-10}\,m$）単位で表した最短波長を示す．この関係式を**デュエン・ハントの法則**（Duane-Hunt's law）という．

6・4・9　線　質

線質は線量に対するものであり，透過力が強い場合を堅い，弱い場合を柔らかいという．線質を最も正確に表示するものはX線エネルギースペクトルであるが，これは測定が簡単ではないため，より実用的な指標として**管電圧**（tube voltage），**半価層**（half value layer）[12]，**実効エネルギー**（effective energy）[13] 等が用いられる．

実効エネルギーとは，連続スペクトルの診断X線と半価層が等しくなる単色X線エネルギーと定義される．半価層の値を t，実効エネルギーに対する吸収体の線減弱係数を μ とすると，定義より，

解説⑫

半価層：線質を表す量で，アルミニウムなどの吸収体による減弱曲線を電離箱で測定することによって求める．吸収体を入れない場合の透過X線量が1/2になる場合の吸収体の厚さを半価層とよぶ．この値が大きいほど線質が硬く，透過力が強い．簡便に線質を表せるのでよく用いられるが，散乱線や幾何学的実験条件の影響をうけやすく，正確な測定は難しい．

解説⑬

実効エネルギー：線質を表す量で，半価層の値から求める．連続X線に対して得られる減弱曲線は直線からずれるが，単色X線では直線になる．連続X線に対して得られた半価層と同じ半価層値を持つ単色X線エネルギーを実効エネルギーとよぶ．臨床用装置のエネルギー特性は，実効エネルギーに対して示されることが多い．

$$\frac{I_0}{2} = I_0 e^{-\mu t} \tag{6・26}$$

これより，

$$\mu = \frac{0.693}{t} \tag{6・27}$$

半価層の値 t を式 (6・27) に代入して得られた線減弱係数 μ に対する光子エネルギーが実効エネルギーとなる．この実効エネルギーは，診断用 X 線管の管電圧のほぼ 1/2～1/3 の範囲の値となる．いろいろな放射線測定器や画像センサーのエネルギー特性を表す場合に，実効エネルギーに対して表示することが多い．

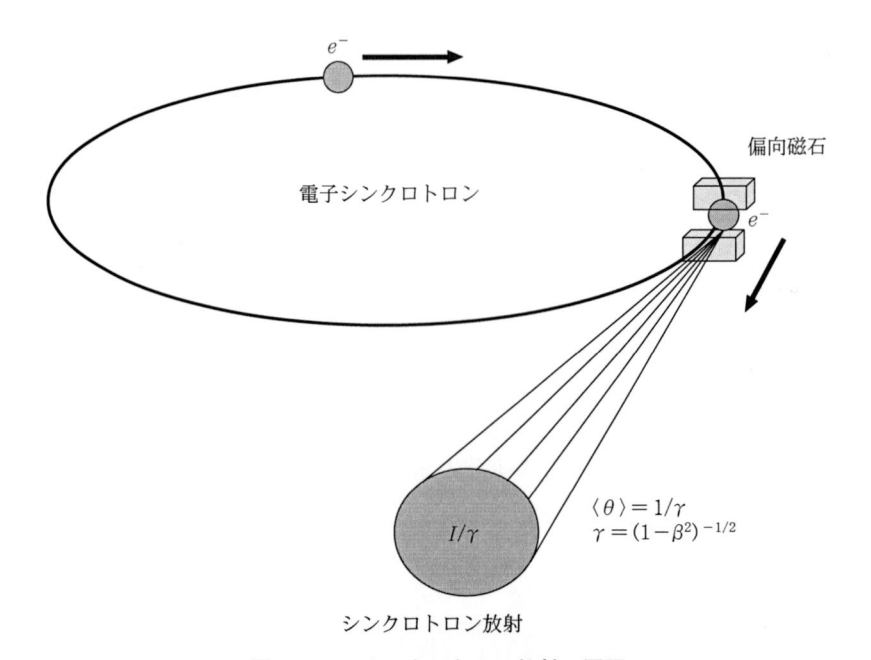

6・4・10　シンクロトロン放射

シンクロトロン放射は放射光（synchrotron radiation）[14] ともよばれ，電子シンクロトロン等によって高速に加速された電子等の荷電粒子が加速度運動を行う時，軌道接線方向に放出される光子のことである．放射光は物質 X 線管にくらべて輝度が 1 000 万倍以上高く，単色化してもなお人の診断に十分な光子強度が得られる．最近になって従来不可能だった X 線の波としての性質を利用する位相・屈折等のイメージングの可能性が示され，将来有望な X 線源として注目されている．図 6・19 に放射光の発生原理を示すが，制動 X 線の発生と同じであることがわかる．シンクロトロン放射の特徴はいろいろあるが，X 線管と違って光子が真空中で発生し，途中での損失を最小限に抑えることができるので，広いエネルギー（波長）範囲の強い光が得られることである．

解説 ⑭

放射光：シンクロトロン放射光，あるいはシンクロトロン光ということがある．制動放射の一種であるが，X 線管と異なり真空中で発生するので低エネルギー成分も放射され，指向性が強い．単色化してもなお X 線診断に利用できるほどの強度があり，位相コントラスト，屈折コントラストなどの新しい診断技術が開発されつつある．

$\langle\theta\rangle = 1/\gamma$
$\gamma = (1-\beta^2)^{-1/2}$

図 6・19　シンクロトロン放射の原理

◎ ウェブサイト紹介

米国　商務省標準技術研究所 NIST

http://physics.nist.gov/PhysRefData/contents.html

　医学物理の重要な基礎データが集積されており，きわめて有用なサイトである．データには，物理定数，X線減弱係数，光子断面積，原子形状因子，阻止能，飛程，核データ（半減期，原子質量），原子断面積などがある．

日本原子力研究所

http://www.jaeri.go.jp/jpn/result/03/index.html

　核データを中心に多くのデータベースが蓄積されている．ここから，国内外の原子力，放射線関係施設へのリンクが張られている．

◎ 参考図書

西臺武弘：放射線医学物理学・第3版，文光堂（2005）
飯沼武，舘野之男：X線イメージング，コロナ社（2001）
飯沼武，稲邑清也：放射線物理学，医歯薬出版株式会社（1998）
八木浩輔：原子核物理学，朝倉書店（1971）
八木浩輔：原子核と放射，朝倉書店（1980）
有馬朗人：原子と原子核，朝倉書店（1982）
野中到：核物理学，培風館（1973）
シュポルスキー：原子物理学，東京図書（1980）
ワインバーグ：電子と原子核の発見，日経サイエンス社（1986）
ハイトラー：輻射の量子論，吉岡書店（2000）

◎ 演習問題

問題1　アクリルに対する電子のチェレンコフ放射の臨界エネルギーを求めよ．ただし，アクリルの屈折率は1.50とする．

問題2　下のエネルギーの電子をタングステン（Z=74）に入射させた．このとき，入射エネルギーに対する放射損失の割合を求めよ．
　　（a）100 keV　　（b）1 MeV　　（c）10 MeV

問題3　タングステン，およびモリブデンターゲットのX線管から放射される以下の特性X線のエネルギーはいくらか．
　　（a）$K_{\alpha 1}$　　（b）$K_{\alpha 2}$　　（c）$K_{\beta 1}$

問題4　電子エネルギー 10 MeV，20 MeV，30 MeV の水に対する飛程を深部線量率曲線より求め，式（6・13）による値と比較せよ．

問題5　管電圧 130 kV のタングステンターゲットを用いたX線管について以下の問いに答えよ．
　　（a）発生するX線のエネルギースペクトルを示せ．
　　（b）管電圧を 1/2 にした場合，スペクトルは（a）からどう変化するか．
　　（c）管電流を 1/2 にした場合，スペクトルは（a）からどう変化するか．
　　（d）ターゲットをモリブデンに変えた場合，スペクトルは（a）からどう変化するか．

第7章
電磁放射線と物質の相互作用

7・1 光子の減弱
7・2 相互作用の種類
7・3 物質へのエネルギー付与

第7章
電磁放射線と物質の相互作用

本章で何を学ぶか

電磁放射線（光子）は X 線写真や CT, PET のような診断から，**ガンマナイフ**[①]，**IMRT**[②] のような治療装置に至るまで，放射線医学において最も一般的に用いられる放射線である．光子が生体に入射すると，光子の持つエネルギーの一部が相互作用を通じて生体に伝えられ，生物学的な効果や損傷を引き起こす．光子と物質の相互作用には，光子のエネルギーや物質の種類に応じて様々なチャンネルが存在し，医学利用を考えるとき，それらを正しく理解することが重要である．本章では物質中に入射した光子ビームの数の変化（減弱）と，それに伴う物質へのエネルギー付与を，その背景となる相互作用のメカニズムと関連付けて考えてみよう．

> **解説 ①**
> ガンマナイフ：約200個の ^{60}Co 線源が組み込まれたヘルメットによって脳腫瘍など頭部の腫瘍を治療する装置．線源個々にオン/オフを設定することで，腫瘍に限局した照射野を可能とする．

> **解説 ②**
> IMRT (intensity modulated radiation therapy；強度変調放射線治療)：ライナックに可動型マルチリーフコリメータを組み合わせ，照射中に空間的な照射強度を不均一に変調させる照射法．強度変調をコンピュータにより最適化することにより，空間的に均一に照射するよりも線量集中性を高くできる.

7・1 光子の減弱

光子と物質との相互作用を考えるとき，X 線や γ 線などの光子を一つ一つの光子としてではなく，ビーム（線束）として取り扱った方が好都合であることが多い．相互作用に立ち入る前に，まず光子の減弱を考えるにあたって便利ないくつかの量を導入しておこう（1・3・5項参照）．

7・1・1 フルエンス

光子の**フルエンス** Φ は，断面 da を通過する光子の数 dN として

$$\Phi = \frac{dN}{da} \tag{7・1}$$

で与えられる．フルエンスの時間変化 $\dot{\Phi}$ は**フルエンス率**とよばれ，次式で与えられる．

$$\dot{\Phi} = \frac{d\Phi}{dt} \tag{7・2}$$

一方，ビームを光子の個数ではなく，エネルギーの流れとして表現したものを**エネルギーフルエンス** Ψ という．

$$\Psi = \frac{dR}{da} \tag{7・3}$$

ここで dR は光子線束の放射エネルギーを示し，光子が単一エネルギー $h\nu$ を持つ場合には

$$dR = dN \cdot h\nu \tag{7・4}$$

で書き表すことが出来る．フルエンス同様，エネルギーフルエンスの時間変化を**エネルギーフルエンス率**と呼び，通常 $\dot{\Psi}$ を用いて表す．

$$\dot{\Psi} = \frac{d\Psi}{dt} \tag{7・5}$$

7・1・2 減弱係数

光子ビームが物質に入射すると,光子は物質との間で本章で示される様々な相互作用を起こし,散乱または吸収されることで線束から失われていく.したがって,物質の厚さが増すにつれて光子の個数は徐々に少なくなっていく.

光子のエネルギーが単一で,また物質が均一な組成を有している場合,光子数の減少 dN は,光子の個数 N と物質の厚さ dx に比例する.図7・1には,物質に入射した光子の減弱の様子を模式図で示した.この図の場合,光子は原子と相互作用を起こすことで吸収・散乱され,ある一定の厚さを通るたびに光子の個数はもとの2/3になっていく.

この関係を式で書くと,

$$dN \propto -Ndx \tag{7・6}$$

と書き表される.式 (7・6) に係数 μ を導入して微分方程式として書くと,

$$dN = -\mu Ndx \tag{7・7}$$

の関係を得ることが出来る.個数 N の代わりにビーム強度 I で書き表すと

$$dI = -\mu Idx \tag{7・8}$$

となる.これを積分することで,初期強度 I_0 のビームが厚さ x の物質を通過した後の光子ビームの強度として,次式を得る.

$$I(x) = I_0 \exp(-\mu x) \tag{7・9}$$

式 (7・7) で導入された係数 μ は**線減弱係数**(linear attenuation coefficient)とよばれ,物質の単位長さあたりに減弱する光子ビームの割合を示す.線減弱係数は〔1/長さ〕の次元を持ち,通常〔m^{-1}, cm^{-1}〕の単位が用いられることが多い.また,線減弱係数の逆数 $1/\mu$ を**平均自由行程**(mean free path)λ とよぶ.線減弱係数は光子のエネルギーと,その経路で遭遇する電子の数,すなわち物質の密度に依存するため,温度や圧力などが変われば同一物質でも(例えば水と水蒸気で)異な

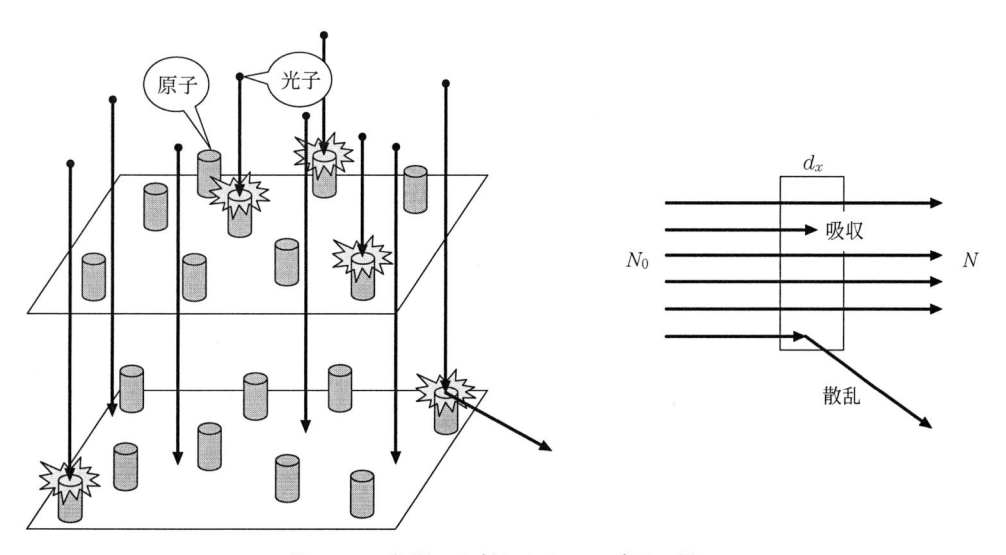

図 7・1 物質に入射した光子の減弱の様子

第7章　電磁放射線と物質の相互作用

った値となる．このことは物質固有の光子の減弱特性を考えるうえでしばしば不便であるため，線減弱係数を物質の密度 ρ で割った**質量減弱係数**（mass attenuation coefficient），μ/ρ〔cm²/g, m²/kg〕が用いられることが多い．

7・1・3　半価層

光子強度を入射強度の半分に減らすために必要な物質の厚さを**半価層**（half-value layer：HVL）とよぶ．半価層は式（7・9）より線源弱係数 μ を用いて

$$HVL = \frac{\log_e 2}{\mu} = \frac{0.693}{\mu} \tag{7・10}$$

と書き表される．

特に，初期強度である I_0 から $I_0/2$ に減らす際に要する物質の厚さを**第一半価層**，その後 $I_0/2$ から $I_0/4$ に減らすのに必要な厚さを**第二半価層**，同様に $I_0/4$ から $I_0/8$ に減らすのに必要な厚さを**第三半価層**… という．

光子が理想的な単一エネルギーである場合には，これらの半価層はすべて等しい値となる．しかし，実際に診断・治療に用いられる X 線管[③]など X 線発生装置から得られる X 線の場合，6・4・7項で述べたように光子はエネルギーの分布を持つ．7・2節で詳しく述べるが，光子の減弱の度合いは光子のエネルギーに大きく依存し，エネルギーが低いほど相互作用の大きさが大きい．したがって，エネルギーに分布があるビームが物質に入射すると，低エネルギーの光子がより頻繁に相互作用を起こし，結果としてビームから失われる．その結果，物質の厚さが増すにつれて，物質を通り抜けてきたビームは相対的に高エネルギーの光子が数多く生き残ることから，平均値は高エネルギー側にシフトする．この，物質厚の増加に伴って連

> **解説 ③**
> X 線管：真空にしたガラス管の中で熱電子を高電圧で加速し，金属ターゲットにぶつけると X 線を得ることができる．生じた X 線は金属中での制動放射による幅広い連続 X 線に，金属の特性 X 線が重畳されたエネルギー分布となる．（6・4節，図6・14参照）

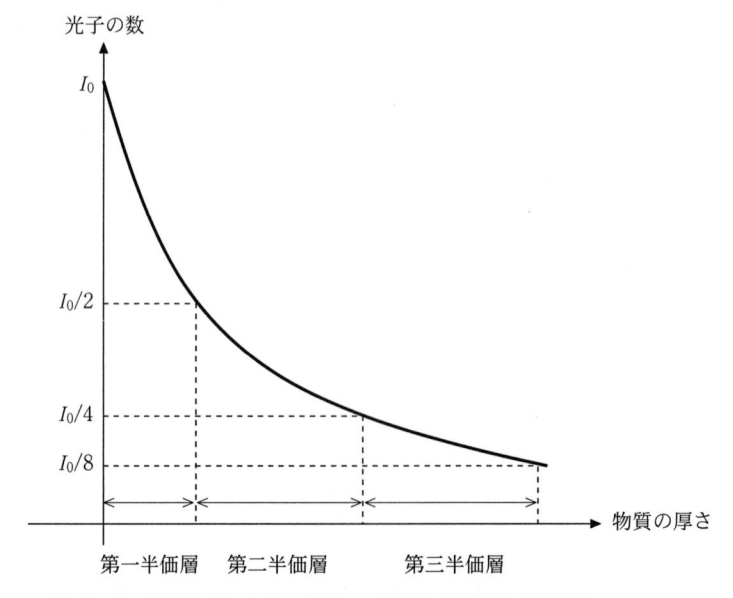

図 7・2　連続エネルギーを持った光子の減弱と半価層
ビームハードニングによって，物質の厚さが増すにつれて半価層はより長くなる．

続X線のエネルギー分布が高エネルギー側にシフトする現象を**ビームハードニング**（beam hardening）とよぶ．ビームハードニングによって高エネルギー側にシフトすることでX線の透過力が増し，実効的な減弱係数が小さくなる．したがって連続X線の場合，常に第三半価層＞第二半価層＞第一半価層となる．**図7・2**には，その様子を模式図で示した．X線を減弱させるために吸収物質を挿入すると，X線は減弱する一方で，通過後のX線は相対的に透過力を増していることに注意する必要がある．なお，連続X線の半価層に対応する半価層を持った単色X線のエネルギーを**実効エネルギー**（effective energy）という．

7・1・4　ビルドアップ効果

これまでに述べた光子の減衰は，「**良い幾何学的配置**」または「**ナロービーム実験**」での様子であった．「**良い幾何学的配置**」とは，散乱や吸収など，何らかの相互作用を行った光子は仮に散乱角が微小であったとしても光子線束から取り除かれ，観察される光子は全く相互作用を行わなかったものに限るとした場合の条件で成立するものである．**図7・3**にはその様子を示した．

しかし現実にはしばしばそのような条件が崩れ，散乱した光子が再び線束として観察されることがある．これを「**悪い幾何学的配置**」または「**ブロードビーム実験**」とよぶ．直接光子と散乱光子が識別不可能であると，結果として線束に含まれる光子の数は良い幾何学的配置で観察されたものよりも大きくなる．この場合，光子線束の減衰の様子は簡単な指数関数では表現できず，以下に示す修正項を導入した形で記述する必要がある．

$$\frac{I}{I_0} = B(x, h\nu) \exp(-\mu x) \tag{7・11}$$

ここで，$B(x, h\nu)$を**ビルドアップ係数**という．ビルドアップ係数は

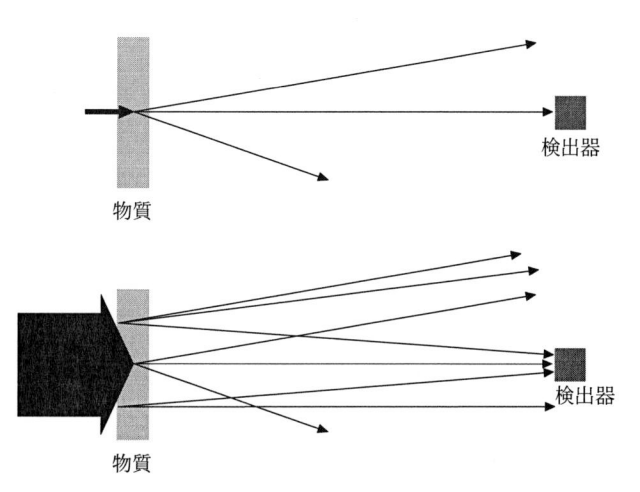

$$B(x, h\nu) = \frac{全光子数}{直接光子数} = 1 + \frac{散乱光子数}{直接光子数} \tag{7・12}$$

図7・3　良い幾何学的配置またはナロービーム実験（上）と悪い幾何学的配置またはブロードビーム実験（下）

で与えられ，入射光子のエネルギー，物質の材質，厚さ，幾何学的配置に依存する．ビルドアップ係数の多くは実験により求められてきたが，必要なエネルギー範囲を全て実験でカバーするのは困難なことから，近年ではモンテカルロ法[④]をはじめとした計算による評価が試みられている．

なお，X線やガンマ線のビームには，相互作用によって生じた二次電子が不可避的に混入している．したがって，放射線治療・診断の分野では，前章で示された，二次電子に伴うビルドアップにも十分留意する必要がある．

7・2 相互作用の種類

これまでに，物質に入射した光子の減弱が巨視的にはどのように変化していくかを見てきた．では，どのような相互作用がそのような変化を引き起こすのだろうか．この節では，光子のエネルギーが低い場合から順に，主となる相互作用を見てみよう．

7・2・1 弾性散乱

入射光子のエネルギーが 10 keV 程度と極めて小さい場合には，光子は原子と衝突しても原子を電離・励起したり，他の粒子を発生させてエネルギーを受け渡したりすることなく，単に入射時のエネルギーを保ったまま微小な角度の散乱を受けて進行方向を変化させるだけの弾性散乱が起きる．

光子の弾性散乱については光子の波動性を考えるとイメージしやすい．光子は場に入射エネルギー $h\nu$ に応じた振動数の電磁波を作る．この波によって，場に存在する電子は振動を受ける．エネルギーを振動の形で受け取った電子は，そのエネルギーを同じ振動数の光子として放出する．この過程は，放送局の送電施設のように，電子が強制振動を受け，その結果としてそのエネルギーを電磁波として放出する機構と同一と考えることができる．

弾性散乱の結果物質へのエネルギー付与は一切行われないということは，取りも直さずこの相互作用自体は生体に影響を与えないことを意味する．更にこの相互作用が起きる光子は低エネルギーに限られていることから，通常放射線治療・診断の分野で問題になることは稀である．しかし，高エネルギー側での主となる相互作用機構ともつながりがあるので，正しく理解しておくことは重要である．

弾性散乱は，散乱の対象となった電子が原子に捕らわれた軌道電子であるか自由電子であるかによってそれぞれレイリー散乱（Rayleigh scattering），トムソン散乱（Thomson scattering）とよばれる．以下でそれぞれをもう少し詳しく見てみよう．

i）トムソン散乱（古典散乱）

光子が自由電子によって散乱される機構を，この機構を研究したイギリスの物理学者であるジョセフ・ジョン・トムソン（Joseph Jhon Thomson）の名前にちなんで**トムソン散乱**または**古典散乱**とよぶ．トムソン散乱では，光子の作った電場で自由電子が振動し，その後同じエネルギーの光子が放出される．一様な入射光子が θ 方向の立体角 $d\Omega$ 内に散乱される光子の割合を示す微分断面積 $d\sigma_0/d\Omega$ は，r_e を

解説 ④

モンテカルロ法：もととなる相互作用の確率（断面積）に基づき，乱数を振ってシミュレーションを繰り返すことで，解析的には解くことが困難なような複雑な現象をシミュレーションする計算技法．

電子の古典的半径として

$$\frac{d\sigma_0}{d\Omega} = r_e^2 \frac{(1+\cos^2\theta)}{2} \qquad (7\cdot13)$$

で与えられる．この $d\sigma_0/d\Omega$ を古典散乱係数とよぶ．添え字の0は，散乱前後で光子のエネルギーが変化せず，自由電子にはエネルギーが付与されないことを意味する．

式 (7·13) で，立体角 $d\Omega$ を $2\pi\sin\theta d\theta$ と置き換えると，

$$\frac{d\sigma_0}{d\theta} = r_e^2 \frac{(1+\cos^2\theta)}{2} 2\pi\sin\theta \qquad (7\cdot14)$$

と書き表される．これを積分することで，全断面積として

$$\sigma_0 = \frac{8\pi r_e^2}{3} \qquad (7\cdot15)$$

を得ることができる．この σ_0 はトムソン古典散乱係数とよばれる．

ⅱ） レイリー散乱

　光子が自由電子ではなく，原子に捕らわれた軌道電子によって弾性散乱される機構を，同じくイギリスの物理学者レイリー卿（Lord Rayleigh）ジョン・ウィリアム・ストラット（John William Strutt）の名前にちなんで**レイリー散乱**とよぶ．レイリー散乱では，光子のエネルギーは一旦軌道電子の振動エネルギーとして吸収される．その後軌道電子は入射光子と同じ振動数の光子を放出する（図7·4）．原子に束縛されている他の電子も同様に振舞うので，散乱後の光子は互いに干渉[5]しあうことができる．その為，レイリー散乱は**干渉性散乱**（coherent scattering）ともよばれる[6]．

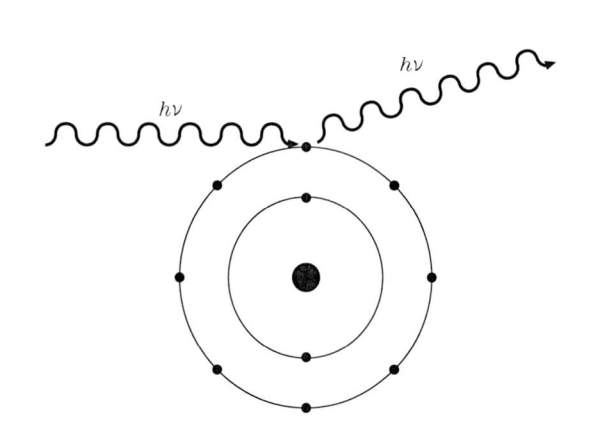

図7·4　レイリー散乱の模式図
軌道電子は入射光子によって振動を受け，同じ周波数の光子を放出する．

　レイリー散乱の断面積 σ_R とトムソン散乱の断面積 σ_0 の間には以下の関係が成立する．

$$\frac{d\sigma_R}{d\Omega} = \frac{d\sigma_0}{d\Omega}[F(x,Z)]^2, \qquad x = \frac{\sin\theta/2}{\lambda} \qquad (7\cdot16)$$

ここで，Z は物質の原子番号，λ は光子の波長である．

　トムソン散乱の断面積に付け加えられた $F(x,Z)$ は**原子構造（形状）因子**（atomic structure (form) factor）とよばれる．角度微分の断面積として書き表せば，

$$\frac{d\sigma_R}{d\theta} = \frac{r_e^2}{2}(1+\cos^2\theta)[F(x,Z)]^2 2\pi\sin\theta \qquad (7\cdot17)$$

解説⑤
干渉：エネルギー，すなわち波長が変わらずに光路差があることで，光子の波は互いに干渉しあって干渉縞をつくることができる．

解説⑥
レイリー散乱の補足：エネルギーの低い可視光の場合，レイリー散乱の角度微分断面積は波長の4乗に逆比例する．即ち，波長の短い光ほど大きく散乱される．夕焼けの空が赤いのはこの理由による．

となる．原子構造因子によって，レイリー散乱の角度微分断面積はトムソン散乱に比べて前方性が強められたものとなる．また，入射光子のエネルギーが小さいほどレイリー散乱の割合が増す．レイリー散乱の断面積 σ_R と 7·2·3 項で述べるコンプトン散乱の断面積 σ_C の比は次式に従うことが知られている．

$$\frac{\sigma_R}{\sigma_C} \approx 2.1 \times 10^{-5} Z^{5/3} \frac{m_e c^2}{h\nu} \tag{7·18}$$

ここで，m_e は電子の静止質量である．

これらの弾性散乱を受けた光子はエネルギーを変化させること無く，線束から散乱される．弾性散乱の起こる断面積は入射光子のエネルギーが増すにつれて急激に低下し，100 keV 以上の光子で物質が低 Z 原子からなるとき，その確率はほぼ無視することができる．

7·2·2 光電効果

光子のエネルギーが軌道電子の電離エネルギーよりも大きくなると，入射した光子のエネルギーが原子によって吸収された後に軌道電子に与えられ，電子が光子のエネルギー $h\nu$ と電離エネルギー I の差，エネルギー E を持って放出される反応が起きる．

$$E = h\nu - I \tag{7·19}$$

この相互作用を**光電効果**（photoelectric effect）とよぶ（図 7·5）．光電効果を通じて入射光子はエネルギーを原子に吸収された後完全に消滅することから，**光電吸収**（photoelectric absorption）ともよばれる．

光電効果は，K，L，M，N 殻の，原子核に束縛されたいずれの軌道電子との間でも起こりうるが，入射光子のエネルギーの大部分は，原子核に最も強く束縛されている K 殻電子に与えられる[7]．

光電効果によって放出される電子は**光電子**（photoelectron）とよばれる．軌道電子が光電子として原子外に放出されると，電子の軌道に空席が生じることから，

> **解説 ⑦**
> 入射光子のエネルギーが K 殻電子の電離エネルギーよりも大きい場合，光電子が K 殻電子である割合は約 80% 以上である．

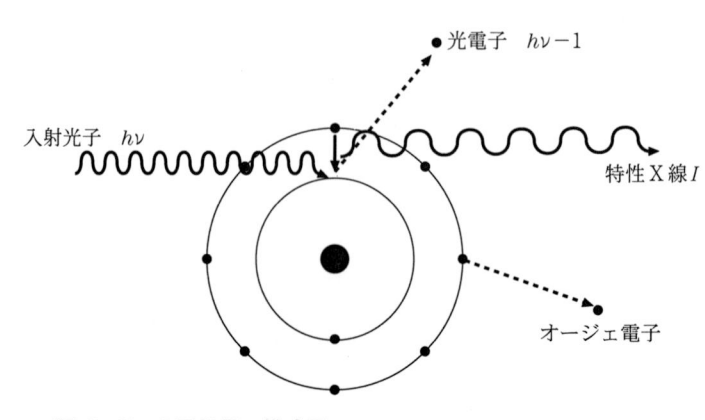

図 7·5 光電効果の模式図
光子の入射によって軌道電子から光電子が放出され，更に空いた軌道のエネルギーを放出するために特性 X 線またはオージェ電子が放出される．

電子は励起状態となる．この励起状態を緩和するため，外側の軌道を回る電子が内殻に落ちてくる．このとき，軌道の差に相当するエネルギーがX線として放出されるものを特性X線，別の電子に付与され電子が放出される場合を，この効果を発見したフランスの物理学者ピエール・オージェ（Pierre Auger）の名前にちなんで**オージェ効果**（Auger effect）とよび，放出された電子を**オージェ電子**（Auger electron）とよぶ．オージェ電子が放出されると，飛び出したオージェ電子の空席に向かって更に外殻から電子が落ちてきて特性X線を生じる．原子番号が大きな原子では，この電子の内殻軌道への落下が外殻に向かって順に生じる，**オージェカスケード**（Auger cascade）と呼ばれる現象が観察される．

軽元素の場合，軌道電子の束縛エネルギーが小さいため，特性X線またはオージェ電子のエネルギーは局所的に吸収されるとみなすことができる．しかし重元素の場合には，特性X線は光電子の飛程を越えた遠くに到達してエネルギーを付与するため，微視的には相互作用点でのエネルギー付与に寄与しない場合がある．この問題については，エネルギー転移係数の中で再度検討する．

光電吸収の確率を計算するには，すべての軌道電子との間について求めることが必要となる．また，$h\nu \fallingdotseq I$ の近傍で振る舞いが不連続的に変化し，結果として媒質の原子番号と光子のエネルギーに複雑に依存することから，解析的に記述することはできない．

光電効果の線減弱係数は通常ギリシャ文字 τ で書き表される．**図7・6**に水と鉛の中での光電効果の質量減弱係数を示す．質量減弱係数 τ/ρ は光子のエネルギーが増加するとエネルギーの3.0乗に反比例して急激に減少する．

$$\tau/\rho \propto (h\nu)^{-3.0} \tag{7・20}$$

図7・6中，鉛の質量減弱係数曲線ではエネルギーが大きくなるに連れて不連続的

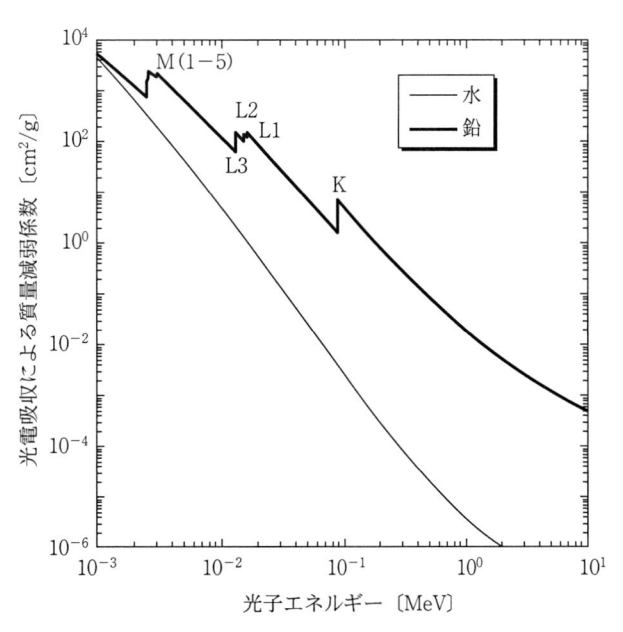

図7・6 光電吸収による質量減弱係数 τ/ρ

第7章　電磁放射線と物質の相互作用

に質量減弱係数が大きくなる部分がある．これを**吸収端**（absorption edge）とよぶ．吸収端のエネルギーは，軌道電子をはじき出すための必要なエネルギーに対応し，それぞれはじき出した殻の名前を取って **K 殻吸収端**，**L 殻吸収端**，**M 殻吸収端**…とよばれる．L 殻以降は軌道電子が縮退していないので，弾き出した電子に応じて L_1, L_2, L_3 等の添え字をつけて表現される．光子のエネルギーが吸収端を上回ると，それまでははじき出すことができなかった軌道電子をはじき出すことができるようになって光電効果に寄与することから断面積が不連続的に上昇する．例えば光子のエネルギーが K 殻吸収端よりも小さい場合には，はじき出すことが可能な軌道電子は L 殻，M 殻など外側のより束縛エネルギーの小さなものに限られる．

吸収端は物質に依存し，鉛などでは顕著に観察することができるが，水などの場合には K 殻吸収端が極めて小さいため観察することは困難である．このように光電効果の確率は物質にも大きく依存し，

$$\tau/\rho \propto Z^{3.0\sim3.8} \tag{7・21}$$

で近似される．したがって，光電吸収が主要なエネルギー領域の光子を吸収するためには，高 Z の物質が極めて効果的[8]であることが示唆される．

光電効果によって生じる光電子の放出角度は入射光子のエネルギーに依存する．低エネルギーの場合，光電子は入射光子と 90 度直交する方向に強く放出されるが，光子のエネルギーが大きくなるにつれて前方性が顕著になる．

7・2・3　コンプトン散乱

弾性散乱では光子と物質の電子との間にエネルギーのやり取りは発生しなかったが，アメリカの物理学者アーサー・コンプトン（Arthur Compton）は自由電子によって散乱された X 線の波長がもとの波長よりも長くなっていることを実験で発見した．この現象を**コンプトン効果**（Compton effect），またコンプトン効果に従うような，物質とエネルギーのやり取りが発生する光子の散乱を**コンプトン散乱**（Compton scattering）とよぶ．また，この散乱で反跳を受けた電子を**コンプトン電子**とよぶ．コンプトン散乱では，散乱によって光子のエネルギーの一部が自由電子に移動すると考えられたが，光子の波動性に基づいた古典電磁気学ではその効果を説明することが出来なかった．しかし，量子モデルを導入することでその効果を

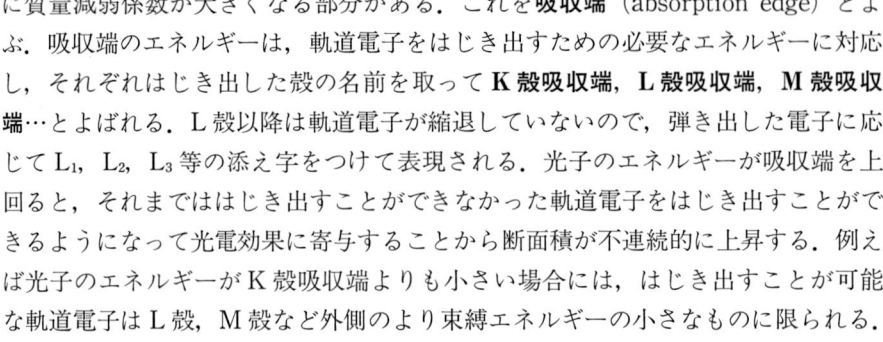

> **解説 ⑧**
> X 線診断で無用な被ばくを避けるため，作業者はしばしば鉛入りのエプロンを着用する．これは，鉛の高い原子番号が光電吸収領域の X 線の遮蔽に有効なためである．

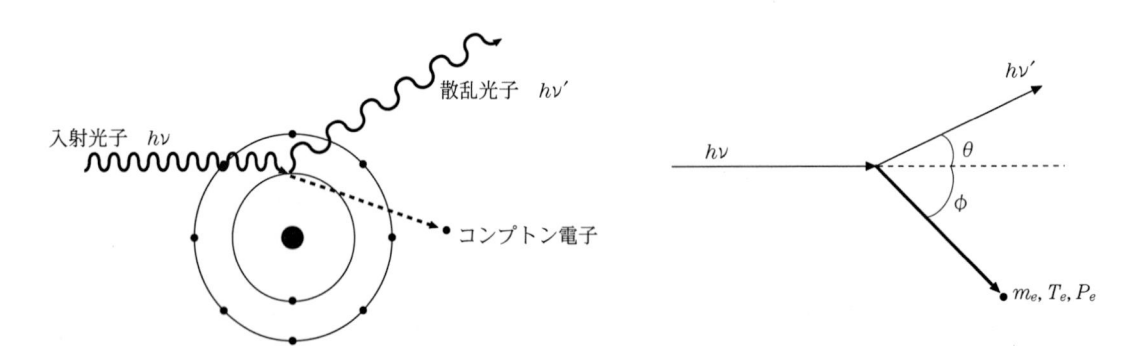

図 7・7　コンプトン散乱の模式図
初期エネルギー $h\nu$ の光子と，束縛エネルギーが無視できる自由電子（静止質量 m_e）との衝突によって光子は角度 θ 方向にエネルギー $h\nu'$ で，電子は角度 ϕ 方向に運動エネルギー K_e，運動量 P_e で散乱される．

極めて明快に説明し，光子の粒子性が実証される一つのステップとなった．

コンプトン散乱は力学的に考えることができる（図7・7）．今，エネルギー $h\nu$，運動量 $h\nu/c$ の光子が静止した自由電子（静止質量 m_ec^2）に衝突し，光子は角度 θ 方向にエネルギー $h\nu'$，運動量 $h\nu'/c$ として，電子は角度 ϕ 方向に全エネルギー E_e，運動量 P_e で散乱されたとする．ここで自由電子とは，原子核との束縛エネルギーが入射光子のエネルギーに比べて無視し得るほど小さい状態にある電子を指すものとする．この場合，エネルギーと運動量の保存則から以下の関係が成立する．

〈エネルギー保存則〉

$$h\nu + m_ec^2 = h\nu' + E_e \tag{7・22}$$

〈運動量保存則〉

$$\begin{cases} \dfrac{h\nu}{c} = \dfrac{h\nu'}{c}\cos\theta + P_e\cos\phi & \text{（光子の入射方向）} \tag{7・23}\\[6pt] 0 = \dfrac{h\nu'}{c}\sin\theta - P_e\sin\phi & \text{（光子の入射方向に垂直方向）} \tag{7・24} \end{cases}$$

いずれも左辺は衝突前，右辺は衝突後である．これらから，散乱後の光子のエネルギー $h\nu'$ および電子の運動エネルギー $K_e = h\nu - h\nu'$ および θ と ϕ との関係は，

$$\begin{cases} h\nu' = \dfrac{h\nu}{1+\alpha(1-\cos\theta)} \tag{7・25}\\[6pt] K_e = h\nu - h\nu' = h\nu\,\dfrac{\alpha(1-\cos\theta)}{1+\alpha(1-\cos\theta)} \tag{7・26}\\[6pt] \cot\dfrac{\theta}{2} = (1+\alpha)\tan\phi \tag{7・27} \end{cases}$$

と導くことが出来る．ここで $\alpha = h\nu/m_ec^2$ であり，$h\nu$ を MeV 単位で与えた場合には $\alpha = h\nu/0.511$ となる．

以下に，衝突後の電子・光子のエネルギーが最大または最小となる場合を考える．

i) 180°散乱

光子と電子が正面衝突して電子は光子の入射方向（$\phi=0°$）に，光子は入射方向と正反対の方向（$\theta=180°$）に散乱されるとき，コンプトン電子は最大の運動エネルギーを受け，一方，散乱光子は最もエネルギーが低下する．その大きさは

$$K_{e,\max} = h\nu\,\frac{2\alpha}{1+2\alpha} \tag{7・28}$$

$$h\nu'_{\min} = h\nu\,\frac{1}{1+2\alpha} \tag{7・29}$$

となる．この $K_{e,\max}$ を**コンプトン端**（Compton edge）という．

ii) 0°散乱

逆に，コンプトン電子のエネルギーが最小となるのは $\theta=0°$，即ち光子が進行方向を変えない場合である．このとき電子は 90°方向に散乱される．それぞれのエネルギーは

$$K_{e,\min} = 0 \tag{7・30}$$

$$h\nu'_{\max} = h\nu \tag{7・31}$$

で与えられる．

実際のコンプトン散乱では，i) と ii) の間で散乱角の大きさによって反跳電

子・光子のエネルギーは連続分布となる．図7・8に，コンプトン電子のエネルギー分布の模式図を示す．なお式 (7・27) より，光子は全空間に散乱されることが可能であるが，電子の散乱範囲は $0° < \phi < 90°$ に限定されており，決して後方には散乱されないことに注意する必要がある．

式 (7・28) より，コンプトン電子の最大エネルギー $K_{e,\max}$ と入射光子のエネルギー $h\nu$ の間には次の関係が成立する．

$$h\nu - K_{e,\max} = \frac{h\nu}{1+2\alpha} \tag{7・32}$$

入射光子のエネルギーが極めて高い場合，この値は次の一定値に近づく．

$$\lim_{h\nu \to \infty}(h\nu - K_{e,\max}) = \frac{m_e c^2}{2} = 0.255 \text{ MeV} \tag{7・33}$$

入射光子が偏光していないとき，コンプトン散乱の微分断面積は次式で表される．

$$\frac{d\sigma_{\text{Compton}}}{d\Omega} = \frac{r_e^2}{2}\frac{(h\nu')^2}{(h\nu)^2}\left(\frac{h\nu}{h\nu'} + \frac{h\nu'}{h\nu} - \sin^2\theta\right) \tag{7・34}$$

この，コンプトン散乱の断面積を与える式は **Klein-仁科の式** として知られる．

これに式 (7・25) を代入すると，以下の関係が得られる．

$$\frac{d\sigma_{\text{Compton}}}{d\Omega} = \frac{r_e^2}{2}\left\{\frac{1}{1+\alpha(1-\cos\theta)}\right\}^2\left\{1+\cos^2\theta + \frac{\alpha^2(1-\cos\theta)^2}{1+\alpha(1-\cos\theta)}\right\} \tag{7・35}$$

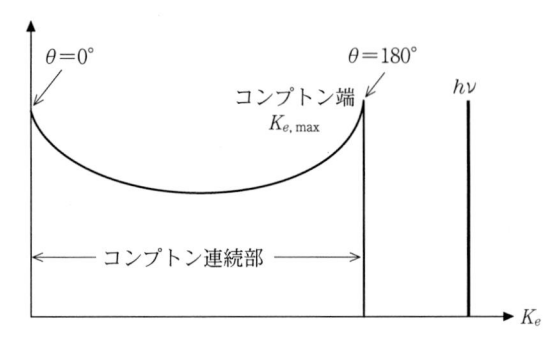

図 7・8　コンプトン散乱で電子に与えられたエネルギー分布の模式図

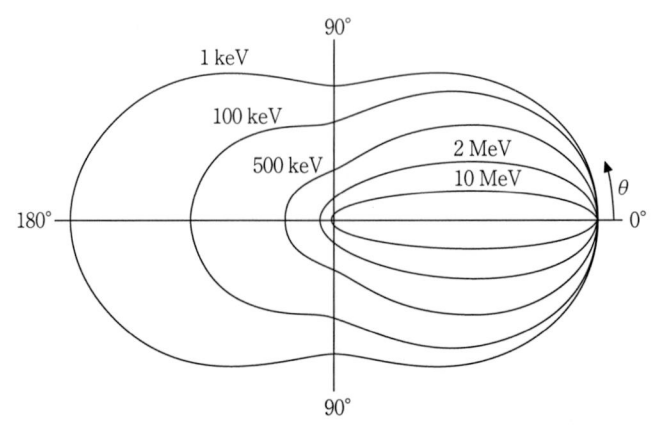

図 7・9　コンプトン散乱で散乱された光子の角度分布
（出典：Glenn F. Knoll, Radiation Detection and Measurement Third Edition, John Wiley & Sons, Inc. NY (1999)）

図 7・9 には，コンプトン散乱された光子の角度分布を示す．

ここで，光子のエネルギーが電子の静止質量に比べて無視できるほど小さいとき ($a \sim 0$) を考えてみよう．すると式 (7・35) は

$$\frac{d\sigma_{\text{Compton}}}{d\Omega} \sim \frac{r_e^2}{2}(1+\cos^2\theta) \tag{7・36}$$

となり，トムソン散乱の断面積と一致する．このことから，トムソン散乱はコンプトン散乱において，入射エネルギーが低くなった極限を与えるものとみなすことができる．

コンプトン散乱は自由電子との弾性散乱であると述べた．このことは，コンプトン散乱の条件として，入射光子のエネルギーが電子の束縛エネルギーよりも十分に大きいものでなければならないことを示唆する．光電吸収の場合，入射光子のエネルギーが電子の束縛エネルギーと等しいかやや大きい場合に最も起きやすい．したがって光子のエネルギーが最も強い K 殻電子の束縛エネルギーを超えると光電効果に代わってコンプトン散乱が最も重要な相互作用となる．実際に放射線治療で用いられるコバルト 60 の γ 線やライナック X 線のエネルギー領域では，このコンプトン散乱による寄与が最も大きいものとなる．

コンプトン散乱の確率は，存在する自由電子の空間密度に依存する．電子の空間密度は物質によって殆ど変化しないことから，コンプトン散乱の質量減弱係数は同じ面密度〔g/cm²〕であれば媒質にほぼ依らないこととなる（図 7・10～13 参照）．

7・2・4 電子対生成

光子のエネルギーが電子の静止質量エネルギー ($m_e c^2 = 0.511\,\text{MeV}$) の 2 倍を超えると，原子核または電子の形成するクーロン場の中で光子が消滅し，代わって電子-陽電子対が生成される相互作用が可能となる．これを**電子対生成** (pair creation) という．エネルギーが質量に変換される点で，アインシュタインの相対性理論 $E = mc^2$ を具現的に示す例の 1 つといえよう．電子対生成では，運動量保存則を満足するため余分な運動量がクーロン場を形成する粒子の反跳として吸収される必要がある．したがって，入射光子のエネルギー $h\nu$ はまず電子―陽電子対の生成 ($2m_e c^2 = 0.511\,\text{MeV} \times 2$，電子と陽電子の静止質量の和) と反跳粒子の運動エネルギー K_{Rec} に費やされ，残ったエネルギーがある場合には電子と陽電子の運動エネルギー (K_p, K_e) として分配される．

$$h\nu = 2m_e c^2 + K_{\text{Rec}} + (K_p + K_e) \tag{7・37}$$

反跳の大きさは原子核の場合無視できるため ($K_{\text{Rec}} \sim 0$)，原子核が介在した電子対生成の起きる最小のしきいエネルギーは $2m_e c^2 = 1.022\,\text{MeV}$ となる．一方，電子の場合[9]には光子の運動エネルギーの半分が反跳のエネルギーとして消費される ($K_{\text{Rec}} = h\nu/2$)．したがってこの場合のしきいエネルギーは $4m_e c^2 = 2.044\,\text{MeV}$ となる．生成された電子と陽電子の運動エネルギー K_p，K_e は連続的に分配される．

放出された電子は 6 章で示された相互作用を経てエネルギーを失う一方，陽電子は減速しながら電子との間で電気的に束縛された**ポジトロニウム**を形成する（第 6 章，図 6・2 参照）．ポジトロニウムは電子と陽電子が対になり，共通重心を中心としてお互いに回っている，質量 $2m_e$ の極めて軽い原子と見なされ，元素記号 Ps で

> **解説 ⑨**
> 電子―陽電子対と反跳電子を総称し，**三重対生成**ともいう．

示される．真空中でポジトロニウムは約 100 ピコ秒（10^{-10} 秒）の寿命を持ち，その後電子と陽電子は結合して対消滅する．対消滅の結果，電子の質量は光子のエネルギーとして解放される．

対消滅前のポジトロニウムの運動量は全体では 0 であることから，放出される光子は運動量が保存されるように放出されなければならない．したがってこの消滅 γ 線は，重心系では互いに 180 度の方向を保った一対の光子として観測される．この対消滅は殆どが静止した状態で生じるが，稀に（10% 以下）飛行中に消滅することがある．この場合，その時点での運動エネルギーは光子に分配される．

電子対生成は，電子が原子核のクーロン場の中でエネルギー状態を変化させたときに光子を放出する，制動放射の逆過程と考えることが出来る．したがって，電子対生成の減弱係数 π は原子核の電荷の二乗に比例したものとなる．

$$\pi \propto Z^2 \tag{7・38}$$

また，入射光子のエネルギーが増すにつれて電子対生成の確率は漸増する．なお，放射線治療・診断のエネルギー領域を超えるが，光子のエネルギーが 280 MeV を上回ると，π^+ と π^- の正負 π 中間子対の生成も可能になる．

7・2・5 光核反応

光子のエネルギーが更に上がって核子間の比結合エネルギー（約 8 MeV）を超えると，原子核が光子のエネルギーを吸収することによって原子間力が絶たれ，核内から 1 個または複数個の核子の放出が可能となる．これを，光子によって引き起こされた原子核反応という意味で **光核反応**（ひかりかくはんのう photonuclear reaction）という．光核反応には (γ, p)，(γ, n)，(γ, d)，(γ, α)，$(\gamma, \text{fission})$ など様々な形態が考えられ，またその種類によってしきい値が異なる．

光核反応の生じる確率は，これまでに述べた光電吸収，コンプトン散乱，電子対生成の過程に比べて極めて小さいが，放射線防護の観点では中性子が放出される点，また残留核が放射能を帯びる可能性がある点で留意しなければならない反応[10]である．光核反応によって生じる中性子を **光中性子**（photoneutron）とよぶ．

> **解説 ⑩**
> 高エネルギー電子ライナックの周囲ではしばしば問題となることがある．

7・3 物質へのエネルギー付与

7・3・1 減弱係数のエネルギー依存性

減弱係数は相互作用の程度を示すものであることから，その値は各相互作用の断面積の総和に比例した値となる．

$$\mu = \sigma_{\text{coh}} + \tau + \sigma_{\text{Compton}} + \pi \tag{7・39}$$

$$\mu/\rho = \sigma_{\text{coh}}/\rho + \tau/\rho + \sigma_{\text{Compton}}/\rho + \pi/\rho \tag{7・40}$$

ここで σ_{coh}，τ，σ_{Compton}，π はそれぞれコヒーレント散乱，光電吸収，コンプトン散乱，電子対生成の各相互作用による減弱係数を示す．

既に述べたように，光子の各相互作用の中で，コヒーレント散乱は 10 keV 以下の極めて低エネルギーに限られた反応である．また光核反応はしきいエネルギーが約 8 MeV と高エネルギー光子の入射に対して生じる反応である．一般の放射線治

療・診断では 0.1～数 MeV のエネルギー範囲の光子がよく用いられる．したがって，放射線治療の観点からは光電吸収・コンプトン散乱・電子対生成が最も重要な相互作用となる．

0.1 MeV 以下の低エネルギー光子に対しては，光電吸収の断面積が支配的であり，エネルギーが上昇するにつれて全質量減弱係数は急速に低下する．その後，コンプトン散乱が支配的なエネルギー領域（$0.1 < h\nu < 1$ MeV）では，全質量減弱係数はエネルギーの上昇につれて緩やかに減じていく．コンプトン散乱では，相互作

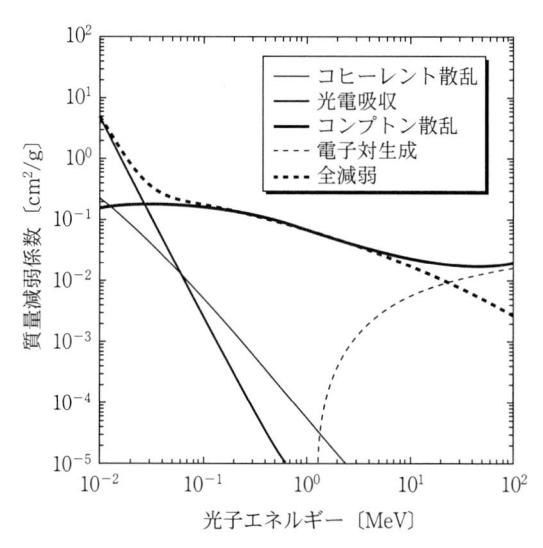

図 7・10 水中の各相互作用別質量減弱係数
（出典：ICRU report 46 (1992)）

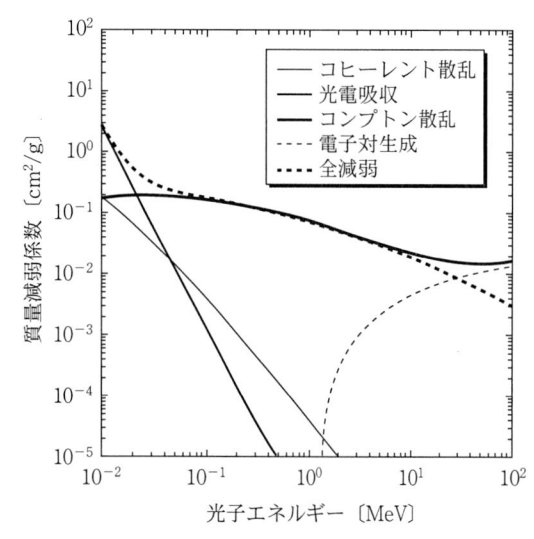

図 7・11 脂肪中の各相互作用別質量減弱係数
（出典：ICRU report 46 (1992)）

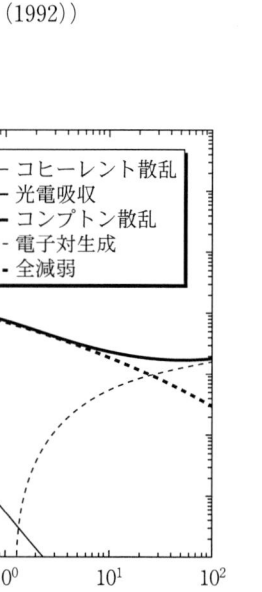

図 7・12 筋肉中の各相互作用別質量減弱係数
（出典：ICRU report 46 (1992)）

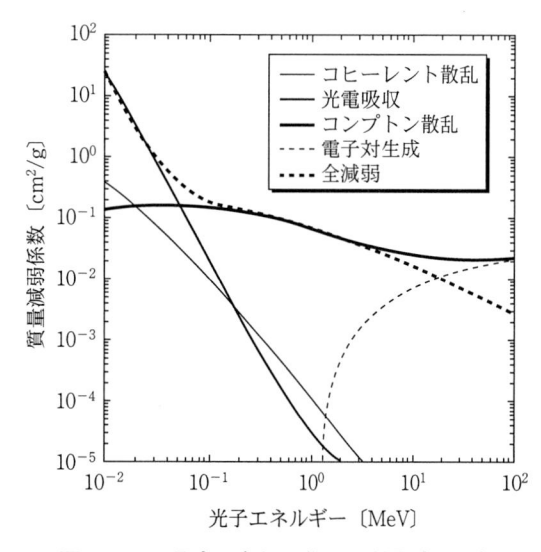

図 7・13 骨中の各相互作用別質量減弱係数
（出典：ICRU report 46 (1992)）

用は原子番号には依存しないことから，全質量減弱係数は異なった物質でもほぼ等しい値となる．更にエネルギーが上がり，電子対生成が主たるエネルギー領域に到達すると，全質量減弱係数は緩やかに上昇していく．

図7・10～7・13には，水中および生体組織として筋肉・脂肪・骨の質量減弱係数を相互作用ごとに示す．筋肉と脂肪については水とほぼ等しい相互作用を示し，0.1 MeV 以下の低エネルギー領域では光電吸収が，0.1 MeV～1 MeV の領域ではコンプトン散乱が，1 MeV 以上の領域では電子対生成が光子の減弱に主に資していることがわかる．骨の場合もほぼ同様であるが，光電吸収が主となる低エネルギー領域において光子を大きく減弱させていることがわかる．このことから，X線写真で骨と軟組織の間で高いコントラストが得られることが推察できよう．

7・3・2 エネルギー転移係数

物質に入射した光子はこれまでに述べた相互作用によって電子や光子にエネルギーを渡すが，全ての初期エネルギーが物質に吸収されるわけではなく，光子の持つエネルギーの一部または全部が電子の運動エネルギーに変換される．電子に渡されなかったエネルギーが存在する場合には，光子が残りのエネルギーを持って散乱される．したがって光子は全てのエネルギーを失うまでに，1回/数回の相互作用を経ることとなる．

光子のエネルギー付与の空間分布を考える場合，光子のエネルギーの内どれだけの割合が物質との相互作用を通じて荷電粒子のエネルギーに転移されたかを知ることが重要になる．その際に便利な量が**エネルギー転移係数**（energy transfer coefficient）である．初期エネルギー $h\nu$ の光子による質量エネルギー転移係数 μ_{tr}/ρ は，$\overline{E_{tr}}$ を相互作用によって荷電粒子に渡される運動エネルギーの平均値として，

$$\mu_{tr}/\rho = \frac{\overline{E_{tr}}}{h\nu} \cdot \mu/\rho \tag{7・41}$$

で表される．以下に，このエネルギー転移係数の観点から，光子のエネルギー付与機構を各相互作用別に見てみよう．

i) 弾性散乱

弾性散乱では，二次電子をはじめとする荷電粒子は放出されない．したがって，弾性散乱に対する質量エネルギー転移係数は0である．

ii) 光電効果

光電子は式 (7・19) で示されたように光子のエネルギー $h\nu$ と電離エネルギー I の差，エネルギー E を持って放出される．また，光電子が放出され，励起状態にある原子が緩和する際に，特性X線またはオージェ電子が放出される．このうち特性X線については，相互作用点の近傍で再度相互作用を起こす確率は極めて低いので，そのエネルギーが荷電粒子のエネルギーへと転移される割合は無視することが出来る．特性X線のエネルギーの平均エネルギーを δ_x とおくと，光電効果による質量エネルギー転移係数は

$$\frac{\mu_{tr}}{\rho} = \frac{\tau}{\rho}\left(\frac{h\nu - \delta_x}{h\nu}\right) = \frac{\tau}{\rho}\left(1 - \frac{\delta_x}{h\nu}\right) \tag{7・42}$$

で表される．

iii) コンプトン散乱

コンプトン散乱の場合，散乱後の光子のエネルギーを $h\nu'$ とおけば

$$\frac{\mu_{tr}}{\rho} = \frac{\sigma}{\rho}\left(\frac{h\nu - h\nu' - \delta_x}{h\nu}\right) = \frac{\sigma}{\rho}\left(1 - \frac{h\nu' + \delta_x}{h\nu}\right) \tag{7・43}$$

となる．

iv) 電子対生成

電子対生成では，生成される電子と陽電子の静止質量分のエネルギーが運動エネルギーから差し引かれる．したがって，

$$\frac{\mu_{tr}}{\rho} = \frac{\pi}{\rho}\left(\frac{h\nu - 2m_ec^2}{h\nu}\right) = \frac{\pi}{\rho}\left(1 - \frac{2m_ec^2}{h\nu}\right) \tag{7・44}$$

となる．

光核反応は通常の放射線診断・治療では無視できる．したがってこれらをまとめて診断・治療領域の光子の全質量エネルギー転移係数として，

$$\frac{\mu_{tr}}{\rho} = \frac{\tau}{\rho}\left(1 - \frac{\delta_x}{h\nu}\right) + \frac{\sigma}{\rho}\left(1 - \frac{h\nu' - \delta_x}{h\nu}\right) + \frac{\pi}{\rho}\left(1 - \frac{2m_ec^2}{h\nu}\right) \tag{7・45}$$

を得る．

この値は，入射光子のエネルギーと，相互作用によって生成された二次電子の運動エネルギーとの比を示す．二次電子の運動エネルギーのうち一部は制動放射によって遠方へ持ち出される．その割合を g とすると，相互作用点近傍における吸収エネルギーの，入射光子エネルギーとの割合を

$$\frac{\mu_{en}}{\rho} = \frac{\mu_{tr}}{\rho}(1 - g) \tag{7・46}$$

として表すことが出来る．この μ_{en} を**エネルギー吸収係数**（energy absorption coefficient）とよぶ．**表7・1**に，10 keV から 100 MeV の範囲で水素と鉛に対する質量減弱係数，質量エネルギー吸収係数，質量エネルギー転移係数[11]を示す．この表から，軟組織など軽 Z の元素からなる物質では，制動放射の影響はほぼ無視することができるが，高 Z の元素では高エネルギー光子のエネルギー損失に制動放射が大きく寄与していることがわかる．

この質量エネルギー吸収係数は，生体が吸収したエネルギーを示すことから，放射線の生体影響を評価するにあたって最も重要な量ということができる．**図7・14**には，骨と水の質量エネルギー吸収係数を質量減弱係数と共に示す．0.1 MeV 以

解説 ⑪

質量減弱係数，質量エネルギー吸収係数，質量エネルギー転移係数の関係をまとめると，
（質量減弱係数）−（弾性散乱，コンプトン散乱の散乱光子，電子対生成時の静止質量，特性X線）＝（質量エネルギー転移係数）
（質量エネルギー転移係数）−（制動放射）＝（質量エネルギー吸収係数）
となる．

表 7・1 水と鉛での質量減弱係数 μ/ρ，質量エネルギー転移係数 μ_{tr}/ρ，質量エネルギー吸収係数 μ_{en}/ρ 〔cm²/g〕

光子エネルギー〔MeV〕	水 μ/ρ	水 μ_{tr}/ρ	水 μ_{en}/ρ	鉛 μ/ρ	鉛 μ_{tr}/ρ	鉛 μ_{en}/ρ
0.01	5.066	4.950	4.684	132.7		126.8
0.1	0.170 6	0.025 5	0.025 3	5.461	1.974	1.952
1.0	0.070 7	0.031 1	0.031 0	0.070 1	0.038 6	0.036 4
10.0	0.022 2	0.016 3	0.015 7	0.048 8	0.041 2	0.031 3
100.0	0.017 2	0.016 7	0.012 3	0.093 7	0.092 3	0.030 4

第7章　電磁放射線と物質の相互作用

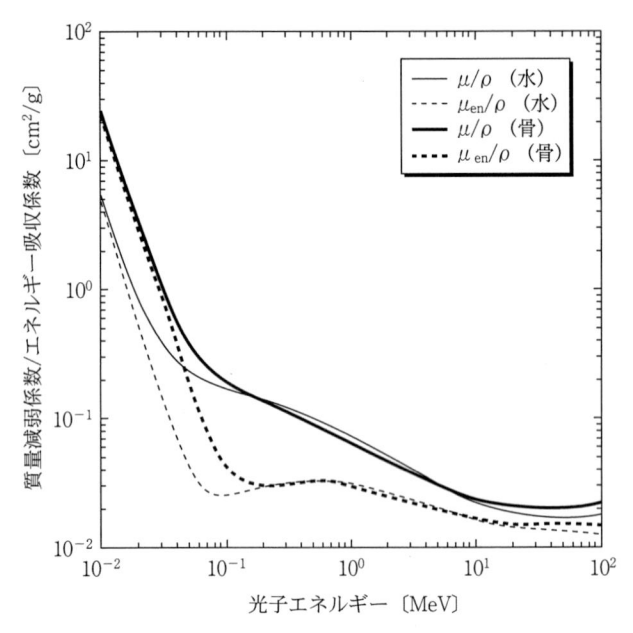

図 7・14　骨と水の中でのエネルギー吸収係数，質量減弱係数
（出典：ICRU report 46（1992））

下の光電効果が主となる領域では骨と水の平均 Z の違いから光子の減弱は大きく異なるが，コンプトン散乱が主となる領域ではこれらの間に大きな差異はないことがわかる．

◎ウェブサイト紹介

米国　商務省標準技術研究所 NIST
http://www.nist.gov/srd/physics.htm
　　光子の減弱係数をはじめとしたデータベースをオンラインで利用できる

◎参考図書

光子の相互作用データ
ICRU report 46：Photon, electron, proton and neutron interaction data for body tissues（1992）
Seltzer S. M. and Hubbell J. H.：光子減弱係数データブック，日本放射線技術学会出版委員会（1995）

医療分野における取り扱い
医学物理データブック委員会編：医学物理データブック，日本医学放射線学会（1994）

ビルドアップ
中村尚司：放射線物理と加速器安全の工学，地人書館（1995）

◎ 演習問題

問題 1 水と鉛の半価層を，10 keV と 1 MeV の光子に対して計算せよ．

問題 2 ^{60}Co から放出される γ 線（1.17 MeV，1.33 MeV）のコンプトン端のエネルギーを計算せよ．

問題 3 光電効果は軌道に束縛された電子で起こり，自由電子では起こらない．この理由を検討せよ．

問題 4 1 MeV γ 線の水中と骨中での平均自由行程を求めよ．ただし，水の密度は 1 g/cm³，骨の密度は 1.6 g/cm³ とする．

第8章
重荷電粒子線と物質の相互作用

8・1 重荷電粒子とは
8・2 阻止能
8・3 飛程
8・4 いろいろな粒子に対する阻止能とエネルギーの関係
8・5 ストラグリングと多重散乱
8・6 核反応
8・7 深部線量分布（ブラッグ曲線）
8・8 W値

第8章
重荷電粒子線と物質の相互作用

本章で何を学ぶか

　近年，放射線治療に高エネルギーの陽子線など重荷電粒子線が用いられ，多くの成果を上げている．これらの放射線は，従来の放射線治療で使用されている γ 線，電子線，X 線などと比べると非常に高いエネルギーが必要で，治療に利用するにはサイクロトロンやシンクロトロンといった大きな加速器を必要とする．治療に有効と見られているのは，体内での線量分布など非常に特徴的な物理的性質を持っていることによる．本章では，重荷電粒子線の物質中での相互作用について解説する．

8・1　重荷電粒子とは

　素粒子物理学においては，物質を構成している素粒子を**光子** (photon)，**レプトン** (lepton)，**ハドロン** (hadron) に分類している．ハドロンは，さらに中間子とバリオンに分類される．レプトンには電子，ミューオン，ニュートリノなどが含まれ，バリオンには陽子や中性子，その他の核子が含まれている．

　放射線治療に使用される放射線は，X 線や γ 線などの光子線治療，電子を使った電子線治療，および粒子線治療に分類される．粒子線には π 中間子，中性子線，陽子線，および重イオン線などが含まれている（**表 8・1**）．

表 8・1　治療に使われる放射線

放射線の名称		質　量	電荷
光子線		0	0
電子線		0.51 MeV	−1
粒子線	π⁻ 中間子線	138 MeV	−1
	中性子線	938 MeV	0
	陽子線	938 MeV	+1
	重イオン線 (Z, A)	$A \times 938$ MeV	$+Z$

治療に使用される放射線の分類．重イオン線の (Z, A) は（電荷, 質量数）を表す．質量は，$E = Mc^2$ の相対性理論を使ってエネルギーの単位で表している．MeV は 10^6 eV．

　π 中間子は，湯川博士が核力の説明のために予測した粒子で，電子の約 273 倍の重さをもち電荷は +1, 0, −1 の 3 種類ある．治療に使われるのは，停止した時に核と反応して巨大なエネルギーを局部的に放出する −1 の電荷をもつ π 中間子である．このエネルギーを治療に利用しようとするものである．

　中性子は，電子の約 1800 倍の重さをもちその名のごとく電気的に中性の粒子で，透過力が強い．体内に入射すると，体内の水素などと相互作用して荷電粒子を反跳させ，局部的に大きなエネルギーを落とす．これを治療に利用しようとするものである．

　陽子は，水素原子の中心にある原子核で，荷電数 Z が 1，重さが中性子とほとんど同じで電子の約 1800 倍になる．重イオン線は荷電数が 2 以上の高エネルギーのイオンである．

　本章で扱う重荷電粒子線は，以上の質量をもつ粒子線のなかのイオンビームすな

わち陽子線，重イオン線を示している．ブラッグピーク（Bragg peak）を治療に利用する陽子線・重粒子線治療の分野では，加速器で加速され利用される重イオン線を重粒子線とよんでいる．治療に使われる**陽子線・重粒子線**の最大の特徴は，体内でほとんど直進し，エネルギーにより定まった深さで停止するということである．そして，体内での線量分布は，**ブラッグ曲線**（Bragg curve）と呼ばれる特徴的な分布を示すことにある．この特徴をもたらす物理過程について述べる．

8・2 阻止能

　電子と比較して重荷電粒子の特徴は，その重さにある．電子の質量よりも約1800倍の重さがあることにより物質中ではほとんど直進する．直進するので，電子のように電子軌道が変化することによる制動放射は，治療で使用されるエネルギーの範囲では，無視できる．すなわち，重荷電粒子が物質中を進行すると，物質内の電子との相互作用で原子・分子の励起，解離，イオン化をおこしエネルギーを失っていく．電子のときに定義したように，単位長さあたりに入射重荷電粒子が失うエネルギーを**阻止能**（stopping power）という．

　阻止能 dE/dx は，**ベーテ**（H. A. Bethe）が量子力学と相対論を考慮に入れて導いた式であり，それに小さな修正を加えたものが Bethe-Bloch の式とよばれ次のように書かれる．

$$-\left(\frac{1}{\rho}\right)\frac{dE}{dx} = \frac{4\pi r_e^2 m_e c^2}{\beta^2}\frac{1}{u}\frac{Z}{A}z^2 L(\beta)$$
$$= 0.307075 \,[\mathrm{MeV \cdot cm^2 g^{-1}}]\,\frac{1}{\beta^2}\frac{Z}{A}z^2 L(\beta) \qquad (8 \cdot 1)$$

ただし，ρ は物質の密度，$r_e = e^2/m_e c^2$ は電子の古典半径，$m_e c^2$ は電子の静止質量，u は原子質量単位，β は光を単位とした粒子の速度，Z と A は物質原子の原子番号と原子質量，z は入射粒子の電荷数である．L は stopping number とよばれ，

$$L(\beta) = L_0(\beta) + zL_1(\beta) + z^2 L_2(\beta)$$
$$L_0(\beta) = \frac{1}{2}\ln\left(\frac{2m_e c^2 \beta^2 W_m}{1-\beta^2}\right) - \beta^2 - \ln I - \frac{C}{Z} - \frac{\delta}{2} \qquad (8 \cdot 2)$$

ここで第2, 3項の $zL_1(\beta)$ および $z^2 L_2(\beta)$ はそれぞれ Barkas, Bloch 補正項とよばれ，I は物質の平均励起ポテンシャル，C/Z はシェル効果補正項，$\delta/2$ は密度効果補正項である．W_m は自由電子との1回衝突で失われるエネルギーの最大値で，次式で与えられる．

$$W_m = \frac{2m_e c^2 \beta^2}{1-\beta^2}\left[1 + 2\frac{m_e}{M}\frac{1}{\sqrt{1-\beta^2}} + \left(\frac{m_e}{M}\right)^2\right]^{-1} \qquad (8 \cdot 3)$$

　式（8・3）で示しているように阻止能は入射粒子の速度が同じであれば対数の中の項をのぞいて電子密度に比例している．そこで，通常は阻止能を密度で割った値が表として使用されることが多い．密度で割った阻止能の単位は MeV/cm の代わりに MeV/(g/cm²) となる．主な物質の平均励起ポテンシャルを**表 8・2** に示す．

　重荷電粒子はその速度が大きい時は電子が剝ぎ取られ裸の原子核の状態で物質中を進行する．速度が遅くなってくると，周りの物質から電子を受け取り中性の原子

第8章 重荷電粒子線と物質の相互作用

表 8・2 平均励起ポテンシャルの例

物質名称	平均励起ポテンシャル〔eV〕
水（液体）	75
ルサイト	74
ポリエチレン	57.4
アルミニウム	166
銅	322
鉛	823
空気	85.7
炭酸ガス	85
組織等価ガス	61.2

治療で重要な物質の平均励起ポテンシャル．ICRU レポート 49 のデータを使用した．

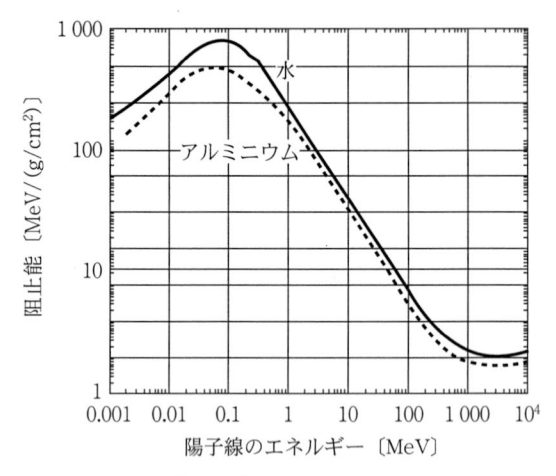

図 8・1 陽子線の水中とアルミニウム中での阻止能
計算は ICRU レポート 49 の結果を使用した．

になっていく．止まる寸前には中性の原子の状態になっている．したがって，入射粒子の電荷は速度に依存して遅くなれば中性に近づく．阻止能の式の中で，z の代わりに入射粒子の有効電荷 z^* を使用する．有効電荷は次のような関数で与えられる．

$$z^* = z\left\{1 - 1.032 \exp\left(-\frac{v}{v_B Z^{0.688}}\right)\right\} \quad (8・4)$$

ここで，v は入射重荷電粒子の速度，v_B は Bohr 速度で次の式で与えられる．

$$v_B = \frac{e^2}{\hbar} \quad (8・5)$$

e は電子の電荷で $\hbar$ はプランク定数である．

陽子線の水，アルミニウムに対する阻止能の値の例を図8・1に示す．阻止能を MeV/(g/cm^2) で表す限り，図で示す通りあまり変わらない値を示す．図8・1の横軸は，対数軸であり，陽子線治療での体内での陽子線のエネルギーは 200 MeV から 20〜30 MeV の範囲である．この図から，阻止能の特徴は高エネルギーの陽子線では比較的低く，停止する近傍のエネルギーでは急激に高くなることがわかる．

8・3 飛 程

飛程（range）は阻止能の逆数を入射エネルギー E_0 から停止するエネルギーすなわち0まで積分することにより得られる．飛程は，重荷電粒子線が物質中をほとんど直進するという事実から，経路に沿った積分が意味を持つので有効な概念となる．

$$R(E_0) = \int_0^{E_0} \frac{1}{dE/dx} dE \quad (8・6)$$

阻止能の場合と同様に，陽子線の水，アルミニウムに対する飛程の値の例を図8・2に示す．

高エネルギーの荷電粒子がエネルギー E_0 で物質中に入射すると，単位長さあたり阻止能の分だけエネルギーを失いながら進んでいく．水中での到達深と荷電粒子のエネルギーの関係は，図8・3のようになる．200 MeV の陽子線の水中飛程は 25.96 cm であり，エネルギー E まで減衰した陽子線は残余飛程 $R(E)$ を持っている．したがって，E のエネルギーをもつ陽子線は 25.96 cm $- R(E)$ の深さまで到達していることになる．このようにプロットした図が図8・3である．阻止能は，曲線の傾きになっている[1]．

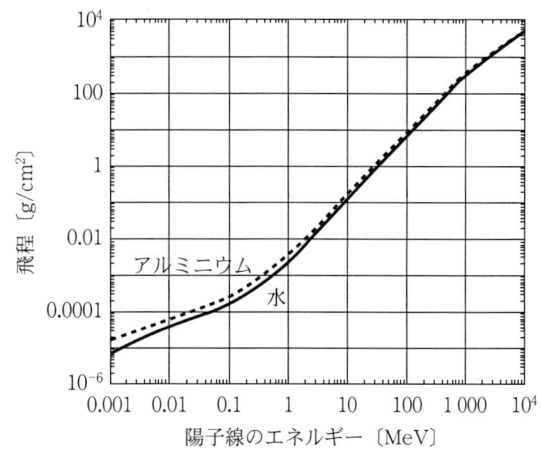

図 8・2 陽子線の水中とアルミニウム中での飛程

解説 ①
阻止能は，図8・3の飛程-エネルギー曲線の接線になる．粒子は，図8・3の線上を進むことになる．物質に吸収したエネルギーなどの計算には，飛程-エネルギー曲線は直線ではなく曲線になっているので，物質の厚さが大きくなると，阻止能に物質の厚さをかけることで誤差が大きくなる．飛程-エネルギー曲線は正確に阻止能の逆数を積分したものが与えられているので，エネルギー損失の計算には飛程-エネルギー曲線を使う必要がある．

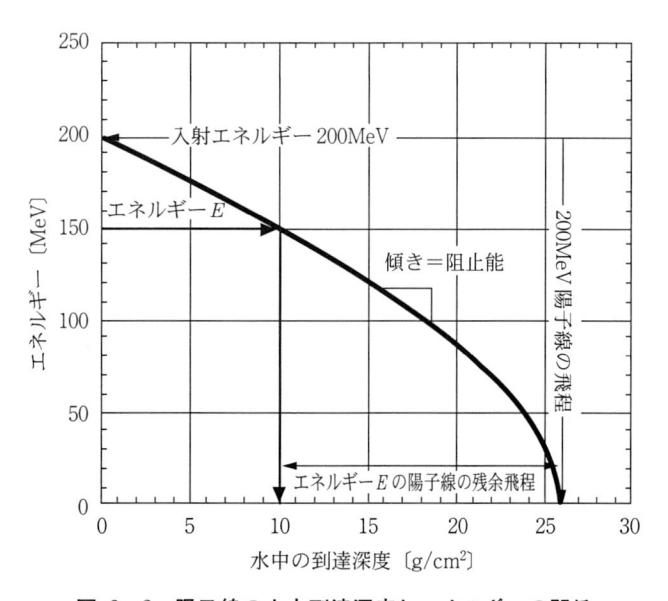

図 8・3 陽子線の水中到達深度とエネルギーの関係

8・4 いろいろな粒子に対する阻止能とエネルギーの関係

阻止能の式からわかるように，阻止能は入射粒子の速度と電荷だけに関係している．したがって，陽子などの1つの粒子の阻止能が与えられれば，他の粒子についての阻止能は，次の式で与えられる．

$$\left(-\frac{dE}{dx}\right)_{E=(m/m_p)E_p}=\frac{z^2}{z_p{}^2}\left(-\frac{dE_p}{dx}\right)_{E_p} \tag{8・7}$$

ここで，E_p，$z_p=1$，m_p は陽子線のエネルギー，電荷（=1），および質量であり，E，z，m は今求めようとしている荷電粒子のエネルギー，電荷，質量である．

飛程は阻止能の逆数を積分したものであるから，阻止能の場合と同様に，陽子の飛程から他の粒子の飛程は，

$$R\left(\frac{m}{m_p}E\right)=\frac{z_p{}^2 m}{z^2 m_p}R_p(E) \tag{8・8}$$

で計算することができる．

8・5 ストラグリングと多重散乱

高エネルギー荷電粒子線が水などの物質を通過すると図 8・3 のようにエネルギーが減衰する．エネルギー損失は，確率現象であり先に述べた阻止能は平均的な値である．実際には，物質を通過した荷電粒子は図 8・3 で示す平均エネルギーのまわりに揺らいでいる．この現象を**ストラグリング**（straggling）という．すなわち，ある深さを通過する入射粒子のエネルギーは幅を持っていることになる．一方，入射エネルギーからある一定のエネルギーまで減衰するまでの通過した距離も幅を持つことになる．これらのストラグリングは，入射荷電粒子が重くなるほど相対的な揺らぎは少なくなる．したがって，重い重イオンになればなるほどストラグリングは小さくなる．飛程のストラグリングは水に対して次式のように簡単化できる．

$$S(x)=\frac{1}{\sqrt{2\pi}\sigma_x}\exp\left(-\frac{(x-R)^2}{2\sigma_x{}^2}\right)$$
$$\sigma_x=0.0120\frac{R^{0.951}}{\sqrt{A}} \text{〔cm〕} \tag{8・9}$$

ここで A は入射粒子の質量数である．

また，高エネルギー荷電粒子線が水などの物質を通過する際には，横方向への散乱を多数受け進行方向もばらついてくる．これを**多重散乱**という．この多重散乱も，粒子の質量が大きくなればなるほど小さくなる．したがって，電子などの軽い粒子は水中などの物質内では多重散乱によって簡単に方向が広がってしまう．それに対して，1 800 倍も重い陽子線さらにはもっと重い重イオンの場合には，物質中を直進するという描像が成り立つ．

多重散乱を **Gauss 分布**で近似すると変位の分布も Gauss 分布になり，水を通過する時には次のように簡単化した式で近似できる．

$$P(y)=\frac{1}{\sqrt{2\pi}\sigma_y}\exp\left(-\frac{y}{2\sigma_y{}^2}\right)$$
$$\sigma_y=\frac{0.0294 R^{0.896}}{z^{0.207}A^{0.396}} \text{〔cm〕} \tag{8・10}$$

8・6 核反応

治療に用いられる荷電粒子線は水中での飛程が 25 cm 程度を必要とし，陽子線でも 200 MeV 以上の非常に高エネルギーになる．このようなエネルギー領域では，水中に入射されるとターゲット内の原子核と弾性散乱，非弾性散乱，スパレーションなどの核反応を起こす．入射粒子はこの核反応により物質中を通過するうちに線束は減少してしまう．核反応を起こした粒子のエネルギーは一部は低エネルギーの荷電粒子線になって局部的にエネルギーを付与するが，一部は中性子や γ 線などを発生してエネルギーを遠くに運んでしまう．核反応の起こる確率はおおむね入射粒子と通過物質の構成原子核の大きさで決まり，核の質量が大きいほど核反応の確率は大きくなる．入射粒子数 N は，

$$N(x) = N(0) \exp\left(-\sum_i n_i \sigma_i x\right) \tag{8・11}$$

ここで n_i は物質の単位体積あたりの i 原子核の数，σ_i は入射粒子と i 原子核との全断面積である．σ_i は核–核散乱の場合，経験的に次のように近似できる．

$$\sigma(A_t, A_i) = \pi r_0^2 (A_t^{1/3} + A_i^{1/3} - b_0)^2$$
$$r_0 = 1.36 \ [\text{fm}] \tag{8・12}$$
$$b_0 = 1.581 - 0.876(A_t^{-1/3} + A_i^{-1/3})$$

陽子–核散乱の場合には

$$\sigma(p, A_t, E) = \pi r_0^2 (1 + A_t^{1/3} - b_0(1 + A_t^{-1/3}))^2 \tag{8・13}$$
$$b_0 = 2.247 - 0.915(1 + A_t^{-1/3})$$

で近似できる．ここで A_i, A_t はそれぞれ入射粒子と標的粒子の原子質量である．

8・7 深部線量分布（ブラッグ曲線）

荷電粒子線場での吸収線量は，存在している粒子の線束に阻止能を掛ければ 0 次近似では求まる．深さ x での粒子 i のエネルギースペクトルを $f_i(E;x)$，単位断面積あたりの数（線束）を N_i とすると，

$$D(x) = \sum_i \int N_i f_i(E;z) \cdot \frac{dE}{dx} dE \tag{8・14}$$

で与えられる．阻止能の項で述べているように，阻止能はエネルギーが低くなれば大きくなっている．したがって，飛程寸前で線量が高くなるブラッグ曲線を示す．式からわかるように，ストラグリングが大きくなると急峻なブラッグピークはならされて幅が広くピーク値も低くなってしまう．したがって，ストラグリングの小さい重イオンになればなるほど，ブラッグピークは急峻で高さは高く，幅も小さくなる．図 8・4 には，200 MeV 陽子線の水中での深部線量分布を示す．

重イオンになると，核反応により入射粒子の一部が剥ぎ取られ同速度で破砕片が物質中を進んでいく確率が高い．これらの核破砕片は入射粒子と同速度で荷電数が小さいので入射粒子が止まる飛程よりも遠くまで達することができる．これらの粒子により，重イオンの場合の深部線量分布はエネルギーにより異なるがブラッグピークより深部に 5～20% 程度の裾野をひく線量分布を示す．これを，**フラグメンテーションテール**とよんでいる．図 8・5 には，核子あたり 400 MeV の炭素線が水中

第8章 重荷電粒子線と物質の相互作用

解説②

重荷電粒子線は，物質中をほとんど直進するということから，線量を簡単に計算することが出来る．水中の深さ x での線量は次のように求められる．
$$D(x) = \sum_i N_i \left[\frac{1}{\rho}\frac{dE}{dx}\right]_i^{water}$$
ここで，N_i は深さ x で単位面積を横切る重荷電粒子 i の数〔単位は $/cm^2$〕，$\left[\frac{1}{\rho}\frac{dE}{dx}\right]_i^{water}$ は深さ x での重荷電粒子 i の水に対する質量阻止能〔単位は $MeV/(g/cm^2)$〕．おのおのの単位を使用したときの線量 D の単位は〔MeV/g〕これを〔J/kg〕に書き直せば Gy になる．
深さ x に面積 ΔS，厚さ Δx の空気の平行平板電離箱を置いたときに出力される電荷は，
$$Q(x) = \sum_i N_i \Delta S \left[\frac{1}{\rho}\frac{dE}{dx}\right]_i^{air} \rho \Delta x \frac{e}{W_i^{air}}$$
で与えられる．
ここで，$Q(x)$ は，深さ x に置いた電離箱に生じる電荷，W_i^{air} は重荷電粒子 i の空気に対する W 値，e は電子の電荷である．

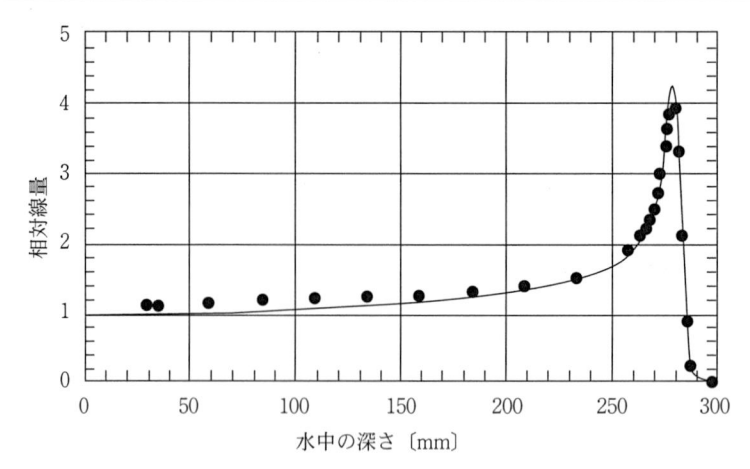

図 8・4 陽子線 200 MeV の水中での深部線量分布

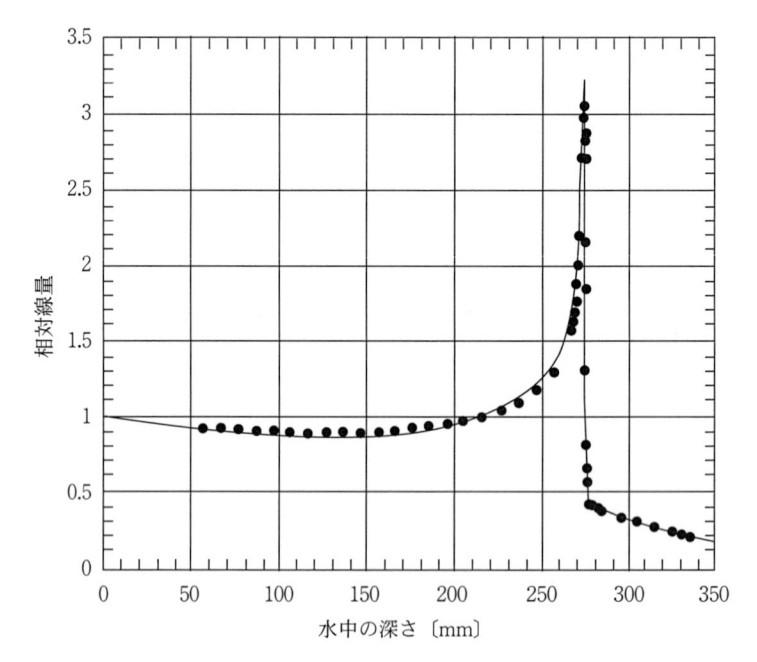

図 8・5 炭素線核子あたり 400 MeV の水中における深部線量分布

に入射した時の深部線量分布を示す．

8・8 W 値

荷電平衡にある荷電粒子線場の線量測定は Bragg-Gray の空洞原理を使って，電離箱で測定する．このとき，空気の吸収線量を求めるための荷電粒子線の空気に対する W 値および空気の吸収線量から水の吸収線量に変換するための荷電粒子線の水と空気に対する阻止能の比が必要となる[2]．阻止能比は阻止能の表に表された値から計算することが容易である．W 値は一般に荷電粒子線の種類やエネルギー

によって微妙に異なる値を示す．低エネルギー重イオン線の W 値はエネルギーに大きく依存することは実験的に確かめられている．**表 8·3** に様々な粒子に対する空気の W 値の実験値一覧を示す．

表 8·3 空気に対する陽子線，炭素線の W 値

	W 値〔J/C〕	
電子	33.97±0.15	標準測定法 01
陽子	34.23	IAEA TRS 398
重イオン	34.50	IAEA TRS 398

◎ウェブサイト紹介

米国　国立度量衡研究所（National Institute of Standards and Technology）

http://physics.nist.gov/PhysRefData/Star/Text/contents.html

電子，陽子，ヘリウム核の阻止能および飛程計算に関するコード "Star" の説明サイト．

英国　国立物理学研究所（National Physical Laboratory）

http://www.kayelaby.npl.co.uk/atomic_and_nuclear_physics/

英国国立物理学研究所の活動を紹介するサイト．原子・原子核物理の章には，阻止能や飛程の解説・データが紹介されている．

ドイツ　重イオン物理学研究所（GSI）

http://www-aix.gsi.de/~bio/RESEARCH/therapy.html

治療物理に関する紹介サイト．

◎参考図書

ICRU Report 49, Stopping powers and ranges for protons and alpha particles (1993)

真田順平：原子核・放射線の基礎，共立出版 (1966)

日本医学物理学会編：外部放射線治療における吸収線量の標準測定法，通商産業研究社 (2005)

L. Sihver, C. H. Tsao, R. Silberberg, T. Kanai, and A. F. Barghouty : Total reaction and partial cross section calculations in proton-nucleus (Zt<=26) and nucleus-nucleus reactions (Zp and Zt<=26). Phys. Rev. C 47, 1225-1236 (1993)

William T. Chu : Requirements for charged particle medical accelerators-LBL experience. The workshop on Accel. for Charged-Particle Beam Therapy, Fermi National Accelerator Laboratory, Jan. 24, 25 (1985)

◎ 演習問題

問題1 陽子についてのエネルギー対飛程の表から，200 MeV のエネルギーで水に入射し 10.19 cm だけ通過した粒子の出射エネルギーを求めよ．

表 陽子線の水中における阻止能と飛程

エネルギー 〔MeV〕	阻止能 〔MeV/(g/cm²)〕	飛程 〔g/cm²〕
1.000 E+01	4.567 E+01	1.230 E−01
1.500 E+01	3.292 E+01	2.539 E−01
2.000 E+01	2.607 E+01	4.260 E−01
3.000 E+01	1.876 E+01	8.853 E−01
4.000 E+01	1.488 E+01	1.489 E+00
5.000 E+01	1.245 E+01	2.227 E+00
1.000 E+02	7.289 E+00	7.718 E+00
1.500 E+02	5.445 E+00	1.577 E+01
1.750 E+02	4.903 E+00	2.062 E+01
2.000 E+02	4.492 E+00	2.596 E+01

問題2 陽子についてのエネルギー対飛程の表から，α線の 200 MeV/n のエネルギーの水中での飛程を求めよ．

問題3 1 cm 角の大きさの電極で，ギャップが 2 mm の防水型の平行平板型電離箱を試作し，水中で深部線量分布を調べたい．電離箱の漏洩電流は信号の100分の1にしたい．
照射条件：200 MeV の陽子線．
　　　　　10 cm 直径の平坦な照射野；10 cm 直径の照射野に入る粒子は全体の10分の1とする．
　　　　　加速粒子数は1秒間に 10^{10} 個である．
このとき，漏洩電流はいくらにおさえなければならないか？ ただし，陽子 200 MeV の空気に対する阻止能 3.98〔MeV/(g/cm²)〕，空気の W 値を 35.0 eV，空気の密度を 1.205×10^{-3} g/cm³（20℃，1気圧），電気素量（電子の電荷）を 1.602×10^{-19} C として計算せよ．

第9章
中性子線と物質の相互作用

9・1 中性子の分類と呼称
9・2 中性子と物質の相互作用
9・3 中性子のエネルギー損失
9・4 中性子の減弱と吸収
9・5 中性子源

第9章
中性子線と物質の相互作用

本章で何を学ぶか

　　中性子の持つ物質との相互作用の特性を知り，それをもとに中性子の効果的な利用や安全な取り扱いを行う上での基本的な理解を得ることを目的にする．中性子と物質の相互作用は，主に原子核との相互作用であり，散乱と吸収の2種類の反応に大別される．中性子と原子核の相互作用は，中性子のエネルギーと，反応する原子核の種類（核種）に大きく依存する．中性子は半減期10分程度で陽子に変わり，また物質と反応しやすいことから保存することが難しい．したがって，中性子の利用は，発生させた場所の近くで行うという発想が必要である．この観点から，中性子の発生機構や発生装置に関して，代表的なアイソトープ，原子炉，加速器について概説し，これらに関する理解を深めることも本章の目的とする．

9・1　中性子の分類と呼称

　中性子と物質の相互作用の性質は，中性子のエネルギーに大きく依存する．このことから，一つの分類方法として，中性子のエネルギー（速度）によって，**高速中性子**（fast neutron），**熱外中性子**（epi-thermal neutron），**熱中性子**（thermal neutron）の3つに分ける方法が原子炉物理工学分野で一般的に用いられている．この分類の発想は，核分裂で発生した大きな運動エネルギーを持つ中性子（速度が大きいことから高速中性子とよばれる）が，物質と散乱反応することによって減速され，最後は周囲の物質の温度に対応する熱的な平衡状態の速度を持つ中性子（熱中性子）になることに関係付けられる．なお，減速途中の中性子を熱外中性子とよぶ．以下に説明するこの分類における中性子エネルギーの区分けは一応の目安を示すものである．

　中性子の原子核反応に関する性質は，反応する核種と中性子エネルギーによって大きく異なるため，ここで分類したような3つの区分けは精密な評価には適していないが，大まかな理解を得るには役立つものである．現在，中性子の取り扱いには中性子のエネルギーと核種のそれぞれに対応した膨大な核データを評価する必要があることから，それを取り扱う計算コードと評価核データに大きく依存している．近年計算機の高性能化が進み，評価核データも計算コードもともに使いやすく整備されてきている（日本原子力研究開発機構・核データセンターのウェブサイト（ウェブサイト紹介）参照）．

9・1・1　熱中性子（熱平衡中性子：マックスウエル分布）

　物質中で減速された中性子は，その物質がもつ温度に対応する熱振動速度分布（マックスウエル分布）と平衡した状態になる．このように物質中で熱的な平衡状態に達した中性子を熱中性子とよんでいる．常温での平均的な熱中性子エネルギーは25 meVであり，その速度は約2 200 m/sである．熱中性子の上限エネルギー

は，0.5 eV とすることが多い．なお，冷中性子や超冷中性子とよばれる，1 meV 以下のエネルギーの中性子は特異な性質があるがここでは触れないことにする．

9・1・2　熱外中性子（共鳴中性子）

原子炉内で減速途中にある中性子の総称として用いられ，減速領域中性子とも呼ばれ，そのエネルギー範囲は，0.5 eV 以上 100 keV 未満とすることが多い．また，核の励起準位に対応して共鳴的に大きな吸収が起こることから，別名，**共鳴中性子**（resonance neutron）ともよばれる．

なお，中性子を「熱中性子」と「速中性子」の 2 つに分類する場合は，熱外中性子と高速中性子は速中性子に含まれる．また，熱中性子と熱外中性子を合わせて「低速中性子」，それ以外を「高速中性子」に分類する場合もある．以上のように，名称や区分けするエネルギーは，研究分野によって異なる．例えば中性子捕捉療法の分野では，低速中性子という表現も使われ，また熱外中性子を 0.5 eV 以上 10 keV 未満とすることが多い．

9・1・3　高速中性子（核分裂中性子）

高速中性子は，一般的には 100 keV 以上のエネルギーを持つ中性子の総称として使われている．なお，ウランなどの核分裂で発生した高速中性子は，平均 2 MeV（最高は 10 MeV）のエネルギースペクトル分布を持っていることから，別名，**核分裂中性子**（fission neutron）ともよばれる．

9・2　中性子と物質の相互作用

中性子は電荷を持たないので，電子や原子核と電気的な相互作用を起こさない．したがって，中性子と物質の相互作用は，電子との物理的な衝突もあるが，大部分原子核との反応である．次に中性子と原子核の反応は，散乱反応と吸収反応に大別される．表 9・1 に，中性子と陽子等の荷電粒子の核反応の分類の一例を示した．特徴的なことは，中性子は運動エネルギーがゼロでも多くの反応を起こすことである．荷電粒子は 1 keV 以下では反応はほとんど起こらない．

表 9・1　核反応の分類の一例（出典：日本アイソトープ協会，アイソトープ便覧（改訂 3 版），p 15，表 4.1，丸善（1984））

入射粒子		中性子	陽　子	重陽子	α 粒子
運動エネルギー	0～1 keV	(n, n), (n, n'), (n, γ), (n, p) (n, T), (n, α) (n, fission)	ほとんど反応しない	ほとんど反応しない	ほとんど反応しない
	1～500 keV		(p, n) (p, γ) (p, α)	(d, p) (d, n)	(α, n) (α, γ) (α, α)
	0.5～10 MeV		(p, n) (p, p') (p, α)	(d, p) (d, n) (d, pn) (d, 2 n)	(α, n) (α, p) (α, α')
	10～50 MeV	（上記）＋ (n, 2 n) (n, pn) (n, 2 p), etc.	(p, n) (p, p') (p, 2 n) (p, np) (p, 2 p) (p, 3 x)	(d, p) (d, 2 n) (d, pn) (d, 3 n) (d, d') (d, 3 x)	(α, n) (α, α') (α, 2 n) (α, 2 p) (α, p) (α, 3 x)

9・2・1 散乱反応

中性子が原子核と反応する場合,複合核を作らない場合と複合核を作る場合がある.いずれにしても散乱反応は,中性子と原子核の相互作用の後に再び中性子と元の核に分かれる場合をいう.なお,散乱反応は,**弾性散乱**(elastic collision)と,**非弾性散乱**(inelastic collision)に分けられる.

弾性散乱は,複合核を作らない反応(ポテンシャル散乱)と,複合核を作っても核が励起されない反応の2つをいう.非弾性散乱は中性子が原子核に衝突して複合核を作り,再び中性子と元の核に分かれる核反応のうち,衝突された核が励起された場合をいう.一般に重い核は軽い核に比べて第一励起準位が低く,また励起準位が密に存在するので非弾性散乱を起こし易い.なお,結晶構造のような多くの原子核と中性子の相互作用の関係で定義される干渉性散乱等もあるがここでは省略する.

9・2・2 吸収反応

吸収反応とは中性子が原子核に衝突して複合核を作り,別の核種[①]を作る場合をいう.吸収反応とは言い換えると相互作用により中性子が消滅する反応と定義できる.中性子の核反応の確率(以下に示すように中性子断面積で表される)や反応様式は,中性子のエネルギーと核種に大きく依存する.一般的にエネルギーが低いほど吸収反応確率が高いが,原子核の励起準位エネルギー近傍の中性子は,共鳴現象によって反応しやすくなる.また,高速中性子では,各種のしきい値反応(あるエネルギー以上で起こる反応)が起こり始めることから反応確率が高くなる.

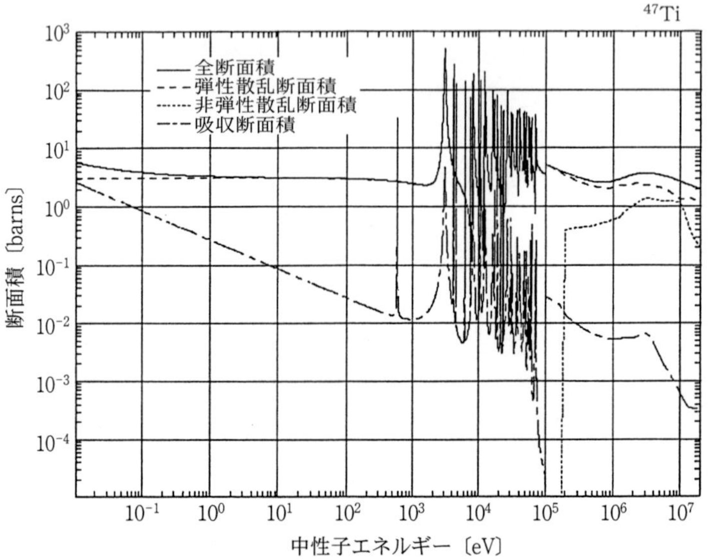

> **解説 ①**
> 核種とは,原子核の中の陽子と中性子の数の組合せで定義される.例えば,陽子と中性子の数の合計が同じでもその組合せが異なれば違う核種になる.

図 9・1 ^{47}Ti のエネルギー依存の各種の断面積(JENDL 3.3 より引用)
(出典:http://wwwndc.tokai.jaeri.go.jp/j 33 fig/jpeg/ti 047-f 1.jpg)

9・2・3 中性子断面積

中性子と核の反応確率を表すものが，**中性子断面積**（neutron cross-section）である．原子核1個について定義したものが，微視的断面積で単位はバーン〔b＝10^{-24} cm^2〕である．中性子断面積は，反応の様式，核種，中性子エネルギーによって大きく変化する．したがって，中性子断面積はそれぞれの反応ごとに定義し，弾性散乱断面積，非弾性散乱断面積，吸収断面積などと表す．近年計算コードの発達から，より精密な計算に必要な，二次粒子等が放出される角度や放出粒子が持つエネルギーなどの情報を含む断面積（微分断面積）が整備されている．なお，一般的に，吸収断面積は中性子の速度に反比例（$1/v$法則）する性質を持っている（**図9・1**）．また，散乱断面積は中性子のエネルギーによらずほぼ一定という特徴がある．生体に関係した核種の熱中性子の散乱断面積と吸収断面積の一例を**表9・2**に示す．

表 9・2 熱中性子の散乱断面積と吸収断面積

核種	天然存在比〔％〕[*1]	散乱断面積〔b〕[*2]	吸収断面積〔b〕[*1]
^{1}H	99.985	20.5	0.332
^{2}D	0.014 8	3.39	5.21×10^{-4}
^{12}C	98.892	4.75	3.42×10^{-3}
^{14}N	99.635	10.0	7.58×10^{-2}
^{16}O	99.759	3.78	1.78×10^{-4}

[*1]：Table of Isotopes 7 th ed.
[*2]：JENDL-3（JAERI-M-90-099）

9・3 中性子のエネルギー損失

中性子のエネルギーを，ここでは中性子の運動エネルギーとしてその損失について説明する．9・2節の物質との相互作用で説明したように，中性子のエネルギー損失は，大部分原子核との散乱反応（弾性散乱と非弾性散乱の2つ）によって引き起こされる．散乱反応によるエネルギー損失のわかりやすい例として，静止している原子核に中性子が弾性散乱する場合を説明する．弾性散乱の前後の中性子のエネルギー変化は，運動量と運動エネルギーの保存法則から次式のようになる．

$$K=\frac{4Mm_n}{(M+m_n)^2}E\cos^2\psi \fallingdotseq \frac{4A}{(A+1)^2}E\cos^2\psi \qquad (9・1)$$

ここで，

K：核の受け取る反跳エネルギー　　M：核の質量
E：中性子の運動エネルギー　　　　m_n：中性子の質量
ψ：中性子の散乱角　　　　　　　　A：核の原子量

である．

なお，非弾性散乱の場合の中性子のエネルギー損失は，励起エネルギーに使われた分だけ少ない運動エネルギーになる以外は弾性散乱の場合と同じである．したが

って式 (9·1) の E（中性子の運動エネルギー）に励起エネルギーだけ小さい値を入れれば，弾性散乱の場合と同じように求められる．

　一般的に中性子のエネルギーが大きくなるほど，原子核と非弾性散乱を起こす確率が増加する．一方，弾性散乱の反応確率は徐々に小さくなる．正確には，これらの反応確率は，中性子のエネルギーと，反応する原子核によって変化する．したがって，物質中の中性子のエネルギー損失は，中性子のエネルギーと物質を構成する核種に依存する．

9·3·1　高エネルギー中性子（10 keV 以上）

　非弾性散乱によるエネルギー損失が期待できるエネルギー領域である．特に中性子エネルギーが MeV オーダー以上になった場合は，弾性散乱反応に比べて非弾性散乱反応の確率が大きくなり，非弾性散乱反応によるエネルギー損失が顕著となる．しかし，特に軽い原子核で構成されている物質中や，中性子のエネルギーが比較的小さい場合は，その断面積の大きさや，励起準位の関係で非弾性散乱が起こりにくいことから，弾性散乱によるエネルギー損失が重要となる．一例であるが高速中性子の減速には，非弾性散乱の反応確率の大きな鉄などが利用される．

9·3·2　低エネルギー中性子（10 keV 未満）

　このエネルギー領域では，非弾性散乱が起こりにくいことから，弾性散乱によるエネルギー損失と考えて良い．なお，核種によってはこのエネルギー領域でも，反応確率が大きく変化する共鳴吸収を起こすことに注意する必要がある．

9·4　中性子の減弱と吸収

9·4·1　指数関数的な減弱

　中性子の減弱には，時間的な減弱と空間的な減弱の 2 つがある．この 2 つに共通していることは，中性子の挙動が確率的な現象に従うことである．これに関係して**指数関数的な減弱**（exponential decay）が起こる．

i）時間的な減弱

　これは，中性子が半減期 10.6 分で陽子，電子，ニュートリノに壊変することによって起こる．わかりやすい例として，空間に閉じこめられた中性子の数の変化がこれに当たる．$N(t) = N_0 \exp(-\lambda t)$ のように時間と共に指数関数的な減弱をする．ここで，N_0, $N(t)$ は，スタート時及び t 時間後の中性子数，λ は中性子の壊変定数（ln 2/半減期）である．

ii）空間的な減弱

　空間的な減弱は，中性子源からの距離による**中性子束**（neutron flux, 単位時間に単位面積を通過する中性子数）の減弱である．わかりやすい例として点状の時間的に発生量が一定の中性子源が真空中にある場合を説明する．中性子束の中性子源からの距離による減弱は，上記の「時間的な減弱」を無視すると距離（r）の二乗（$4\pi r^2$）に反比例する．なお，物質中の減弱は簡単に記述できない．その理由は，

物質による散乱や吸収（中性子のエネルギーに大きく依存）に依存する空間的な中性子束分布を加味して評価する必要があるからである．したがって，物質中の中性子の減弱は，物質を構成する核種や，物質の寸法形状に大きく依存する．このようなことから，物質中の中性子の挙動は，散乱や吸収などの各種の中性子断面積からなる核データと**計算コード**[②]（calculational code）を用いて現在は評価されている．

9・4・2 二次的な放射線の放出

i) 電磁波の放出

原子核が中性子を吸収した後に放出される γ 線〔**捕獲 γ 線**（capture gamma-ray）〕がよく知られている．複合核や反応生成核の励起状態から安定状態に移行する過程で放出されるものは，その移行時間が通常非常に短時間であることから即発 γ 線と呼ばれる．また，生成核が放射性の場合は，半減期に従って放出される γ 線（二次あるいは遅発 γ 線）がある．微量分析法の一つである放射化分析として多く利用されているのは，半減期に従って放出される γ 線である．中性子照射後，その核種固有の γ 線エネルギーおよび時間減衰特性を持つことに加えて，測定環境，測定装置なども測定し易かったことが多く利用されてきた主な理由である．即発 γ 線は中性子を照射している時しか放出されないためその利用が制限されていた．近年，混在する γ 線や高速中性子が極めて少ない中性子導管などの熱中性子照射設備が利用できるようになり，測定環境が良くなってきたこと，また中性子捕獲で放射能を持たない核種の分析の必要性が高まってきたことなどから，即発 γ 線も核種分析などに利用されるようになってきた．一例であるが，ほう素中性子捕捉療法における $^{10}B(n, \gamma\alpha)^{7}Li$ 反応を利用した血液中のほう素濃度測定では，サンプルの前処理不要という特徴から実用的な方法として威力を発揮している．

ii) 荷電粒子の放出

原子核と中性子の反応の代表的な特性は，表 9・1 に示したとおりである．したがって，中性子との反応で通常発生する荷電粒子は，電子，陽電子，陽子，重陽子，α 粒子くらいまでである．しかし，エネルギーの極めて大きな中性子は生体を構成する原子核でも核破砕を起こし，発生する荷電粒子の種類も増える．また，^{235}U などの核分裂反応を起こす場合は，多くの核分裂生成核種を持つ荷電粒子が放出され

解説 ②
計算コードの種類には，計算体系（一次元，二次元，三次元）や，中性子のエネルギー変化を考慮しない「拡散理論」や，それを考慮する「輸送理論」への対応状況によって，二次元拡散コードや一次元輸送コードなどとよばれる．解析的な計算コードも用いられるが，近年は輸送理論を元にしたモンテカルロ計算コードとよばれるものによって，中性子のエネルギー変化も，体系の寸法形状も実際と同じ条件を模擬した計算が行われている．

表 9・3 中性子による生体中での荷電粒子放出反応

核種	天然存在比〔%〕	反応	発生粒子	反応断面積〔b〕 熱中性子	熱外中性子	高速中性子[*1]
^{1}H	99.985	(n, n')	p	なし	20.5	3.47
^{12}C	98.892	(n, n')	^{12}C	なし	4.75	2.08
^{14}N	99.635	(n, n')	^{14}N	なし	10.0	1.95
		(n, p)	p, ^{14}C	1.81	$(1/v)$[*2]	0.0332
^{16}O	99.759	(n, n')	^{16}O	なし	3.78	2.78
^{17}O	0.037	(n, α)	α, ^{14}C	0.24	$(1/v)$[*2]	—

[*1]：1〜2 MeV の平均値　[*2]：エネルギーの平方根に反比例．（$1/v$ 法則）
（出典：Table of Isotopes 7 th ed. & JENDL-3 (JAERI-M-90-099)）

る．

　中性子が生体に照射された場合の荷電粒子放出反応の一例を表 9·3 に示す．生体中では，核変換を伴わない (n, n') 反応による荷電粒子放出が大部分である．(n, n') 反応により，反跳された水素原子（陽子）や窒素，酸素，炭素の原子核が荷電粒子として放出されるが，存在量や反応断面積から水素の反跳粒子である陽子の発生が最も多い．

9·4·3　中性子によるエネルギー付与（中性子 KERMA 因子）

　KERMA（kinetic energy released in matter）は物質中に運動エネルギーとして放出されるものとして定義されている．中性子は物質を構成する原子核との相互作用（散乱や吸収反応，また，吸収後の二次粒子放出）によってエネルギーを物質に与えるが，これらは中性子のエネルギーと物質を構成する原子核の種類に大きく依存する．したがって，**中性子 KERMA 因子**（neutron KERMA factor）は，中性子のエネルギーと物質を構成する核種に依存する．生体中の中性子と原子核の主な反応は，C，H，O，N の 4 つの元素との反応である．これらの中性子の吸収は散乱に比べて小さい．また，生体中の中性子の減衰は水の減弱特性とほぼ一致することから，生体模擬物質として取り扱いが容易な水が良く用いられる．一例として，脳組織に対する中性子 KERMA 因子と水の全断面積を図 9·2 に示す．なお，水の全断面積は，0.5 eV 以下でエネルギーが低くなるに従って大きくなるおもしろい特徴がある．

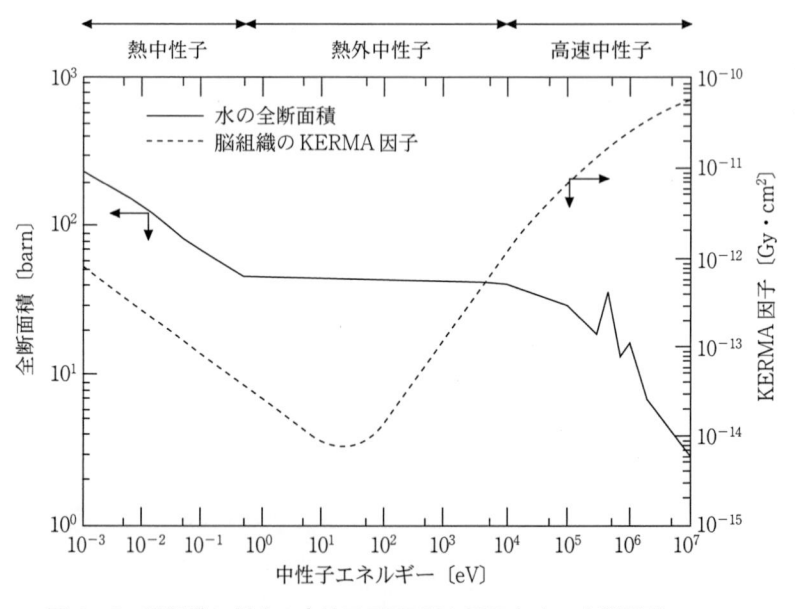

図 9·2　脳組織に対する中性子 KERMA 因子と水の全断面積
(出典：R. S. Caswell and J. J. Coyne, "Kerma factors for neutron energies below 30 MeV", *Radiation Research* **83**, 217-254（1980）)

9・5 中性子源

中性子は，地球上にも天然に存在する．例えば，高エネルギーの宇宙線によって，大気中の原子核が破壊された時に放出されるものなどがある．**中性子源**（neutron source）としてここで取り上げるものは人が制御できるもので，アイソトープ，原子炉，加速器の3つを利用したものに大きく分類できる．高強度の中性子の利用には，加速器や原子炉が必要である．

9・5・1 アイソトープ

アイソトープ（isotope）を利用した中性子源は，自発核分裂，(α, n) 反応，(γ, n) 反応，の3つの反応を利用したものである．**表9・4**に主な自発核分裂核種の特性を示す．また，表9・5に (α, n)，表9・6に (γ, n) 反応を利用した中性子源を示す．これらの中性子源は中性子収量が低く，中性子のエネルギーも幅を持っているが，小型で取扱いが比較的簡単で，安定している利点がある．水分計，中性子ラジオグラフィ，石油探査などに数多く利用されている．

表 9・4 主な自発核分裂核種の特性

核種	半減期〔y〕 自発核分裂	半減期〔y〕 α 壊変	中性子収量〔n·s^{-1}·g^{-1}〕
^{238}U	6.5×10^{15}	4.51×10^{9}	1.8×10^{-2}
^{238}Pu	4.9×10^{10}	8.64×10^{1}	2.64×10^{3}
^{240}Pu	1.4×10^{11}	6.58×10^{3}	8.34×10^{2}
^{244}Cm	1.17×10^{7}	1.76×10^{1}	1.17×10^{7}
^{252}Cf	8.5×10^{1}	2.65	2.3×10^{12}

（出典：日本アイソトープ協会，アイソトープ便覧（改訂3版），p 383，表 17.7，丸善（1984））

表 9・5 主な (α, n) 中性子源の特性

線源	半減期	中性子エネルギー〔MeV〕最大	中性子エネルギー〔MeV〕平均	標準収量*〔10^6 n·s^{-1} Ci^{-1}〕
^{210}Po-Be	138.38 d	10.8	4.2	2.3—3.0
^{226}Ra-Be	1.6×10^3 y	13.0	3.9—4.7	10.0—17.1
^{227}Ac-Be	21.77 y	12.8	4.0—4.7	15—26
^{241}Am-Be	433 y	11.5	5.0	2.2—2.7

* 理想状態の収量を示す．なお，3.7×10^{10} で割れば，Ci は Bq 単位になる．（出典：日本アイソトープ協会，アイソトープ便覧（改訂3版），p 382，表 17.5，丸善（1984））

表 9・6 主な (γ, n) 中性子源の特性

線源	半減期	主な γ 線エネルギー〔MeV〕	平均中性子エネルギー〔MeV〕	標準収量*〔10^6 n·s^{-1} Ci^{-1}〕
^{24}Na-Be	15.02 h	2.75	0.83	1.3
^{88}Y-Be	106.6 d	1.836	0.158	1.0
^{124}Sb-Be	60.2 d	1.69, 2.09	0.24	1.9
^{226}Ra-Be	1.6×10^3 y	1.76, 1.85, 2.12	0.3	3.0

* ターゲット物質1gが線源から1cmとして評価．なお，3.7×10^{10} で割れば，Ci は Bq 単位になる．（出典：日本アイソトープ協会，アイソトープ便覧（改訂3版），p 382，表 17.6，丸善（1984））

第9章　中性子線と物質の相互作用

i) 自発核分裂

自発核分裂（spontaneous fission）とは，外部からの作用が無くても，ある確率で核分裂を起こすことをいう．ウランより質量の大きな ^{252}Cf, ^{238}U, ^{239}Pu など 30 余りの核種が対象になる．中性子による核分裂などと同様に，自発核分裂でも中性子，核分裂核種を生成する．^{252}Cf（カリホルニウム-252）の自発核分裂の利用は，強度は弱いが手軽で小型化でき，放射性同位元素の取扱いで中性子を利用できる長所がある．

ii) 光中性子

(γ, n) 反応を光核反応といい発生する中性子を**光中性子**（photo neutron）という．なお，中性子1個の結合エネルギー（Q値）の最大は，核種によって変わるが約 8 MeV であるので，これ以上の γ 線や X 線は (γ, n) 反応を起こす．電子線リニアックでは，制動放射により X 線が発生し，それが Q 値を越えている場合は中性子が発生するので注意が必要である．Q 値の小さな，ベリリウム ^{9}Be（1.66 MeV）や重水素 ^{2}D（2.22 MeV）等を含む物質がある場合は，特に注意が必要である．

9・5・2　原子炉

原子炉（nuclear reactor）の中では，中性子によって核分裂連鎖反応が起こり，ウランやプルトニウムが制御された状態で核分裂を起こしている．原子炉内の中性

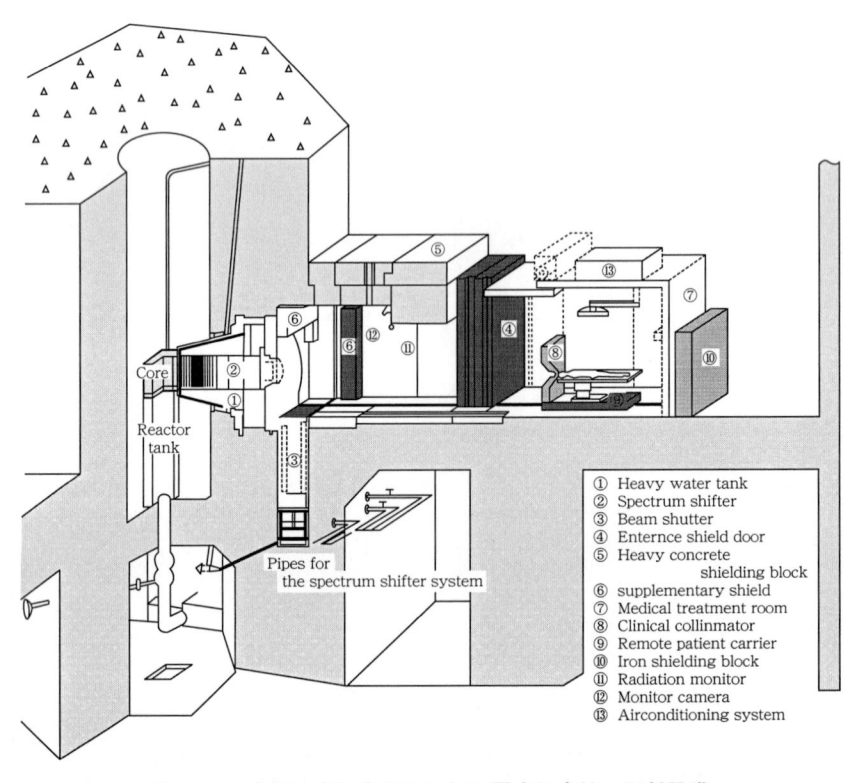

図 9・3　京都大学研究用原子炉の医療用中性子照射設備

子は，核分裂で発生した直後の核分裂中性子と，それが周辺の物質と衝突し減速されてエネルギーが低くなった熱中性子と熱外中性子の混合場である．原子炉では，1核分裂当たり200 MeVが熱エネルギーとして放出されることより，出力1 kW当たり毎秒約$6×10^{13}$個の中性子が発生している．熱出力10 MWの研究炉では毎秒約10^{18}個の中性子が発生し，10^{14} n・s/cm^{2}程度の最大熱中性子束が得られる．このように大量の中性子が長期間安定に利用できることが大きな特徴である．研究用原子炉は中性子源として用いられるものが大部分である．図9・3にその一例として，京都大学研究用原子炉の医療用中性子照射設備を示す．

9・5・3 加速器

加速器（accelerator）を用いた中性子源は，中性子発生に用いる核反応の条件によっては単一エネルギーの中性子が得られるという特徴がある．表9・7に加速器による中性子の発生核反応の一例を示す．この中では T(d, n)He 反応が収量も大きくよく使われている．^{9}Be(p, n)^{9}B 反応や ^{7}Li(p, n)^{7}Be 反応なども利用される．各反応の収量は，ターゲット核と衝突粒子のエネルギーに依存する．また，電子線加速器で発生する制動X線を用いた（X, n）反応による中性子も利用されている．加速器は連続ビームを取り出すことも可能ではあるが，パルス的な取り出しに特徴を持たせることが多い．

表 9・7　加速器による中性子発生の核反応の一例

反　　応	Q 値〔MeV〕	反応のしきいエネルギー〔MeV〕	中性子のエネルギー範囲〔MeV〕
D(d, n)^{3}He	3.266	—	2.5 — 7
T(d, n)He	17.586	—	14 —20
T(p, n)^{3}He	−0.764	1.019	0.6 — 5
^{7}Li(p, n)^{7}Be	−1.646	1.882	0.03 — 4

（出典：日本アイソトープ協会，アイソトープ便覧（改訂3版），p 391，表17.10，丸善（1984））

◎ ウェブサイト紹介

日本原子力研究開発機構・核データセンター

http://wwwndc.tokai.jaeri.go.jp/

http://wwwndc.tokai.jaeri.go.jp/index_J.html

中性子に関する多くの核データが見ることができる．リンクも張られており初心者から研究者まで利用価値が高い．

◎ 参考図書

C. M. Lederer, V. S. Shirley : Table of Isotopes 8 th ed, John-Wiley & Sons (1996)
社団法人日本アイソトープ協会：アイソトープ便覧（改訂3版），丸善（1984）

第9章 中性子線と物質の相互作用

長倉三郎他編:岩波理化学辞典第5版, 岩波書店 (1998)
J. R. Lamarsh (武田充司, 仁科浩二郎訳):原子炉の初等理論 (上), 吉岡書店 (1974)

◎ 演習問題

問題1 熱中性子について簡単に説明せよ.

問題2 中性子と物質との相互作用で重要な2つの反応について説明せよ.

問題3 中性子の2つのエネルギー損失の機構について説明せよ.

問題4 中性子の2つの指数関数的減弱の機構について説明せよ.

問題5 代表的な3つの中性子源の特徴について説明せよ.

第10章
超音波

10·1 超音波の性質
10·2 超音波の送受信
10·3 超音波画像法

第10章
超音波

本章で何を学ぶか

　多くの医用計測が，X線，光，磁気などの電磁波を利用しているのに対し，超音波は力学的振動すなわち弾性波である．超音波による計測の特徴として，(1) 無侵襲で被曝がないため胎児の診断にも適用でき，また繰り返して検査が行える，(2) リアルタイム性に優れるため，血流や心臓の拍動の様子をみることができる，(3) 一般に装置が小型なため，ベッドサイドでの検査も容易であるなどの利点がある．一方で(1) 屈折，干渉，散乱などの波動現象が顕著で，それによるアーチファクトが出やすく定量性に乏しい，また，(2) 組織による減衰が多いため分解能や画質を高めるのが難しい，(3) 視野が狭いなどの欠点もある．このため，現在の超音波診断装置においては，適切な像を得る上で術者の技能が重要となり，アーチファクトをも有用な診断情報として読み取れる能力が要求されるが，そのためには超音波物性や超音波診断装置の原理について理解が不可欠である．本章では，このような観点から，最初に身につけるべき基礎知識として，超音波の性質，超音波の送受信，超音波画像法について説明する．

10・1　超音波の性質

10・1・1　超音波の伝搬

　超音波[1] (ultrasound) は，文字通り「可聴域を超えた高い周波数の音波」であるが，実際には空気以外に，水，金属，生体など様々な媒質を伝搬する弾性波と呼ばれる波動である．また，周波数については，医療に用いられる超音波の場合，図10・1に示すように，診断応用としては 1 MHz～40 MHz[2] 程度，治療用ではそれ以下の数十 kHz までも利用され，また，組織切片を観察する超音波顕微鏡では，

> **解説①**
> 広義の超音波の定義は，「聞くことを目的としない音波や振動」であるので，必ずしも可聴域 (20 k～20 kHz) より高い周波数である必要はない．

(電磁波の波長)	3 km	300 m	30 m	3 m	30 cm
(周波数)	100 kHz	1 MHz	10 MHz	100 MHz	1 GHz
(超音波の波長)	15 mm	1.5 mm	0.15 mm	15 μm	1.5 μm
(医用超音波の周波数)	20 k～200 k～		2 M～3.5～5～7.5～10～20～40 MHz		100 M～1 GHz～
(用途)	超音波組織破砕吸引術	超音波ハイパーサーミア　超音波加熱凝固法	腹部　心臓　乳腺・甲状腺　眼科　皮膚　小血管　冠動脈		顕微鏡
	治療用		診断用		

図 10・1　各周波数帯域における医用超音波応用

100 MHz〜1 GHz の超高周波が用いられる．

　音波は媒質の粒子が，波の進行方向に振動しながら伝わる縦波であるが，超音波が固体内を伝搬する場合などでは，縦波の他に横波も発生する．しかし，後に述べるように，生体内では横波の減衰が極めて大きいため，実際には縦波として伝搬する．また，軟部組織の縦波の**伝搬速度**（音速）は後述するように，ほぼ水中のそれと等しく約 1 500 m/s であり，電磁波の速度に比べるとはるかに小さい（20 万分の 1）．このため，超音波診断装置において，超音波パルスの伝搬時間を計測して，各部位までの距離を算出することを容易にしている．超音波も他の波動と同様に，周波数 f，波長 λ，伝搬速度 c の間には，

$$c = f \cdot \lambda \tag{10・1}$$

の関係がある．したがって，使用される周波数での波長は，図 10・1 に示すように，$\lambda = 0.05 \sim 10$ mm 程度となる．同じ周波数の電磁波と比べると，超音波の波長ははるかに小さいことがわかる．このため，画像計測においては波長程度の空間分解能を得ることができ，また，直進性がよく超音波をビーム状にして患部まで集束させることが可能となる．逆に，同程度の波長をもつ電磁波の場合，ミリ波から遠赤外線となり，体内深部に到達することは難しい．

　超音波を発生する源を**音源**とよぶ．波長に比べて小さな音源から発生した音波は，同心球状の波面を持つ**球面波**として媒質中を広がって伝わる．波長に比べて，十分に広い平面から垂直に出る音波は平面的に進行する**平面波**（**平面進行波**）となる．球面波でも音源から十分に離れると，局所的には平面波とみなせる．

10・1・2　音速（伝搬速度）

　超音波は，媒質の微小粒子が振動を繰り返しながら音響エネルギーを伝えるものであるが，超音波の進行方向と微小粒子の振動方向が一致する波を**縦波**（longitudinal wave）という．これは，空間的には媒質が圧縮されて粒子が密になった部分と，逆に疎になった部分が交互に分布するので，**疎密波**ともよばれる．疎密状態が媒質中を伝わる速さを**音速**（sound velocity）または**伝搬速度**（propagation velocity）とよび，微小粒子自身の振動する**粒子速度**（particle velocity）とは異なる．水などの液体中を伝わる縦波の音速 c は次式で表される．

$$c = \sqrt{\frac{K}{\rho}} \tag{10・2}$$

ここで，K は**体積弾性係数**[3]とよばれる媒質の弾性を表す定数，ρ は媒質の密度である．水中の縦波の音速は，35℃ で約 1 520 m/s である．一方，超音波の進行方向と微粒子の振動方向が直交した場合を**横波**（shear wave）という．横波の音速 c_s は，剛性率 G を用いて次式で表される．

$$c_s = \sqrt{\frac{G}{\rho}} \tag{10・3}$$

　生体組織の中で，脂肪，筋組織，肝臓などの**軟部組織**（soft tissues）[4]と呼ばれる部分は，超音波に対しほぼ水に近い特性を示す．つまり，横波は軟部組織内ではほとんど伝搬しないため，通常は縦波の伝搬だけを考えればよい．また，軟部組織の音速は，組織により多少ことなるが，図 10・2 に示すようにほぼ水にちかい 1 500

解説 ②
1 Hz（s^{-1}）は周波数（振動数）の単位．超音波や第 11 章で扱う核磁気共鳴では波としての性質が強いので，振動数の代わりに周波数という術語を用いる．

解説 ③
体積弾性係数 K は，圧力を加えて体積を圧縮する場合の（圧力/体積の変化率）で，圧縮しにくい物質ほど K が大きくなり，音速も早くなる．水の場合は，1 気圧，20℃ で $K = 2.06 \times 10^9$ Pa

解説 ④
組織を音響特性により分類すると，軟部組織，骨，肺などのガスを含む組織の 3 つに分かれる．このうち，脂肪，筋組織や，腎臓，肝臓，脳など臓器を構成する大部分の組織は軟部組織に含まれる．

第10章　超音波

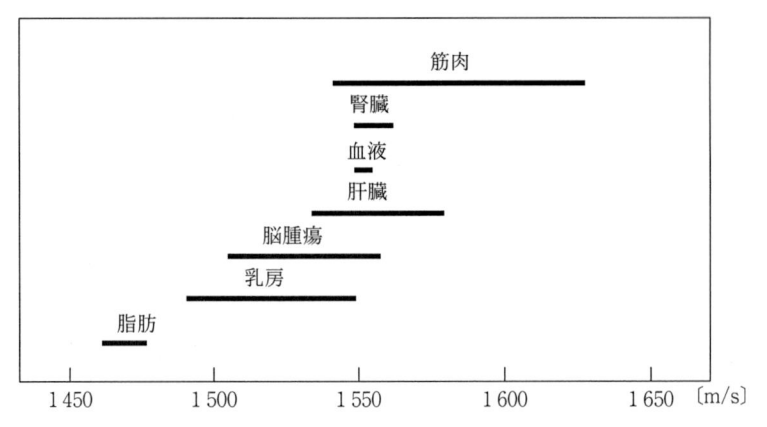

図 10・2　軟部組織の音速
（出典：Woodcock, J. P, Ultrasonics Medical Physics Handbook, Vol. 1）

表 10・1　生体組織の音響特性

媒質	音速 c [m/s]	密度 ρ [g/cm³]	音響インピーダンス $z \times 10^6$ [kg/(m²s)]	水に対する音の強さの反射係数 $\mathcal{R}$ [%]	減衰係数/周波数 [dB/(MHz·cm)]
空気	343	0.0012	4.1×10^{-4}	99.9	—
肺	650	0.4	0.26	50.1	4.8
水	1520	1.00	1.52	0	0.0022
血液	1570	1.03	1.61	0.08	0.18
脂肪	1430	0.97	1.38	0.23	0.63
筋肉	1585	1.06	1.68	0.25	1.12
頭蓋骨	4080	1.78	7.8	45.4	20

m/s前後である．これに対して，頭蓋骨などの骨は硬く，式(10・2)でのKの値が大きいため，音速も軟部組織に比較し速くなる．逆に，空気を含む肺などの臓器では遅くなる（**表10・1**）．この軟部組織の音速の僅かな違いは，生体内を超音波が進む際に屈折を生じさせ，アーチファクトの原因となる．一方で，脂肪肝の音速が正常肝に比べ遅くなるなど，疾病による組織性状の変化を表す新しい診断情報として利用する試みもなされている．

10・1・3　音響インピーダンス

　音波が存在しないときの媒質内の圧力である静圧（通常は大気圧）に対し，音波が伝わる際には密度の大小により圧力の変化が生ずる．このときの圧力と静圧との差を音圧（sound pressure）という．音圧の単位は，**Pa（パスカル）**[5]で

$$1\,\text{Pa} = 1\,\text{N/m}^2 = 1\,\text{kg/(ms}^2) \tag{10・4}$$

である．また，音圧に対する粒子速度（微小粒子の振動速度）との比は（固有）音響インピーダンス（acoustic characteristic impedance）とよばれ，媒質に固有な値である．平面波進行波の場合は，音響インピーダンスzは，密度ρと音速cの積として，次式のように決定される．

解説⑤
圧力の単位Paは，フランスの物理学者Pascalにちなんでつけられた．1Paは，1m²あたり1N（約100g重）の力を受ける圧力．1気圧＝約10^5Pa

$$z = \rho c \tag{10・5}$$

軟部組織については，密度と音速は水に近いため，表10・1に示すように，音響インピーダンスもほぼ水に近く，組織による違いは10%程度である．これに対して，骨または肺などは軟部組織と極端に異なる．

音の強さ (sound intensity)[⑥] とは，音の進行方向に垂直な単位面積を，単位時間に通過する音のエネルギーをいい，単位は W/m^2 である．音の強さ I と音圧 P，音響インピーダンス z との間には次の関係が成り立つ．

$$I = P^2/z \tag{10・6}$$

10・1・4 反射，屈折

一様な媒質中を伝搬する超音波は直進するが，媒質が変わるとその境界で，反射や屈折を生ずる．単純な場合として平面進行波が，平面で接する2つの媒質の境界に垂直に入射するときを考える（図10・3(a)）．**入射波** (incident wave) の一部は，境界で反射し**反射波**（エコー）(reflected wave, echo) として入射波と逆方向に伝搬する．また，残りは境界面を透過する**透過波** (transmitted wave) として深部へ伝搬していく．入射波，反射波，透過波の音圧の振幅を各々 P_I，P_R，P_T とすると，入射波に対する反射波の割合を表す**反射係数** (reflection coefficient) R と，同じく透過波の割合を表す**透過係数** (transmission coefficient) T は，次式のようになる．

$$R = \frac{P_R}{P_I} = \frac{z_2 - z_1}{z_2 + z_1}, \qquad T = \frac{P_T}{P_I} = \frac{2z_2}{z_2 + z_1} \tag{10・7}$$

ここで，z_1, z_2 は，それぞれ，媒質1および媒質2の音響インピーダンスであり，それぞれの媒質の密度と音速の積として，$z_1 = \rho_1 c_1$, $z_2 = \rho_2 c_2$ と表される．式 (10・7) では，2つの媒質の音響インピーダンスの差が大きいほど反射の割合が大きいことを示す．また，$R < 0$（$z_2 < z_1$）となるときは，反射により波形の極性（正負）が反転することを意味する．

さらに，音の強さについての反射係数 $\mathcal{R}$ は，入射波，反射波，透過波の強さを I_I, I_R, I_T として，次のようになる．

解説 ⑥

超音波の伝搬は電圧波形が電気回路網を伝わる様子に置き換えて考えられることが多い．すなわち，音圧を電圧，音響インピーダンスを回路の特性インピーダンス，音の強さを電力に置き換えれば，式 (10・6) の関係は，電力=(電圧)²/特性インピーダンスの関係と等しくなっている．

また，インピーダンスが異なる2つの回路の接続点における電力の透過率は，式 (10・9) と同じように表示される．

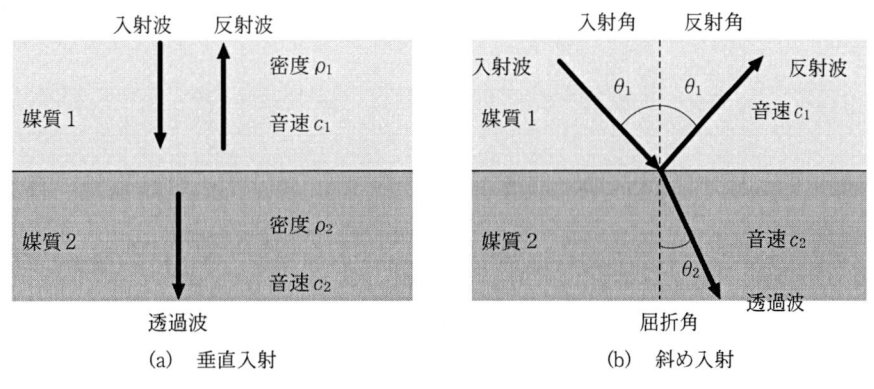

図 10・3 超音波の反射と屈折

(a) 垂直入射　　(b) 斜め入射

$$\mathcal{R} = \frac{I_R}{I_I} = \left(\frac{z_2 - z_1}{z_2 + z_1}\right)^2 = R^2 \tag{10・8}$$

また，エネルギー保存則から，音の強さについての透過係数 $\mathcal{T}$ は，次式のように表される．

$$\mathcal{T} = 1 - \mathcal{R}_1 = \frac{4z_1 z_2}{(z_2 + z_1)^2} \tag{10・9}$$

表10・1に示すように，軟部組織間では音響インピーダンスの差は僅かなため，音の強さに対する反射係数 $\mathcal{R}_1$ は1%以下である．これに対して，軟部組織と骨や空気との境界では大部分が反射することがわかる．パルスエコー法を用いる超音波診断装置では，軟部組織間の僅かな反射波を捉えて断層像を構成している．一方で，軟部組織と肋骨や消化管内のガスとの境界では，大部分のエネルギーが反射してしまうので，その境界より深部では，信号が得られずいわゆる**音響陰影（シャドウ）**（acoustic shadow）となる．

次に，図10・3(b)に示すように，超音波が媒質の境界に斜めに入射する場合は，超音波は**屈折**（refraction）して伝搬する．これは，光などの波動全てに共通の現象で，**スネルの法則**（Snell's Law）により，次のような関係がある．

$$\frac{\sin \theta_1}{\sin \theta_2} = \frac{c_1}{c_2} \tag{10・10}$$

ここで，c_1，c_2 は媒質1，媒質2での音速である．このため，超音波像では，嚢胞など周囲に比べ音速が大きく異なる組織があると，屈折のためにひずみやアーチファクトを生ずる．また，$c_2 > c_1$ の場合，$\theta_2 = \pi/2$ とおくと，$\sin \theta_1 = c_1/c_2$ となり，この θ_1 すなわち**臨界角**（critical angle）以上の入射角では全反射が起こる．

これらは，波長に比べて，十分広い面に入射する場合であるが，逆に，音響インピーダンスの変化が，波長に比べて細かい場合は，入射波は様々な方向に反射され広がっていく**散乱**（scattering）⑦が生ずる．反射係数は周波数に依存しないが，散乱の程度は周波数のべき乗で増大する．

例えば，3 MHz の超音波は波長が 0.5 mm に対し，横隔膜などの十分広い面からは反射が生じるが，直径 8 μm 程度の赤血球からは散乱波が生じ，ドプラ法ではこの血球からの散乱波を利用して血流速度を求めている．実際の生体内では，様々なサイズの反射面があり境界も滑らかではなく，反射と散乱とが混在している．

10・1・5 減衰

媒質内を伝搬する超音波は，様々な要因で減衰する．その一つは，**拡散減衰**であり，球面波の音圧は，距離に反比例して減衰する．また，**吸収減衰**は，媒質の微小粒子が振動して波動を伝える際に粘性により熱エネルギーに変わるために生ずる．**散乱減衰**は，音波が微小な媒質で散乱されることによる．超音波診断装置で用いられるパルスエコー法の場合，超音波をビーム状にして送信するので，拡散の影響は無視でき，また大部分の減衰は吸収によるものと考えて良い．

簡単のために，**図10・4**に示すような，厚さ d の媒質に平面進行波が入射した場合を考える．このとき，入射波の音圧 P_I と透過波の音圧 P_T との関係は，次式で

解説 ⑦

径が，波長に比べて十分小さい（10分の1程度以下）粒子による散乱は，レイリー散乱（Rayleigh scattering）と呼ばれ，散乱係数が周波数の4乗に比例することが知られている．血球からの散乱はレイリー散乱である．

表される．
$$P_T = P_I e^{-\alpha d} \quad (10 \cdot 11)$$
ここで，α は**減衰係数**（attenuation coefficient）とよばれ，次式のように単位伝搬距離当たりに指数的に減衰する割合を示す．
$$\alpha = \frac{1}{d} \ln \frac{P_I}{P_T} \quad (10 \cdot 12)$$
単位は，〔neper/m〕であるが，〔dB/m〕[8] に換算して表されることが多い．

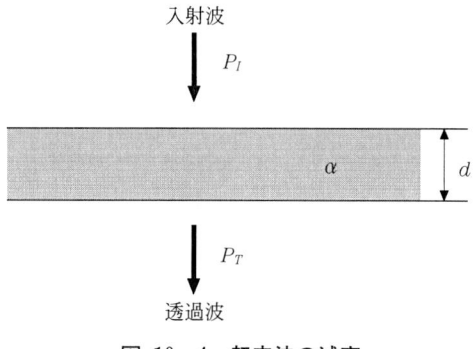

図 10・4 超音波の減衰

多くの場合，高周波ほど減衰を受けやすいが，軟部組織の場合，減衰係数は以下のように周波数にほぼ比例することが知られている．
$$\alpha = \beta \cdot f^n, \quad n \fallingdotseq 1 \quad (10 \cdot 13)$$
この係数 β は，周波数依存性減衰（frequency-dependent attenuation）と呼ばれるが，単位を〔dB/(MHz・cm)〕で表すと，表10・1に示すようにほぼ1に近い値をとる．軟部組織は密度や音速では水に近い特性であるが，減衰については，水に比較して極めて大きいことがわかる．例えば，$f=5\,\mathrm{MHz}$ の超音波が，$\beta=0.5$ dB/(MHz・cm) の組織を，$d=8\,\mathrm{cm}$ 伝搬するとこれらの積として−20 dB すなわち，音圧が 1/10 に減衰することになる．このように生体組織での減衰は大きく，かつそれが周波数に比例する性質のため，高周波になると深部からのエコーが得にくくなり，図10・1に示したように使用可能な周波数の上限が存在する．また，パルス波が伝搬する際に，深部からのエコーほど高周波が減少するため，パルス幅が大きくなり，距離分解能が劣化する．

10・1・6 ドプラー効果

超音波計測の領域では**ドプラー効果**（Doppler effect）は，血流や組織の動きの計測に利用される．ドプラー効果は，**図10・5**に示すように音源や観測点が移動しているときに，音源の周波数 f_S が観測点では f_0 として受信される現象である．

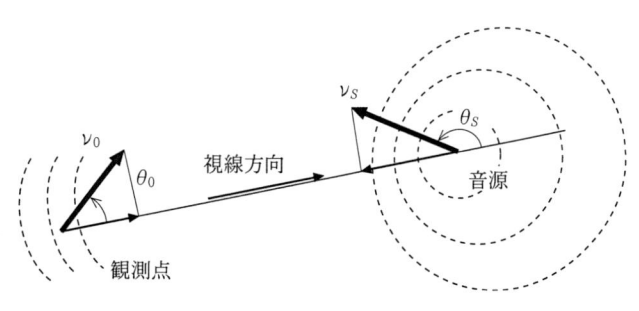

図 10・5 ドプラー効果

解説 ⑧
減衰の単位〔neper〕は倍率を e のべき乗で表したもので，1 neper は，1/e〔倍〕となる減衰を示す．一方，〔dB〕は，10 のべき乗で表したもので，x〔倍〕の〔dB〕表示は，$20 \log_{10} x$ となる．例えば，$x = 0.5$〔倍〕は -6〔dB〕，$x = 0.1$〔倍〕は -20〔dB〕に相当する．また，1〔neper〕= 8.686〔dB〕に換算される．

第10章　超音波

$$f_o = f_s \frac{c + v_o \cos\theta_o}{c + v_s \cos\theta_s} \tag{10・14}$$

ここで，c は音速，v_s，v_o はそれぞれ，音源および観測点の移動速度である．θ_s，θ_o は，観測点から音源の方向（視線方向）を基準として測った，v_s および v_o の方向を意味する．また，次式の周波数の変化分 f_d は，**ドプラー偏移**（周波数）(Doppler shift) とよばれる．

$$f_d = f_o - f_s \tag{10・15}$$

式 (10・14) を見るとわかるように，移動速度のうち，周波数の変化に関係するのは，視線方向へ射影した成分 $v_o \cos\theta_o$，$v_s \cos\theta_s$ である．特別な場合として，音源が視線方向と直角に横切る場合，つまり $\theta_s = \pi/2$ のときは，v_s の影響はなくなる．

10・2　超音波の送受信

10・2・1　圧電素子

超音波の送受信には，**(超音波) 振動子**((ultrasonic) transducer) が用いられる．これは，可逆性があり，1つの素子で電気信号を超音波に変換し，また体内からの反射波を受信して電気信号に変換できる圧電材料からできている．水晶やロッシェル塩などの分子分極している結晶に，外部から力を加えて変形させると，分子間の距離が変わるため表面に新たな電荷が現れ起電力が生ずる．また，逆に，電極で挟んで交流電圧を加えると，極性により伸縮して振動する．前者を**圧電効果** (piezoelectric effect)，後者を**逆圧電効果** (inverse piezoelectric effect) といい（図 **10・6**），1880年にキュリー兄弟（J. Curie と P. Curie）[9] が発見した．

診断装置用には，電気音響変換効率の高い圧電セラミックが用いられる．中でも，ジルコンやチタンの酸化物を鉛と混合して焼固めたジルコン酸チタン酸鉛（**PZT**）は高い比誘電率（数百以上）を持つものとして広く使われる．また，ポリフッ化ビニリデン（**PVDF**: polyvinylidene fluoride）を延伸して薄膜とし，その両面に電極をつけて，高電圧を印加して分極処理を施した圧電高分子膜が用いられる．これは，圧電セラミックに比べると，電気音響変換効率は小さい（比誘電率は6程度）が，薄膜にすることで高周波化を容易にし，また形状を自由に変えられるので，曲面などに貼り付けることができる．

解説 ⑨
キュリー兄弟の弟 P. Curie は後年，夫人の M. Curie とともに放射性物質のラジウムを発見したことで有名．

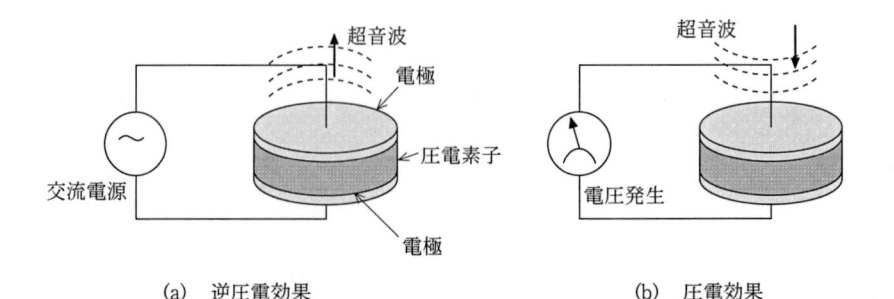

(a) 逆圧電効果　　　　(b) 圧電効果

図 10・6　圧電素子と圧電効果

10・2・2 探触子（プローブ）

超音波診断装置において，超音波を体内に送信し，同時に体内の各部で反射した超音波（エコー信号）を受信する部分を**探触子**（probe）または**プローブ**と称する．探触子は，用途により様々なものが開発されているが，**表10・2**に示すように，振動子の配列方式により単一振動子と配列形振動子，ビーム走査の手段により機械走査と電子走査，またビーム走査方式によりリニア走査，セクター走査，ラジアル走査など様々なものが存在する．実際には，**表10・3**に示すように，目的や診断部位の条件に適合した組合せが用いられる．

振動子の数と配置の仕方で分類すると，**図10・7**のように単一振動子形と配列形に分けられる．

単一振動子形は最も基本的な探触子で，超音波を送受信する振動子を電極で挟み，背面には**バッキング材**，前面には**音響整合層**（acoustic matching layer）を介して生体に接するようになっている．超音波画像の空間分解能を上げるためにはできるだけ短いパルスが望ましいが，電気パルスの印加後も，振動子は固有周波数で減衰振動するので，そのままではパルス幅は長くなる．バッキング材は背面に放射された波を吸収して Q を下げ，持続時間の短いパルスの送信を可能にする．また，振動子の音響インピーダンスは生体に比べてはるかに大きいため，そのままでは超音波の大部分が境界で反射して体内に入射できないが，生体と振動子の間に，音響整合層[10]を入れることで，効率良く超音波を体内に入射することができる．

配列形探触子（array probe）の基本構造は単一振動子形と同じであるが，多数の配列形振動子からなる．図10・7(b)は，リニアアレイ型のもので，断層像との関係から，図に示す3つの方向（距離方向，方位方向，スライス方向）が決められている．配列形にする目的は，超音波ビームの**フォーカシング**（focusing）と走査（scan）である．単一振動子は固定焦点で**機械走査**（mechanical scan）であるが，配列形では，電気パルスを各振動子に加える際に電子的に切り換えてビーム走査や，焦点を移動させる**電子走査**（electronic scan）を行うことができる．一方，音響レンズは，スライス方向でビームを絞るために用いられる．

> **解説⑩**
> 音響整合層は，その音響インピーダンスとして，振動子（z_1）と生体（z_2）の相乗平均 $\sqrt{z_1 \cdot z_2}$ となる値を持ち，厚みが波長の1/4となるようにすると，その周波数に対しての透過係数は1になる．これは，電気回路におけるインピーダンス整合での考え方と同じである．

表 10・2 探触子の分類

(a)	振動子数と配置	単一振動子形	
		配列形	アニュラーアレイ
			リニアーアレイ
			コンベックスアレイ
(b)	走査手段	機械走査方式	
		電子走査方式	スイッチトアレイ方式
			フェーズドアレイ方式
(c)	走査方式	リニアー走査方式	
		セクター走査方式	
		ラジアル走査方式	
		アーク走査方式	
		コンパウンド走査方式	

第10章　超音波

表 10・3　各部位に適用されている探触子の種類

走査方式		探触子	主な用途
機械走査	セクター走査	アニュラーアレイ探触子 単一振動子	乳腺，腹部 心臓
	ラジアル走査	単一振動子	血管内 超音波内視鏡
電子走査	リニアー走査	リニアーアレイ探触子	腹部 乳腺，甲状腺
	オフセットセクタ走査	コンベックスアレイ探触子	腹部 乳腺，甲状腺 泌尿器（経直腸）
	セクター走査	リニアーアレイ探触子 （フェーズドアレイ方式）	心臓 脳（術中）
	ラジアル走査	ラジアルアレイ探触子	腹部（経食道）

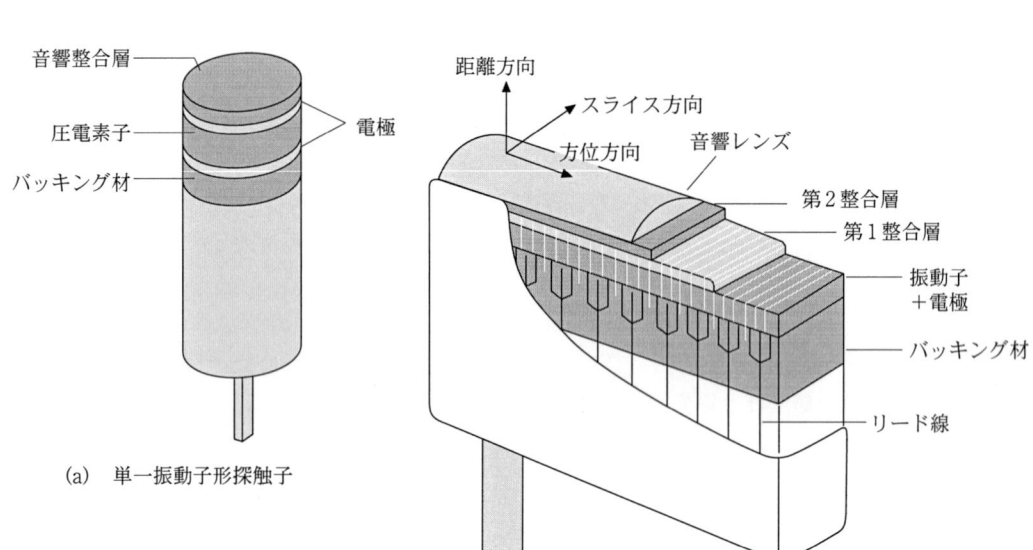

(a)　単一振動子形探触子

(b)　配列形探触子（リニアーアレイ）

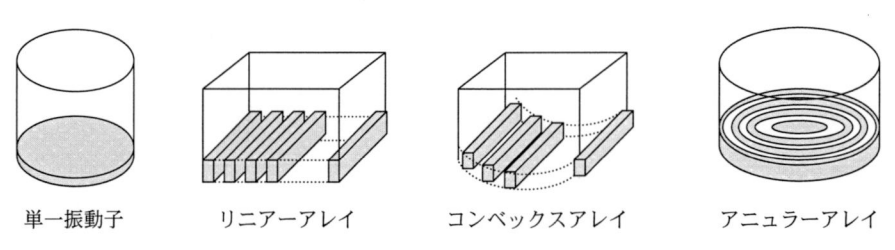

(c)　探触子における振動子の配列

図 10・7　単一振動子形と配列形探触子

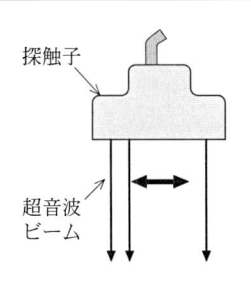

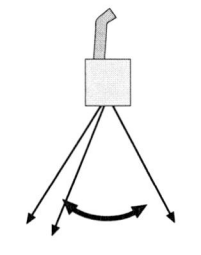

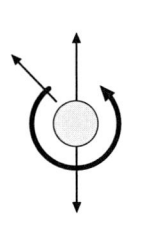

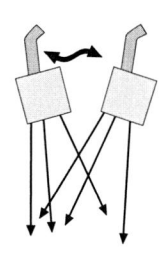

(a) リニアー走査　　(b) セクター走査　　(c) ラジアル走査　　(d) コンパウンド走査

図 10・8　各種の走査方式

　機械走査は比較的簡単な仕組みでセクター走査やラジアル走査が可能で，また振動子の高周波化も容易という利点から，現在でも 3 次元計測用や血管内エコー法など一部に用いられている．1970 年頃に開発された電子走査は，高速走査が可能で，ビームの焦点を可変にでき，また同時に M モードやカラードプラー法が適用できるなど利点があり，現在では配列形探触子を用いた電子走査が大部分を占めている．

　配列形は，さらに図 10・7(c) のように，配列形振動子が直線状に並ぶ**リニアーアレイ**（linear array），凸形に並べ腹部診断などで深部の視野を広くしたコンベックスアレイ（convex array）[11]，同心円状の**アニュラーアレイ**（annular array）などがある．同心円のリング状の振動子を並べたアニュラアレイ探触子は，単一振動子が固定焦点である欠点を改良したもので，軸対称なダイナミックフォーカシングができる点に特徴がある．

　また，走査方式には，**図 10・8** に示すようなものがある．**リニアー走査方式**（linear scan）は，ビーム方向に垂直に走査する方式で，体表付近の視野幅を広く大きく取れることから，主に体表臓器，頚動脈などの血管系で使用される．

　セクター走査方式（sector scan）は，ビームを扇形に振ることで，小さな音響窓から深部での広い視野幅が得られることから，心臓や術中での脳の診断などに用いられる．単一振動子やアニュラーアレイを機械的に動かす方式（メカニカルセクター走査）と，リニアーアレイ探触子で，電子的にビームを振る方式（電子セクター走査）がある．

　ラジアル走査方式（radial scan）は，振動子を回転させ放射状にビームを走査し，回転軸に垂直な断面の画像を得る走査方式である．小さな単一振動子を先端につけたワイヤーを体腔内挿入して高速に（30 回/s 程度）回転させる方式が用いられ，経腟，経直腸，経食道探触子や，カテーテルのように血管内に挿入して血管壁断面を診断するもの（血管内エコー法）がある．また，近年では配列形振動子を円周上に並べてリニアー走査と同じように電子的に切り替えてビームを回転させる探触子も開発され，経食道や血管内に挿入して用いられている．

10・2・3　超音波パルス

　超音波診断装置は，超音波パルスの波形自体も分解能や精度に大きく影響する．パルス波は，実際には**図 10・9** に示すように，ビーム幅とパルス幅に相当する媒質

解説 ⑪

コンベックス（凸形）というのは，本来，振動子配列の形状につけられた名称であり，ビームの走査方式をさすものではない．したがって，リニアアレイに対してコンベックスアレイはあるが，リニア走査に対して，コンベックス走査というのは，適切でないといわれている．しかし，実際には，混同されてコンベックス走査という表現がしばしば使われる．

第 10 章　超音波

(a) 送信

(b) 受信

$t=2L/c,\ \tau=2d/c$

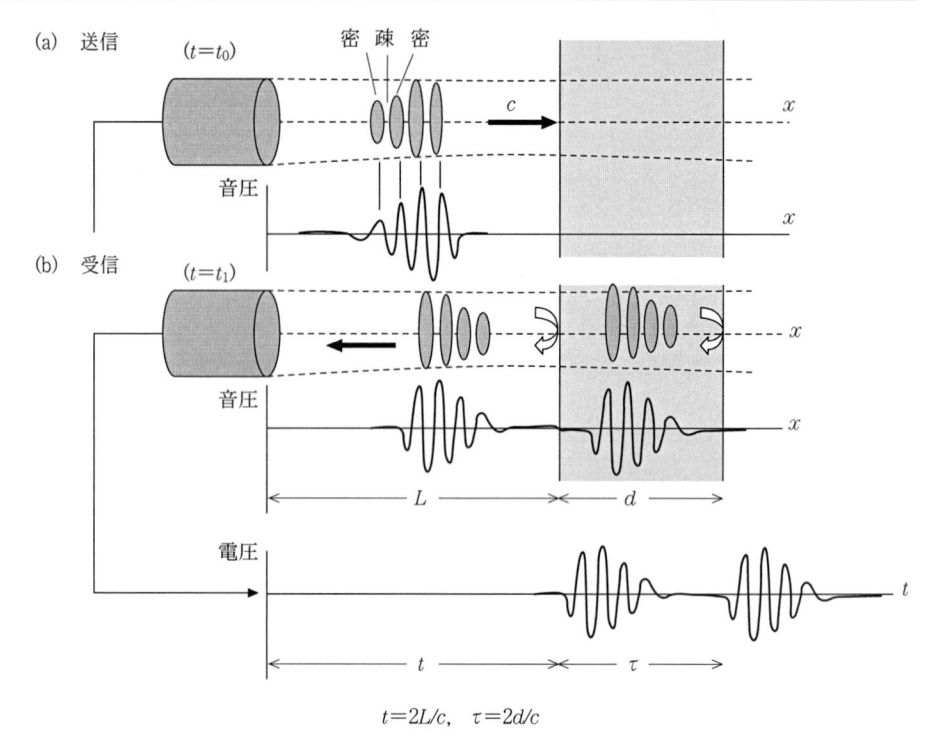

図 10・9　超音波パルス波と受信信号

　空間内における疎密波の固まりが音速で伝搬している状態であるが，各時刻では伝搬経路上の音圧波形として表示できる．パルスエコー法では，インピーダンスの不連続な境界での反射波を探触子で受信して電圧波形としたものを用いる．このため，媒質内を伝搬する超音波パルスと受信された電圧パルスとの関係は，① 音圧を電圧に変換，② 伝搬方向の空間軸を，時間軸に変換，③ この際，受信順に変換されるので，時間軸の正方向は，伝搬方向の逆方向に相当する．このうち①に関しては，探触子の電気音響変換特性の影響を受けるので，必要に応じて，探触子の特性を事前に測定しておき換算する．ただし，線形な範囲であれば，電圧変化は音圧変化と比例するので，Bモード像のような電圧変化を基にした相対的な評価で十分な場合が多い．②に関しては，伝搬速度 c を用いて，媒質の伝搬距離 L を次式により，時間 t に換算する．

$$t=2L/c \tag{10・16}$$

ここで c は，実際には媒質の音速分布を得るのが難しいので，平均的な音速で代用する．③については，図10・9(b)のようにエコー波の伝搬方向は送信と逆なので，丁度，時間波形とエコー波で送信方向を正とした際の音圧分布とが1対1になる．

　上記のように，パルス波形は，通常，電圧あるいは換算された音圧の時間波形で表わされる．ここで，パルス波形の特性を表す重要なものとして，**中心周波数**（center frequency），**パルス幅**（pulse width）[12] がある．図10・10 に 2 種類のパルス波について波形とそのパワースペクトルを示した．パルス波形は正弦波の振幅が

解説 ⑫
広帯域の（短い）パルスほど，距離分解能を高められるが，持続時間が短いと，パルス波形の重ね合わせであるエコー波の平均的な音の強さが小さくなり，SN 比が低下する．このため，実際には，分解能と，SN 比とのバランスで，適当なパルス幅が決まる．

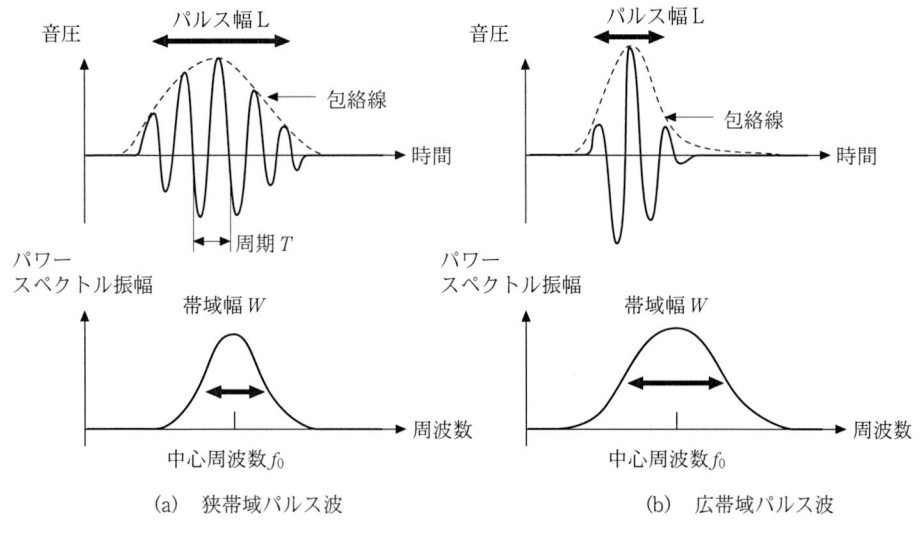

図 10·10　パルス波形とその周波数スペクトル

緩やかに変化する形をしている．この振幅の概形を**包絡線**（envelope）という．パルス幅は，パルスの持続時間であるが，包絡線の半値幅（最大振幅の半分となる部分の幅）などが用いられる．パワースペクトルの中心周波数 f_0 は，正弦波状の周期（period）T の逆数にほぼ等しい．パワースペクトルは，その形状が包絡線で決まり，中心周波数に応じて中心がシフトしたものとなる．パワースペクトルの**帯域幅** W も，通常その半値幅が用いられるが，この帯域幅 W は，パルス幅 L が小さいほど大きくなる．特に，包絡線がガウス形の場合は，帯域幅 W とパルス幅 L は反比例の関係にある．このため，図 10·10(a) の持続時間の長いパルスでは，狭帯域になり，(b) のパルス幅の狭い信号のスペクトルは**広帯域**になる．

パルスエコー法では，パルス幅が短いほど距離分解能が高くなるため，通常はできるだけ短いパルスを発生するつまり広帯域の探触子が望ましい．また，帯域幅と中心周波数との比を**比帯域**（fractional bandwidth）といい，その逆数を **Q ファクター**（Q-factor）あるいは単に Q という．

$$\text{比帯域} = W/f_0, \quad Q = f_0/W \tag{10·17}$$

10·2·4　超音波ビーム形成[13]

i）単一振動子によるビーム形成

パルスエコー法では，図 10·9 に示すように振動子から発せられた超音波パルスはビーム状に体内を伝搬するが，振動子の面に垂直方向にのみ音圧の高い部分があるだけでなく，実際には，**図 10·11** に示すように，垂直方向からの角度 θ の関数として音圧強度を表すと，$\theta = 0$ で最大となるが，$\theta = \theta_0$ で音圧が一旦，極小となった後に極大を生ずる方向が存在する．このような分布を**指向性**（directivity）[14]といい，$\theta = 0$ 近傍の部分を**メインローブ**（main lobe）（主極），それ以外の極大を含む近傍を**サイドローブ**（side lobe，副極）という．このような平板での振動子では遠方ほどビームが広がってしまうが，方位分解能の点では，できるだけ細いビー

解説 ⑬
単一円板振動子の場合，振動子の直径 D，超音波の波長 λ とすると，振動子から出た超音波は，ほぼ同じビーム幅で直進するが，距離 $x_0 = D^2/4\lambda$ を過ぎるあたりから球面波状になって広がる．この $x < x_0$ の範囲を近距離音場（Fresnel zone），$x > x_0$ を遠距離音場とよんでいる．
指向性は，遠距離音場での音圧強度の角度依存性を表したものである．

第10章 超音波

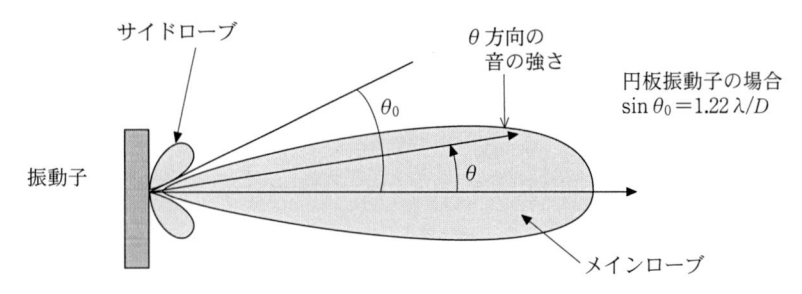

解説⑭
円形の単一振動子の指向性については，直径D，波長λとして
$\sin\theta_0 = 1.22\lambda/D$
の関係がある．このため，高周波ほど，また直径の大きいものほどメインローブは細くなり，鋭い指向性を示す．

図 10・11 円板振動子でのビームの指向性

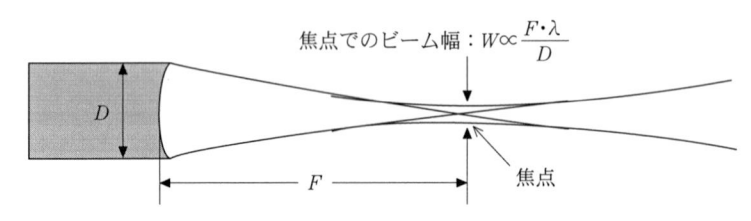

図 10・12 凹面振動子でのビームのフォーカシング

ムが望ましい．このため，通常，凹面振動子や音響レンズを用いて，ビームを集束させることで，方位分解能の良い細いビームを得る工夫がなされる．また，ビームの集束は，集束点付近の音圧強度が増大することで，SN比を向上させる効果がある．ビームの集束点は焦点（focus）とよばれるが，実際には**図10・12**に示すようにビーム軸方向に広がりをもち，焦点での**ビーム幅**（beam width）も波の回折により次式で表される有限の値を持つ．

$$W \simeq \frac{F \cdot \lambda}{D} \tag{10・18}$$

このため，同じ焦点距離 F では，直径 D の大きい振動子ほど，焦点でのビーム幅 W を細くできるが，一方で，焦点から離れるに従ってビーム幅は急激に広くなる．単一振動子では，D や F は固定であり，焦点でのビーム幅を細くするのと，軸方向の広い範囲においてビーム幅を一様にするという条件を同時に満たすのは困難である．

ⅱ) 配列形探触子でのビーム形成

配列形探触子は，**図10・13**(a)のように多数の振動子を用いてビームを形成し，遅延線を用いて各振動子を駆動するタイミングを変えることで，各振動子から出た超音波パルスが焦点で強めあうようにする．この遅延時間の組合せを変えることで，焦点の位置を軸方向に移動させ，また，ビーム形成に用いる振動子の数を変えることで，**開口幅**（aperture width）すなわち超音波が送受信される振動子面の幅を変えることができる．また，反射波を受信する際にも，図10・13(b)に示すように，各振動子に受信された反射波のうち，焦点からの反射波の波面が強調されるよう，遅延時間を与えて加算することで，焦点で最も高感度にできる．

これらの操作は，電子フォーカス（electronic focusing）[⑮]とよばれる．すなわち，送信時のビーム形状は音圧分布であるが，受信時のビーム形状は感度分布を表

解説⑮
電子フォーカスで焦点を変える際，送信時は，各送信毎にフォーカスを変えるので，1走査線あたりを多くても数段程度であり**多段フォーカス**と呼ばれる．これに対し，受信時は深部からの反射波ほど遅れて受信されるので，それに併せて電子制御により焦点を動的に変える**ダイナミックフォーカス**の手法が用いられる．

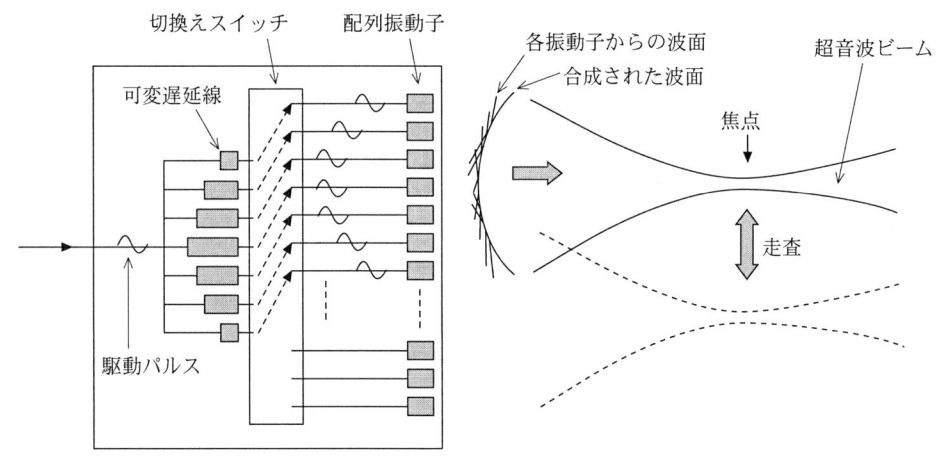

(a) 送信時のビーム形成

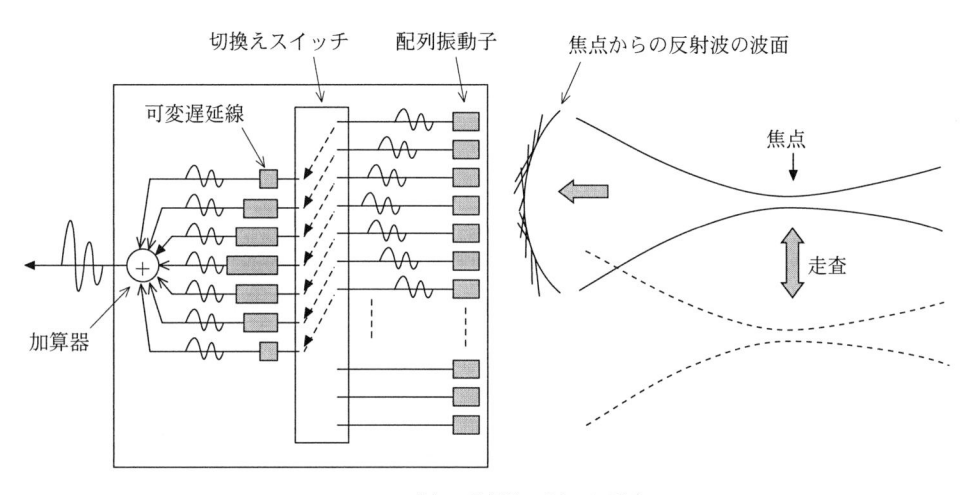

(b) 受信時のビーム形成

図 10・13　配列形探触子による電子フォーカスと電子走査

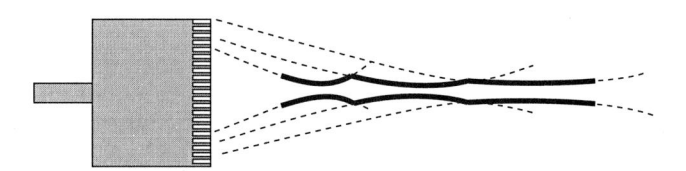

図 10・14　広範囲での細いビーム幅の実現（多段フォーカスとダイナミックフォーカス）

す．送信時と受信時のビーム形状は独立に決められるので，パルスエコー法では，両者の積が全体のビーム形状になる．電子フォーカスは図 10・12 において F や D を変えることに相当し，単一振動子の場合の固定焦点と異なり，**図 10・14** のように観測する各深さごとに適したビームを形成することが可能となる．

iii) スイッチトアレイ方式とフェーズドアレイ方式

ビームの走査について配列形探触子では電子走査方式が用いられるが，これはスイッチトアレイ方式とフェーズドアレイ方式の2つがある．

スイッチトアレイ方式（switched array method）は図 10・13 のようにビームを形成する振動子群を電子的に切り替えることにより，ビームを走査するものであり，電子リニアー走査，電子ラジアル走査など多くの電子走査に用いられる．**フェーズドアレイ方式**（phased array method）は，**図 10・15** に示すように常に全ての配列振動子を用い，電子フォーカスのためのものに更に，遅延時間を加えることで，ビームを斜めに方向に出し，それにより振動子面を中心に扇状にビームを振る方式である．これは，探触子の幅を小さくできるので，心臓のように肋間から深部の広視野を得るのに適している．

単一振動子の場合と同様に，電子走査方式では，配列形探触子特有の指向性を示す．これは，**図 10・16**(a) に示すように，振動子間隔 d とし，メインローブの軸方

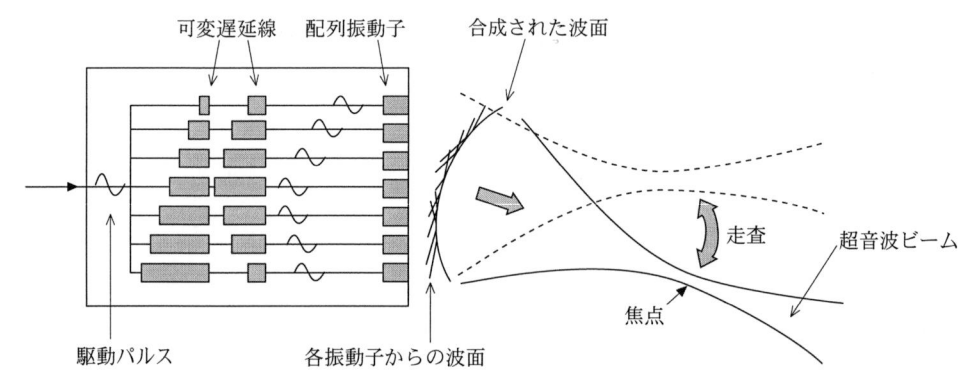

図 10・15　フェーズドアレイ方式による電子セクター走査

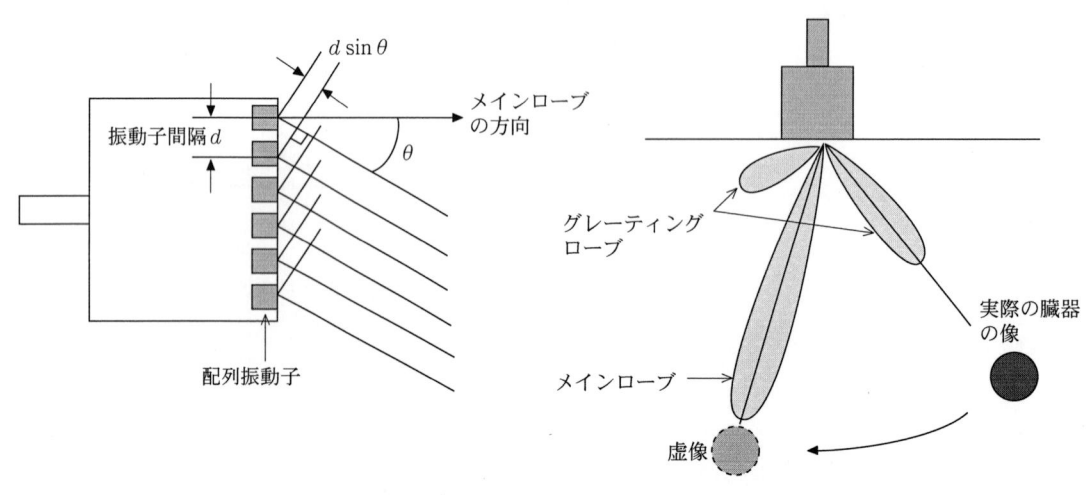

(a)　グレーティングローブの原因　　　(b)　電子セクター走査におけるアーチファクト

図 10・16　グレーティングローブ

向からの角度を θ とすると，次式の条件を満たす θ の方向では各振動子からの波の位相が合うので音圧強度が増大する．

$$m\lambda = d\sin\theta \tag{10・19}$$

ただし，λ は波長，m は整数である．全体の指向特性 $D(\theta)$ は，個々の振動子の指向特性 $D_0(\theta)$ と配列による特性との積として，次式のように表される．

$$D(\theta) = \left|\frac{\sin Nx}{\sin x}\right| D_0(\theta), \quad x = \pi d\sin\theta/\lambda \tag{10・20}$$

ただし，N は配列振動子数を表す．結果的に図 10・11 と同じような極大値が現れるが，これは，特にグレーティングローブ（grating lobe）とよばれる．

個々の振動子は小さいので，指向性 $D_0(\theta)$ は広角であるが，それでも正面付近が一番大きい．フェーズドアレイ方式では，図 10・16(b) に示すようにビームが振られ，メインローブが正面から離れると感度が低下し，逆にグレーティングローブが周辺部から画像の中央に近づくと，その感度が増大することになる．このため，電子セクター走査では，グレーティングローブによるアーチファクト[16]が出やすい．

10・2・5　距離分解能，方位分解能

空間分解能は，近接した 2 点を画像上で分離可能な最小の距離をいう．パルスエコー法における空間分解能は，超音波パルスの 3 次元的な形状に依存するが，図 10・17 に示すように，電子走査探触子の場合は，距離分解能，方位方向分解能，スライス方向分解能が定義される．

解説 ⑯
グレーティングローブによる影響を出にくくするには，式 (10・19) を満たす θ を大きくなるようにすればよいが，そのためには素子間隔（ピッチ）d を波長程度にする必要がある．例えば，$d = \sqrt{2}\lambda$ で，$\theta = \pi/4$．このため，電子リニアーに比べ電子セクター探触子の高周波化は難しいと言われている．

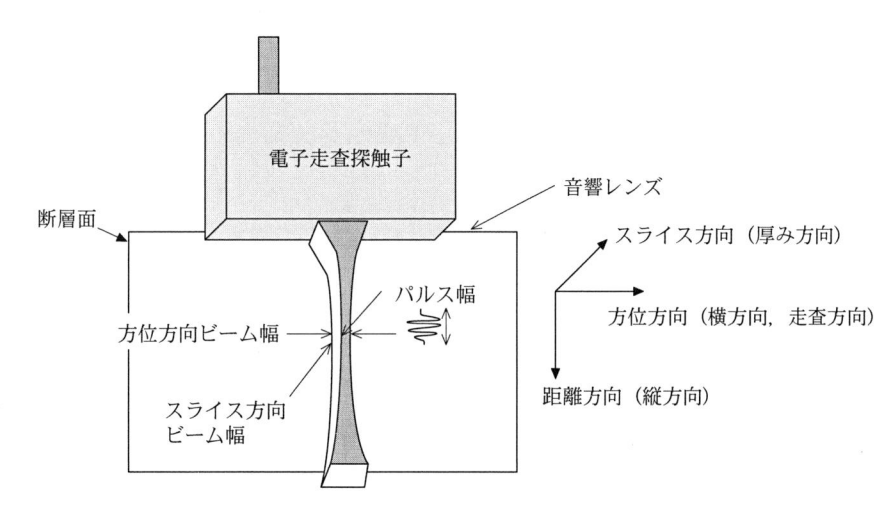

図 10・17　電子走査探触子の空間分解能

i) 距離分解能

超音波パルスが伝搬する方向を**距離方向**（range direction）という．また，ビーム軸の向きということで，**軸方向**（axial direction），さらに超音波画像の表示形式がビーム方向を縦に表示するので**縦方向**（longitudinal direction）という言い方もする．

第10章　超音波

超音波画像は，探触子で受信したエコー信号の包絡線成分を輝度に変換し表示したものである．このため，距離方向に近接した2つの反射源があると2つのエコー信号は重なり，ある距離以下に近づくと，包絡線成分からは分離できなくなる．この限界の距離が距離分解能（axial resolution）[17]であるが，これは，パルス波の包絡線成分がピークから半分に低下する幅，すなわち10・2・3項　超音波パルスのところで述べたパルス幅なので，距離分解能はパルス幅で決まるといえる．

ii）方位分解能

超音波ビームを走査する方向を**方位方向**（azimuth direction），または**走査方向**（scan direction）という．超音波画像における走査方向の表示法をもとに**横方向**（lateral direction）という言い方もする．走査方向に接近した2点間の距離がビーム幅よりも短いと，2点は分離できない．このため，方位分解能は方位方向のビーム幅に等しい．**方位分解能**（lateral resolution）を向上させるために，図10・14で示したダイナミックフォーカスなど細いビームを作る工夫がなされている．

iii）スライス方向分解能

スライス方向（slice-thickness direction）とは，ビーム走査によって得られる断層面に垂直な方向を指す．ビームの厚みに対応するので，**厚み方向**（elevational direction）ともよばれる．スライス方向分解能も，方位分解能と基本的には同じであり，スライス方向のビーム幅に相当する．一般的な電子走査探触子では，スライス方向のビーム集束は図10・9に示したように音響レンズを用いた固定焦点であるため，方位方向のように動的にビーム幅を細くすることはできない．

一般に，方位方向のビーム幅は，波長より1桁程度大きく，スライス方向のビーム幅はさらに大きい．このため，各分解能の関係は以下のようになる．

　　（高）　距離分解能－方位分解能－スライス方向分解能　（低）

10・2・6　探触子とビームフォーミング技術の進歩

i）2次元アレイ探触子

従来のリニアーアレイ，コンベックスアレイなどは配列振動子が走査方向にのみ並んでいるので，1次元アレイとよばれるものであるが，近年，スライス方向も振動子を分割して電子フォーカスが行える方式（1.5次元アレイ）[18]が普及しつつあ

解説 ⑰
パルス幅を短くして距離分解能を向上させる手段として，中心周波数を上げる方法がある．一方で，高周波ほど，組織による減衰が強くなるので，到達深度が浅くなるため，実際には，分解能と減衰の兼ね合いで，適用する周波数を選択する．

解説 ⑱
1.5次元アレイは，1次元と2次元の中間という程度の意味であるが，具体的には，スライス方向に分割するが，中央の素子について対称な遅延，重み付けを行い，開口，焦点ともに可変にしたものである．これに対し2次元アレイは，スライス方向も方位方向と同等の素子数，処理能力を持つため，ビーム形状は等方的であり，ビーム走査の自由度も大きく，次世代の超音波プローブとして開発が進んでいる．

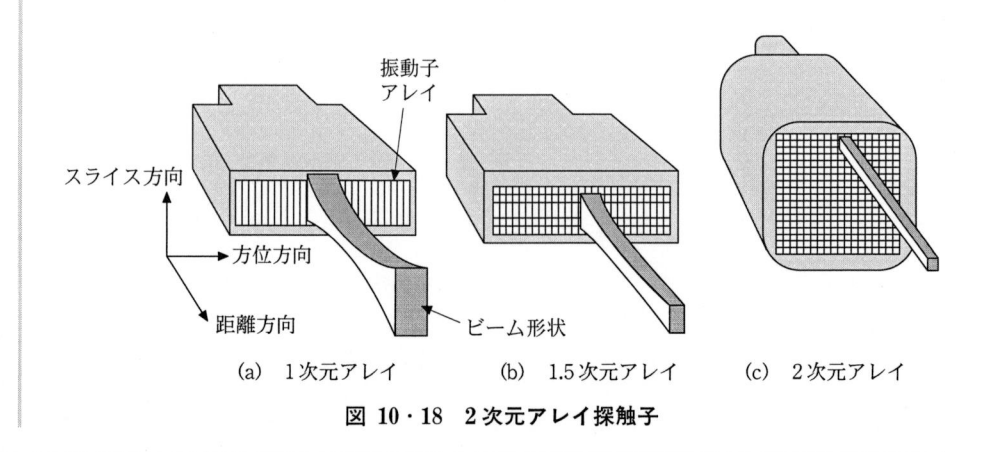

図 10・18　2次元アレイ探触子

(a) 1次元アレイ　　(b) 1.5次元アレイ　　(c) 2次元アレイ

（ラベル：スライス方向，方位方向，距離方向，振動子アレイ，ビーム形状）

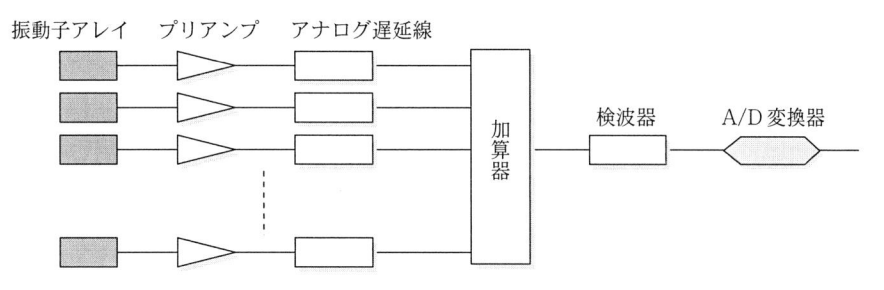

(a) 従来のアナログ遅延線によるビームフォーミング

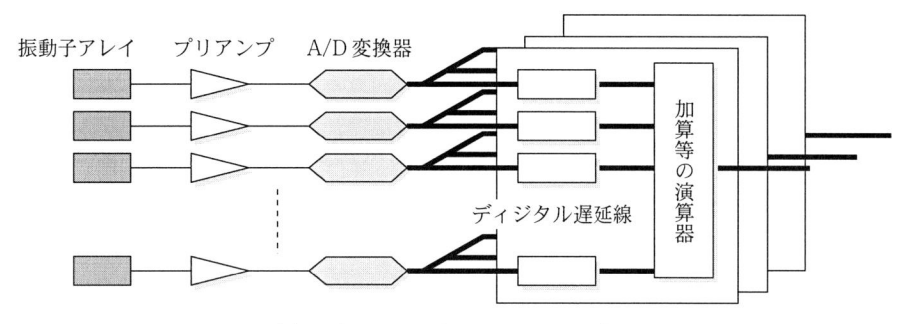

(b) ディジタルビームフォーミング

図 10・19 アナログおよびディジタルビームフォーミング

る．また，スライス方向も方位方向と同程度に分割して，分解能も方位方向，スライス方向と区別ない2次元アレイ探触子も一部実用化されており，心臓領域など，3次元でリアルタイムの画像構成が可能になってきている（**図 10・18**）．

ⅱ） ディジタルビームフォーミング

配列形探触子のビームフォーミングにおいては，図 10・13 で述べた遅延線は，従来は**図 10・19**(a) に示すようにアナログの電子素子により与えられたため，素子の値のバラつきや経年変化などにより精度が低下しやすかった．また，ダイナミックフォーカシングでは，事前に用意しておいくつかの遅延線の値の組合せを切り替えるため，その数には限界があった．最近では，図 10・19(b) のように各振動子からのエコー信号を A/D 変換し，その後の遅延線など全てをディジタル信号で処理する**ディジタルビームフォーミング**（digital beam forming）の技術が普及してきた．これにより，ディジタル的に遅延量を設定できるため，極めて高精度にビームフォーカシングができ，また，連続的で滑らかな焦点の移動が可能になる．さらに，同時に複数の遅延線の値を設定値して，等価的に走査線の密度やフレームレートを高めたり，複雑なビーム形成が可能になるなど，より高度な信号処理の理論を，実現できるようになった点で，近年，医用超音波技術の飛躍的な向上をもたらした．

10・3 超音波画像法

10・3・1 パルスエコー法

　超音波診断装置は，ソナーで用いられていた**パルスエコー法（パルス反射法）**（pulse-echo method）の原理を利用したもので，1950年頃に米国のワイルド（Wild）や順天堂大学の和賀井敏夫らによって始められた．これは，探触子を用いて超音波パルスを生体内に入射し，体内で生ずる反射波（エコー）を受信して，CRT等に組織の形状などを表示する．通常の配列形探触子を用いた超音波診断装置の構成は図10・20に示すようになる．まず，パルサー回路で発生させた電気パルスは，送信ビームフォーマー回路を通して遅延を与えた後に，探触子の各振動子に加えられ，超音波パルスに変換される．各振動子からの超音波パルスは，図10・13に示したようにビーム状に絞られて体内を伝搬する．超音波パルスは，図10・9に示したように，パルスの伝搬経路上の組織や臓器の境界など様々な音響インピーダンスの不連続点で，反射係数の式(10・7)に従って反射され，同じ探触子で受信される．探触子上の各振動子により受信されたエコーは電気信号に変換され，受信ビームフォーマー回路において，適当な増幅と時間遅延を与えられた後に加算されて

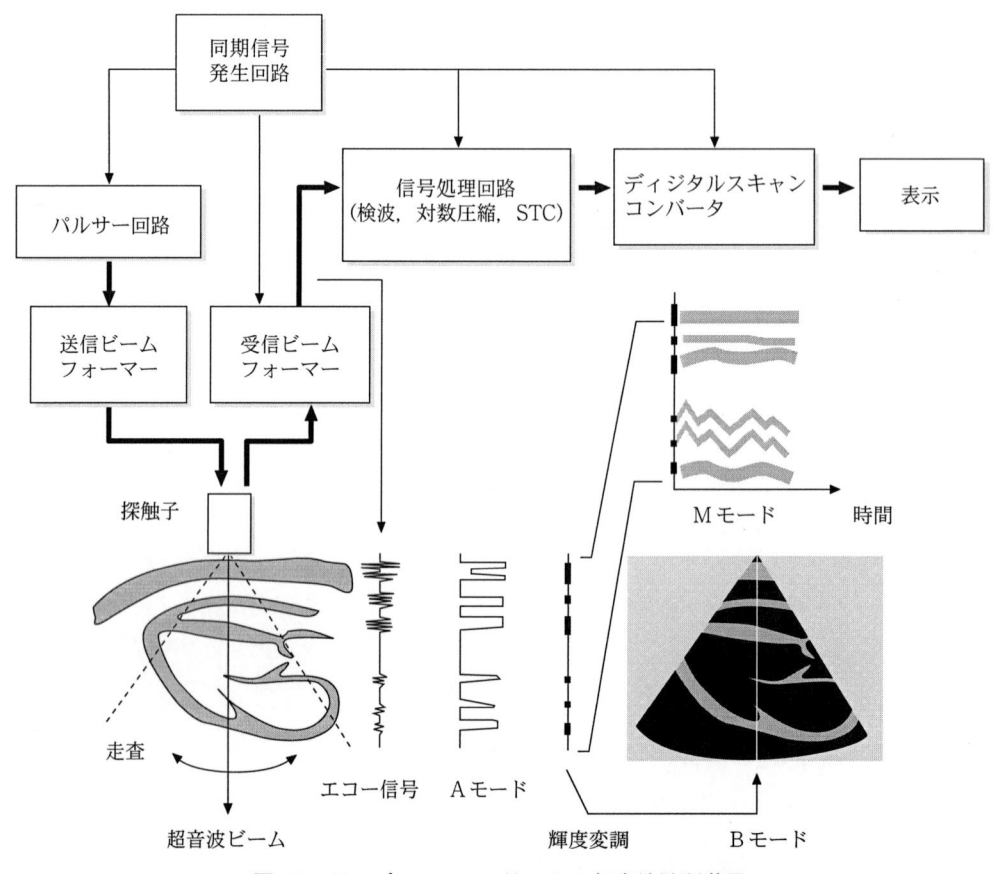

図 10・20　パルスエコー法による超音波診断装置

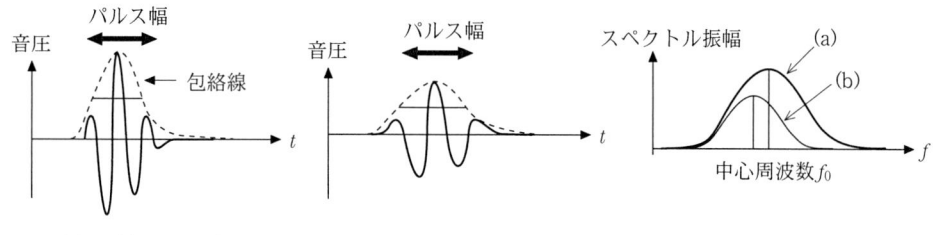

(a) 送信パルス波形　　(b) 深部におけるパルス波形　　(c) パワースペクトル

図 10・21　パルス波形とその周波数スペクトル

1つの受信信号となる．この受信信号は**エコー信号**（echo signal）あるいは，RF信号（radio-frequency signal）[19]とよばれる．

エコー信号は，時間波形であるが，組織内での深さ L と時間 t とは次式の関係がある．

$$t = 2\int_0^L \frac{1}{c(x)} dx \qquad (10\cdot21)$$

ここで，$c(x)$ は，伝搬経路上の音速であり，係数の2は往復で $2L$ の距離を伝搬する時間が t のためである．図10・2に示したように，音速は組織により異なるが，通常，伝搬経路上の音速分布を正確に知ることは困難であるため，実際には，軟組織の平均的な値（$c=1540$ m/s）で近似し，式（10・16）で時間 t を距離 L に換算して表示する．したがって，音速が平均値よりも遅い脂肪層などは，断層像上では実際よりも厚く表示される点に注意する必要がある．

また，送信パルス波形 $h(t)$ が，式（10・13）に示したように伝搬に伴いほぼ周波数に比例した減衰を受ける．このため，**図10・21**に示すように，深部からのエコー程，減衰の影響が大きく，低振幅でかつ高周波成分の欠落により間延びした波形となる．高周波成分を補うのは雑音の影響を受けやすく一般には難しいので，振幅の減衰の補正をパルス送信後の時間とともに増幅率が増大する**STC**（sensitivity time control）あるいは**TGC**（time gain control）とよばれる電子回路で行う．このSTCにより**図10・22**に示すように，深さに寄らず，ほぼ一様なエコー強度の信号が求まる．

次に，**検波**（detection）とよばれる処理により，信号包絡線をとれば，そのピーク位置から，組織境界の深さ（位置）を，またその強度から組織境界の不連続の程度を知ることができる．

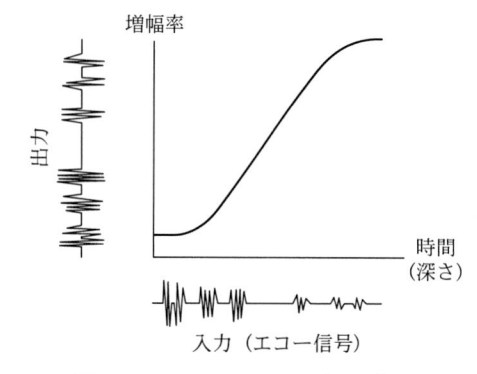

図 10・22　STCによる減衰の補正

10・3・2　Aモード，Bモード，Mモード

パルスエコー法においては，その表示法によりいくつかのモードがあり，目的に

解説 ⑲

受信信号は，体内の各部からのエコーの重ねあわせのため，パルスの中心周波数付近の高周波の正弦波が包絡線の波形で振幅変調を受けたような信号となっている．このため，検波前の高周波の信号を，radio frequency という意味で，RF信号とよび，検波後の低周波の包絡線信号と区別される．

より使い分けられている．

i) Aモード

エコー信号を検波した波形の時間軸を距離に置き換えて，振幅をオシロスコープのように示したのが，Amplitude（振幅）の意味で**Aモード**（A-mode）とよばれる．

Aモードは，1次元のため測定部位の把握が難しいが，エコーの振幅や波形の違いを識別しやすいため，現在では眼球など構造が簡単な対象の計測に用いられている．

ii) Bモード

Aモードの振幅値を，表示装置のスポット（輝点）の明るさの程度に変換する**輝度変調**（brightness modulation）を行い，さらにビームを走査しながら，その位置に対応させて，表示装置の輝点の位置を走査すると，輝点の集合として画像が構成される．この手法を，Brightness（輝度）の意味で**Bモード**（B-mode）と称する．

また，体内からのエコーは，非常に広範囲の振幅を持っているので，これを飽和させずにかつ明るさの差（コントラスト）を保ちながら表示させるため，検波信号を対数圧縮した後に輝度変調を行うのが一般的である．このように，Bモードは（縦軸）を深さ（伝搬時間），それに直交する（横軸）を走査方向，反射強度を（輝度）として2次元の断層像を得ることができるので，生体の形態や動きが認識でき，診断を容易にしており，最も広く用いられている（**図10・23**）．

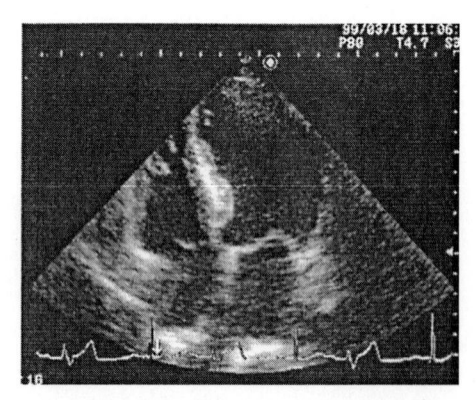

図 10・23 Bモード像（心臓断面）
（GE 横河メディカル提供）

iii) Mモード

輝度変調して表示する際に，ビームの位置は走査せずに固定したまま，表示位置のみを横方向（時間軸）に移動させることで，ビーム位置での各輝点が時間経過によりどのように推移するかがわかる．このように，深さ（縦軸），時間変化（横軸），反射強度（輝度）として表示する方法を，Movement（動き）の意味で，**Mモード**（M-mode）と称する．

Mモードは，心臓のように運動している場合，その部位が時間経過にしたがって，どのように動くのか（ただし，探触子に近づくか遠ざかるか）を把握するのに役立つ．

iv) Cモード

Bモードが，超音波ビームの走査面について断層像を得るのに対し，3D表示は，文字通り体内の組織や臓器の位置関係や広がりを立体像として表示するものである（**図10・24**）．このためには，3次元的な計測が必要となるが，多くは探触子を

機械的にスライス方向に移動させながら，多数の断層面についてデータを収集し，それを処理して立体像を構成する．近年では，2次元アレイ探触子を用いて，リアルタイムでのデータ収集と表示が可能な装置が開発されつつある．3次元計測で得られたデータは，組織境界を抽出したり，特定の方向に最大輝度の値を投影する MIP（maximum intensity projection）などにより立体的に表示する以外に，任意方向の断面について B モードのように，輝度変調して表示する手法が用いられる．特に，一定の深さの面について表示する場合を Constant range の意味で **C モード**（C-mode）と称する．これは，例えば通常の断層像では，捉えにくい，乳腺の放射的な分布の様子をみるのに適していると言われている．

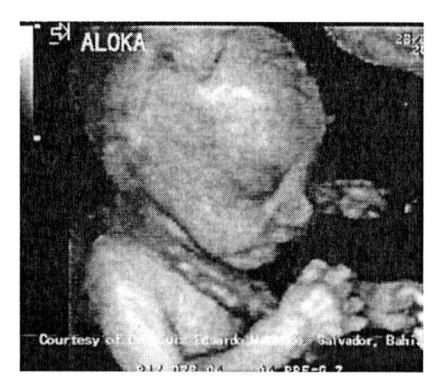

図 10・24 胎児の 3D 表示
（(株)アロカ提供）

　超音波像では，前項で述べたようにビームの走査によって画像が構成されるが，その走査線の数は探触子により変化する．また，走査線は通常，ビーム軸方向に一致するため縦方向になる．一方で，モニタへの表示や画像データの保存，送信という点では，標準的な手法が望ましいためテレビモード（NTSC）が用いられる．これは，走査線は水平でありその数は固定されているなど，超音波像の構成における走査の条件とは異なる．このため，これらの走査条件の異なる2つのモードを変換するための回路として，**ディジタルスキャンコンバータ**（digital scan converter：DSC）が必要になる．これは，実際には，2次元の配列のアドレスを持つフレームメモリであり，書き込むときは超音波像の走査モードで縦方向の走査線に沿って記録し，読み出すときは，テレビモードで横方向の走査線に沿って読み出すことにより，走査モードを切り替えている．また，スキャンコンバータのもう一つの重要な役目に，画像のフリーズ機能がある．すなわち，書き込みを停止すれば，同じデータを読み出すことになるため，静止像が表示されることになる．

10・3・3　超音波ドプラー法

　ドプラー法（Doppler method）は，移動する赤血球からの散乱波が受けるドプラー効果を利用して，体外から非侵襲的に血流速度を得る方法である．このため，X線撮影のような造影剤を必要とせず，しかも，リアルタイムで血流の様子が観察できる点が他の血流計測にはない特色であり，循環器領域をはじめ多くの領域で重要な診断手段となっている．

　血管内を速度 v で流れる血流に，探触子から周波数 f_0 で送信される超音波が散乱される過程を次の2つに分けて考える．まず，**図 10・25**(a)のように，探触子を音源，血球を速度 v で移動する観測点と考えると，そこで観測される周波数 f_1 は式 (10・14) を用いて，次式で表される．

第10章　超音波

送信周波数 f_0　　　　　　　　　　　受信周波数 f_2

血流速度 v　　θ　　　　　　　　　　　　$\pi-\theta$

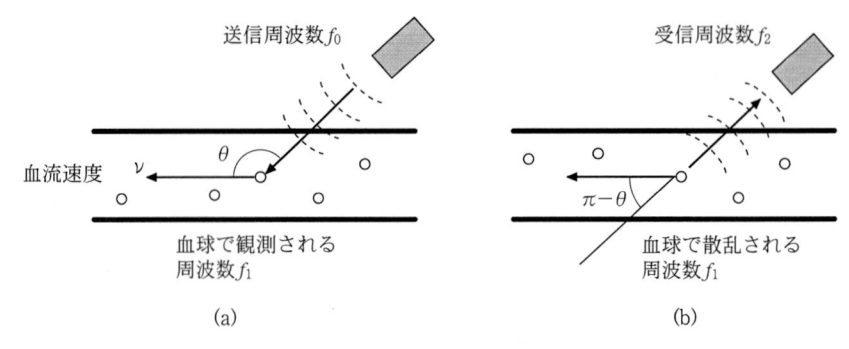

血球で観測される　　　　　　　　　血球で散乱される
周波数 f_1　　　　　　　　　　　　周波数 f_1

　　　　　(a)　　　　　　　　　　　　　　　(b)

図 10・25　ドプラー法

$$f_1 = f_0 \frac{c + v\cos\theta}{c} \tag{10・22}$$

次に，血球は周波数 f_1 の超音波を散乱するので，図 10・25(b) のように，血球を速度 v で移動する音源，探触子を観測点と考えると，受信周波数 f_2 は，次式で表される．

$$f_2 = f_1 \frac{c}{c + v\cos(\pi-\theta)} = f_1 \frac{c}{c - v\cos\theta} \tag{10・23}$$

ここで，血流速度 v と音速 c は，一般に $v \ll c$ の関係があるので，式 (10・22)，(10・23) を用いて次のような関係が導かれる．

$$f_2 = f_0 \frac{c + v\cos\theta}{c - v\cos\theta} \approx f_0 \left(1 + \frac{v}{c}\cos\theta\right)^2 \approx f_0 \left(1 + 2\frac{v}{c}\cos\theta\right) \tag{10・24}$$

また，ドプラー偏移周波数 f_d は，式 (10・25) のようになり，これより血流速度 v は，式 (10・26) で表される．

$$f_d = f_2 - f_0 = 2\frac{v\cos\theta}{c}f_0 \tag{10・25}$$

$$v = \frac{f_d}{f_0} \frac{c}{2\cos\theta} \tag{10・26}$$

このように，θ が既知であれば，ドプラー偏移周波数 f_d を得ることで，血流速度 v が求まる．

一方で，式 (10・26) は，同じ v でも θ が 90° に近くなると，ドプラー偏移周波数 f_d が減少し，$\theta = 90°$ では測定不能になることがわかる．このため，測定感度を高めるには，血管とビームはなるべく平行に近づける必要がある．また，ドプラー偏移周波数 f_d で直接得られるのは，$v \cdot \cos\theta$ である．実際には，B モード像で血管を描出し，ビーム軸と血管のなす角度 θ を計測して補正する．しかし，心腔内の血流など B モード像で血流の方向の測定ができない場合は，v の値を特定できない．

以上は，ドプラー法の原理であるが，臨床に使われている装置では，**連続波ドプラー法**（continuous wave Doppler method），**パルスドプラー法**（pulsed Doppler method），**カラードプラー法**（color flow mapping）の 3 つの手法が用いられている．

i） 連続波ドプラー法

超音波に連続波を用いるもので，CW ドプラー（continuous wave Doppler）ともよばれる．これは，送信波が単一周波数であるため，ドプラー法の原理そのままで，通常の臨床条件下では，測定可能な速度の上限はないため高速の血流の測定に適している．一方，ビームに沿った距離方向の分解能がないため，測定部位は弁付近狭窄部の血流の計測などに限定される．

ii） パルスドプラー法

パルス波を送信するもので，PW ドプラー（pulsed wave Doppler）ともよばれる．これは，通常 B モード像上で走査線とその上の時間窓により速度を求める領域〔**サンプルボリューム**（sample volume）〕を指定することで，特定の部位からの血流情報を得ることができるため，心腔内や大血管の血流計測にも使用される．一方で，パルスドプラー法では，多数回パルスを送信して，各エコー信号のサンプルボリューム内の波形を，送信ごとにサンプリングして FFT などにより周波数解析を行う．この際，サンプリング周波数は，**パルス繰り返し周波数**（PRF）[20] に等しくなる．このため，正確に検出できるドプラー偏移周波数 f_d は，標本化定理により PRF の 1/2 に制限され，測定可能な速度も次のように制限される．

$$|f_d| < \text{PRF}/2 \tag{10・27}$$

$$|v| < \frac{\text{PRF}}{f_0} \frac{c}{4\cos\theta} \tag{10・28}$$

得られた f_d や式（10・26）により速度 v に変換した値の時間変化は，図 10・26 に示すように，横軸を時間，縦軸を速度，明るさを信号の強さとしたスペクトル表示により示される．

図 10・26(a) は，最高血流が式（10・27）または式（10・28）の条件を満たし，正確に測定できている場合を示す．一方，(b) は，f_d が PRF/2 を超える部分で，スペクトルの折り返し〔エイリアシング（aliasing）〕[21] により誤差が生じている様子を示している．

iii） カラードプラー法

パルスドプラー法は，FFT などによりサンプルボリューム内の流速分布も含めて定量的に求めることができるが，処理時間の関係で，広い範囲に渡って血流分布を同時に計測することは困難である．これに対して，カラードプラー法は，断層面

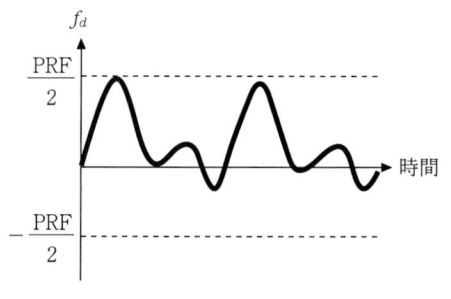

解説 ⑳
パルスエコー法において，パルスを送信する頻度をパルス繰り返し周波数と称し，しばしば，PRF（pulse repetition frequency）と表す．また，その逆数をパルス繰り返し周期または PRT と称す．

解説 ㉑
エイリアシングによる誤差を回避するには，式（10・28）の条件を満たすようにすれば良い．即ち，
(1) PRF を上げる
(2) f_0 を下げる
(3) θ を大きくする
などが挙げられる．さらに表示上の基線（ベースライン）をシフトさせて，折り返された部分が，PRF の幅に収まるようにする方法などある．

(a) 適切な条件下での測定 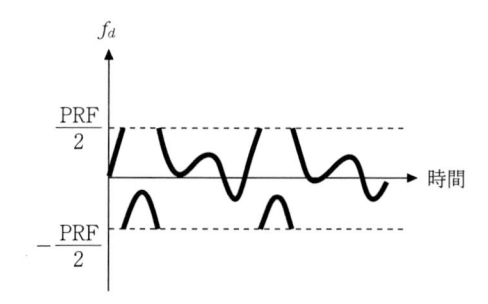　　(b) エイリアシングによる誤差

図 10・26　流速のスペクトル表示法

第10章　超音波

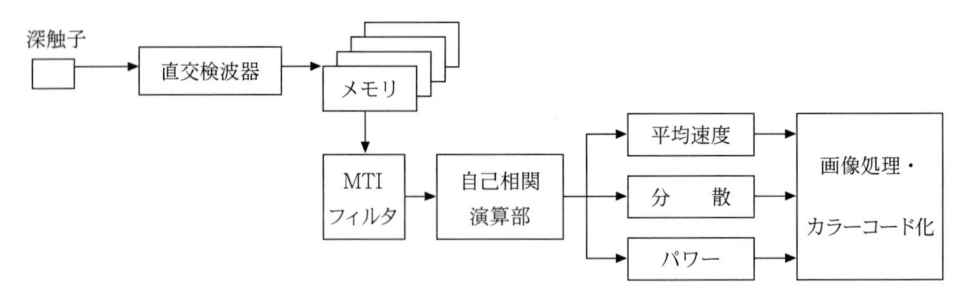

図 10・27　カラードプラー法の信号処理

内の流速分布をリアルタイムで計測できる．これは，流速分布の算出のため周波数スペクトルを求めるのではなく，時間信号から直接算出する手法（自己相関法）を用いているためである．

すなわち，カラードプラー法では，同一走査線上で複数回送信して，同一深さから帰ってきた信号間で波形がどれだけ移動したかを位相差として検出する．

実際の装置構成は図10・27のようになる．受信した信号はまず，直交検波によりドプラー偏移周波数が検出されA/D変換後にメモリーに記録される．同一走査線上で複数回の送信を行い，同様の処理は送信ごとに行われメモリーに記録される．次に，各深さ毎に，メモリーから読み出されたドプラー信号はMTIフィルタ (moving target indication filter)[22]を通して，心筋壁などの不要な反射成分を除去した後に，自己相関演算部に渡される．ここでは，各深さ毎に，複数回のドプラー信号を比較して平均速度，パワー，分散を算出する．これらは，ノイズ除去や空間平滑化などの処理を施した後，カラーコード化されて表示される．通常は，探触子に近づく方向を赤，遠ざかる方向を青，速度（ドプラー偏移周波数）を輝度で表示する．また，速度の分散の大きさに応じて，緑の色相を加えて，赤→黄，青→シアンとなる速度-分散表示が用いられる（図10・28）．

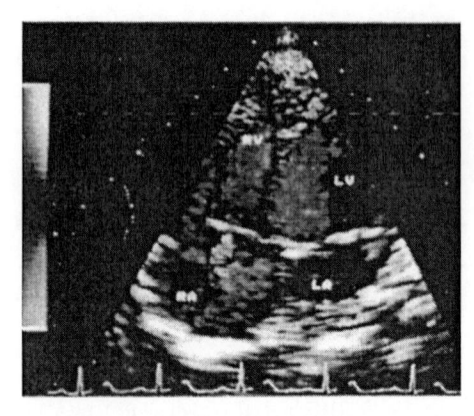

図 10・28　カラードプラー法による心腔内の血流分布像

このように，カラードプラー法は，従来，速度分布を表示するものであるが，近年では，ドプラー信号のパワーを表示するパワーモードとよばれるものも一般化してきた．このため，従来の手法が速度モードと称されることがある．パワーモードは，速度の向きや大きさではなく，サンプルボリューム内の血球数に対応しているので，角度依存性の問題もなく，また検出感度が向上するので血管の構造を描出するのに用いられる（図10・29）．また，カラードプラー法で表示するのは，速度といっても，$v \cdot \cos\theta$ である点に注意すべきである．つまり，真の血流速度のビーム

解説 [22]
血流以外の心筋壁など組織の動きはウェールモーションとよばれ，低周波であるが大きなドプラー信号を生ずる．これを，除去して血流からのドプラー信号のみを得るため，MTIフィルタが用いられる．

方向に射影された成分である．また，パルスドプラー法では，FFT 法などによるドプラー信号の周波数解析のため，128 個程度の十分な数のパルスを収集し，速度（周波数）分布を得ているが，カラードプラー法では，2次元像を得る必要から，十分な時間をかけられず，自己相関法により 10 個程度のパルスを使い，平均速度と分散を得ている点が異なる．このため，カラードプラー法で得られるカラー表示は，定性的なものになる点に注意すべきである．しかし，2 次元でしかも，リアルタイムで血流分布が得られる意義は大きく，容易に血流の逆流や，シャント流などの異常血流が認識可能である．このため，カラードプラーに，パルスドプラーや連続波ドプラー法を併用する手法が臨床では広く用いられている．

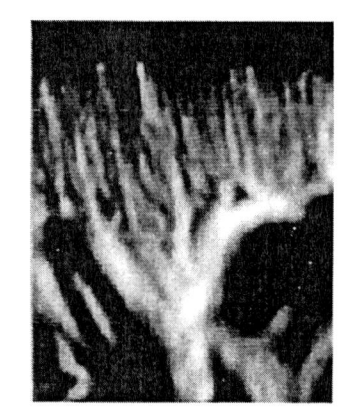

図 10・29 パワーモードによる腎臓の細動脈の 3D 像
（GE 横河メディカル提供）

◎ ウェブサイト紹介

日本超音波医学会

http://wwwsoc.nii.ac.jp/jsum/

医療における超音波診断，治療や基礎技術について，さまざまな情報が得られる．また，当該学会認定の超音波検査士に関する情報も掲載．

日本超音波検査学会

http://www.jss.org/

超音波による検査技術について，実践的な情報が豊富．

◎ 参考図書

日本超音波医学会編：超音波検査士認定試験問題集（第 2 版），医歯薬出版（2002）
日本超音波医学会：新超音波医学 (1)，医学書院（2000）
日本電子機械工業会編：ME 機器ハンドブック（改訂版），コロナ社（2000）

◎ 演習問題

問題 1 以下の図で，平面波が，脂肪から筋肉および筋肉から骨へ垂直に入射する場合について，それぞれの音の強さの反射係数を求めよ．ただし，脂肪，筋，骨の音響特性は，表 10・1 の値を用いよ．

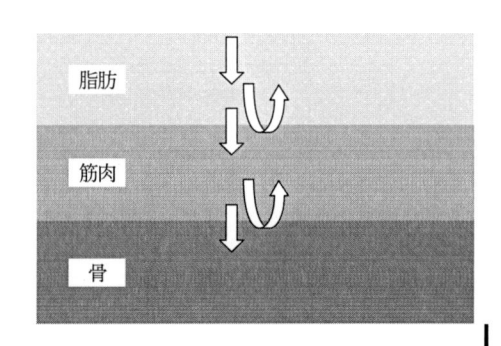

第10章　超音波

問題 2　超音波画像の空間分解能について正しいのはどれか.
（1）　中心周波数を上げると, スライス方向分解能は向上する.
（2）　パルス繰返し周波数を上げると, 距離分解能は向上する.
（3）　パルスの帯域幅を大きくすると, 距離分解能は向上する
（4）　振動子の口径を大きくすると, 方位分解能は向上する

問題 3　ドプラー法について正しいのはどれか.
（1）　連続波ドプラー法は, パルスドプラー法に比較し距離分解能が高い.
（2）　パワーモードは, 速度モードに比べエイリアシングによる影響を受けやすい.
（3）　パルスドプラー法でエイリアシングが生じたので, ビーム方向を垂直に近づけた.
（4）　パルスドプラー法で, 中心周波数を 2 倍にしたら, ドプラー偏移が 2 倍になった.

問題 4　図のように斜め方向に一定流速で流れる血流を, セクター走査の探触子を用いたカラードプラー法で観測した. エイリアシングは生じないものとして, 正しいのはどれか.
（1）　全て青く表示される.
（2）　全て赤く表示される.
（3）　点 A 付近より左が赤, 右が青く表示される
（4）　点 B 付近より左が赤, 右が青く表示される

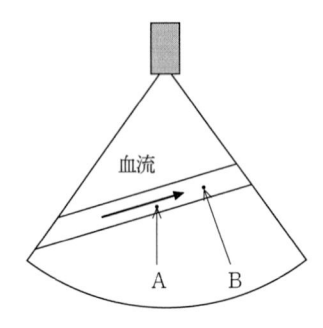

第11章
核磁気共鳴（NMR）

11・1 核磁気共鳴の原理
11・2 画像形成の原理

第11章
核磁気共鳴（NMR）

本章で何を学ぶか

　　核磁気共鳴とは，原子核の磁性にもとづく共鳴現象である．磁気共鳴イメージング（**MRI**）の原理として重要であるが，聞きなれない多くの述語や概念が使われるため，初学者にはとっつきにくい分野である．本章では，核磁気共鳴の原理について基礎的な事項を中心にできるだけ平易に解説するとともに，**MRI**における画像形成について簡単にふれたい．今後，医学における**MRI**の重要性はさらに高くなると思われるので，基礎を固める意味で本章をしっかり学んでほしい．本章で述べる事項のうち，ブロッホ方程式だけはやや進んだ内容であるので，最初は省略しても良い．少し慣れた後に学ぶと，核磁気共鳴についてより深く理解できよう．

11・1 核磁気共鳴の原理

11・1・1 核スピン，磁気モーメント，磁化ベクトル

　陽子，中性子，電子などの素粒子は高速で自転していて，これを**スピン**（spin）という．スピンの大きさは角運動量で表され，陽子，中性子，電子など多くの素粒子では $\hbar/2$ で与えられる．ここで，$\hbar = h/(2\pi)$ であり，h は**プランク定数**〔Plank constant（$= 6.63 \times 10^{-34}$ J・s）〕である．

　第3章で述べたように，原子核は陽子と中性子とからなる．原子核の中の陽子や中性子は，原子を構成する電子と同じように軌道運動していて，それに由来する角運動量（軌道角運動量）を持つ．軌道角運動量の大きさは $\hbar$ の整数倍である．スピンと軌道角運動量はベクトル的に合成でき，その粒子の全角運動量となる．

　原子核の中の陽子や中性子は，原子を構成する電子と同じようにエネルギーの低い状態から配列される．このとき，角運動量（全角運動量）の向きは2つあり，それが対となるように配列される．対となった陽子（または中性子）の角運動量は，打消しあって0となるので，陽子数と中性子数が両方とも偶数の原子核の角運動量は0となる．逆に陽子数と中性子数のどちらか，または両方が奇数の原子核では，角運動量が0とならない．原子核の角運動量の大きさは，どちらか一方が奇数のときは $\hbar$ の半整数倍であり，両方とも奇数のときは $\hbar$ の整数倍となる．このようにして

表 11・1　生体を構成する主要元素の陽子数，中性子数，核スピンの大きさ（核スピンの大きさは $\hbar$ を省いて示してある）

	陽子数	中性子数	核スピンの大きさ
^{1}H	1	0	1/2
^{2}H(D)	1	1	1
^{12}C	6	6	0
^{13}C	6	7	1/2
^{14}N	7	7	1
^{15}N	7	8	1/2
^{16}O	8	8	0
^{17}O	8	9	5/2
^{23}Na	11	12	3/2
^{31}P	15	16	1/2

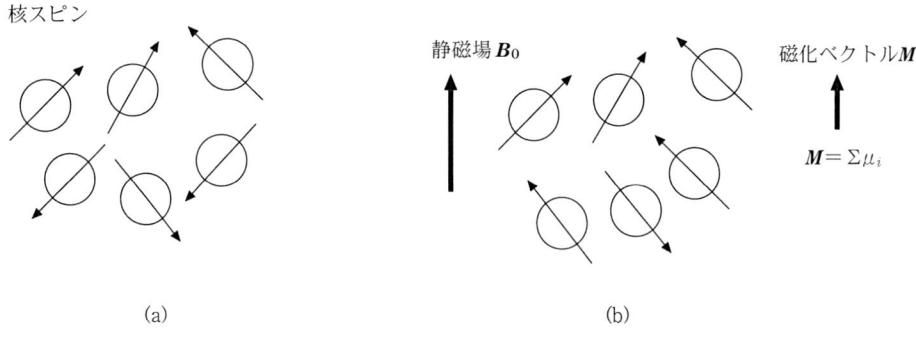

図 11・1 核スピンと磁化ベクトル
(a) 核スピンは磁場が無いとランダムな方向を向いている．
(b) 静磁場を加えると一部がその方向に整列し磁化ベクトルが発生する．

得られる原子核の角運動量を**核スピン**（nuclear spin）という（以後簡単のため，単にスピンということがある）．**表 11・1** に生体を構成する主要元素の陽子数，中性子数，核スピンの大きさを示す．核スピンの大きさは，表 11・1 のように簡単のため $\hbar$ を省いて示すことがある．

核スピンが 0 でないと，その原子核は極めて小さい磁石となり**磁気モーメント**[①]（magnetic moment）を持つ．原子核の磁気モーメントの大きさは，核スピンの大きさに比例し，

$$\mu = \gamma \hbar I \tag{11・1}$$

で与えられる．ここで γ は**磁気回転比**（gyro-magnetic ratio）とよばれ，原子核の種類により決まる比例定数である．また I は，$\hbar$ を省いた核スピンの大きさであり，整数または半整数で与えられる．

さて，原子核の磁気モーメントは，通常は**図 11・1**(a) に示すようにランダムな方向を向いていて，そのベクトル和 M は互いに打ち消しあって 0 である．しかし静磁場 B_0 を加えると，図 11・1(b) に示すように，その一部は磁場の方向に整列する．これはコンパスの磁針が地球磁場（地磁気）により南北方向を指し示すのと本質的に同じ現象である．原子核の磁気モーメントが同じ方向にそろうと，それらは合成されて M は観測可能な大きさとなる．これを**磁化ベクトル**（magnetization vector）という．

11・1・2 ラーモア歳差運動，共鳴周波数

静磁場 B_0 における原子核の磁気モーメントの運動をもう少し詳しく見てみよう．静磁場中で原子核の磁気モーメントは**図 11・2** に示すようにやや傾いていて，静磁場から力を受け，図に示すように z 軸の周りを回転する．この回転運動を**ラーモア歳差運動**（Larmor precession）といい，その回転周波数を**ラーモア周波数**〔Larmor frequency（または共鳴周波数

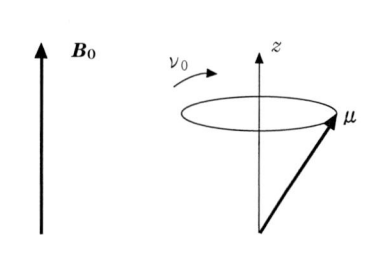

図 11・2 ラーモア歳差運動
原子核の磁気モーメントは静磁場の方向（z 方向）を軸に周波数 ν_0 で回転する．

解説 ①
磁気モーメント：磁石は磁場から偶力を受けるが，同様に電流が閉回路を流れると磁場から偶力を受ける．このような場合のモーメントを磁気モーメントという．磁気モーメントは電流と回路の面積の積で定義され，その単位は Am^2 である．磁化は単位体積あたりの磁気モーメントで定義され，その単位は A/m である．

第11章　核磁気共鳴（NMR）

表 11・2　NMRの対象となる核種の共鳴周波数（$B_0=1\,\mathrm{T}$のとき）

	共鳴周波数〔MHz〕
^{1}H	42.6
^{2}H(D)	6.53
^{13}C	13.67
^{14}N	3.08
^{15}N	4.32
^{17}O	5.77
^{23}Na	11.26
^{31}P	17.24

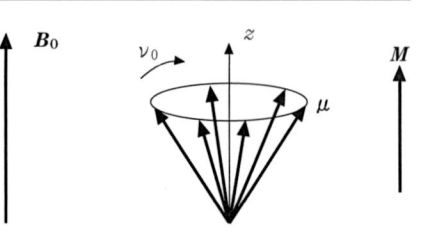

図 11・3　核スピン集団のラーモア歳差運動
個々の原子核の磁気モーメントの位相は独立である．

resonance frequency）〕という．この周波数を共鳴周波数という理由は後で述べる．共鳴周波数 ν_0 は，

$$\nu_0 = \frac{\gamma B_0}{2\pi} \tag{11・2}$$

で与えられる．

ここで，共鳴周波数の大きさは，水素原子核（陽子）に対して，$B_0=1\,\mathrm{T}$（**テスラ**[②] Tesla）のとき $\nu_0=42.6\,\mathrm{MHz}$ となる．この周波数帯域の電磁波は無線通信に用いられ，高周波またはラジオ波とよばれる．英文の省略形を用いて **RF**（radio-frequency）とよばれることも多い．なお，他の原子核の共鳴周波数は**表 11・2** に示してある．

個々の原子核の磁気モーメントは**図 11・3** に示すようにお互いに独立に z 軸の周りを回っている．したがって，それぞれの回転の位相は独立であり，磁化ベクトル M の xy 平面内の成分は 0 となり，磁化ベクトルは z 方向を向いている．

11・1・3　励起，磁気共鳴

次に静磁場中の原子核スピンの集団，すなわち磁化ベクトルに共鳴周波数の電磁波（RF）を加えることを考える．電磁波は電場と磁場の両成分からなるが，磁気共鳴においては磁場成分に着目する．xy 平面内にその軸を平行においたコイルを通して電磁波を加えると，磁化ベクトルに対しては**図 11・4**(a) に示すように，共鳴周波数 ν_0 で回転する磁場を加えるのと等価になる．

この回転磁場の大きさを B_1 とすると，磁気モーメントはこの磁場からも回転力を受ける．この影響は，図 11・4(b) に示すように，z 軸の周りを ν_0 で回転する座標系にのって観察するとわかりやすい．すなわち，このような座標系では，磁場ベクトル B_1 は静止していて，B_1 による回転力のため，磁化ベクトル M は B_1 の方向（図 11・4 では x' 方向）を軸としてゆっくり倒れる．

磁化ベクトル M は，静磁場 B_0 と同じ方向のときが，エネルギー的に最も低く，図 11・4(b) のように角度をもつと，エネルギーが高くなる．磁化ベクトルが傾くのに必要なエネルギーは，電磁波から吸収される．

このことは，今まで述べてきた磁化ベクトルではなく，核スピンを量子的に扱う

解説②
テスラ：テスラは磁束密度の単位であり，$1\,\mathrm{T}=1\,\mathrm{Wb/m^2}$ である．ここで，Wb（ウェーバー）は磁束の単位であり，$1\,\mathrm{Wb}=1\,\mathrm{V\cdot s}$ となる．この関係は磁束の時間変化が起電力に相当することにもとづく．磁束密度と磁場（強度）は純物理学的には異なるが，MRIにおいては慣例により磁束密度を磁場（強度）と称する．

(a) 静止座標系 (b) 回転座標系

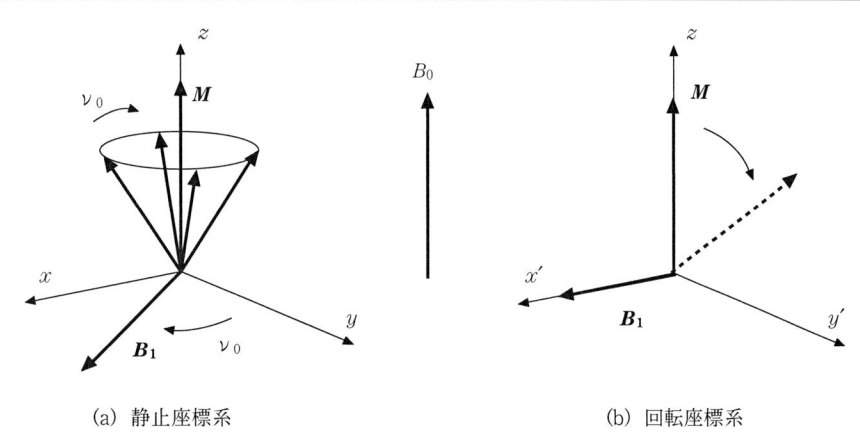

図 11・4 回転磁場 B_1 の影響
図 (b) に示すように，回転磁場を軸として，磁化ベクトルはゆっくり倒れる．

方がわかりやすい．核スピンは量子化されていて，スピンの大きさを I であらわすと，静磁場方向の成分 m_I は $I, I-1, \cdots, -I$ の $2I+1$ 個の値をとる．簡単のため，$I=1/2$ の場合を考えると，許される m_I の値は，$1/2$ と $-1/2$ の 2 つである．

静磁場 B_0 中に置かれた原子核の磁気モーメント μ のエネルギーは

$$E = -\boldsymbol{\mu} \cdot \boldsymbol{B}_0 \tag{11・3}$$

で与えられる．ここで，・はベクトルの内積[③]を意味する．したがって，スカラーで書くと

$$E = -\gamma \hbar m_I B_0 \tag{11・4}$$

となる．これより，$I=1/2$ のときは，エネルギーが $-\gamma\hbar B_0/2$ と $\gamma\hbar B_0/2$ の 2 つの準位に分裂することがわかる．したがって，準位の差のエネルギーを持つ電磁波が加えると，スピンはそのエネルギーを吸収し，図 11・5 に示すように下の準位から上の準位へ遷移する．この電磁波の周波数は

$$\nu_0 = \frac{\gamma \hbar B_0}{h} = \frac{\gamma B_0}{2\pi} \tag{11・5}$$

となり，式 (11・2) で与えた共鳴周波数と一致する．むしろ，共鳴周波数という術語は，最初は，このような量子モデル[④]を表現するために用いられた．

量子モデルでの説明をもう少し続ける．図 11・5 に示すような下の準位から上の準位へ遷移を **励起** (excitation) という．また，原子核スピンが共鳴周波数の電磁波からエネルギーを受け取り，励起することを **核磁気共鳴** 〔nuclear magnetic resonance (NMR)〕という．

解説 ③
ベクトルの内積：2 つのベクトル a と b に対して，その内積は $ab\cos\theta$ で与えられる．ここで，θ は 2 つのベクトルがなす角．ベクトルの内積をスカラー積ともいう．

解説 ④
量子モデルと古典モデル：NMR において核スピンを量子化して，量子力学的に扱う方法を量子モデルという．一方，核スピンの集団を磁化ベクトルで近似し，その運動をブロッホ方程式により扱う方法を古典モデル（または準古典モデル）という．NMR では，古典モデルが現象を精度良く記述するので，量子モデルは特別の場合を除いて用いられない．

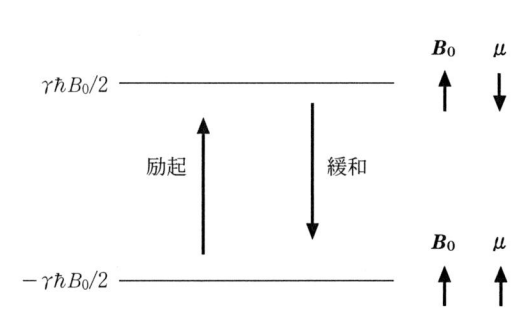

図 11・5 原子核の磁気モーメントのエネルギー準位

第11章 核磁気共鳴 (NMR)

11・1・4 緩和現象, 縦緩和, 横緩和

励起された原子核の磁気モーメントは, 電磁波を放出して下の準位に遷移する. これを**緩和** (relaxation) という. 緩和の際に放出される電磁波の周波数は, 図11・5の準位の差に対応しており, 式 (11・5) の共鳴周波数と一致する.

緩和について詳しく説明するため, 磁化ベクトルを用いたモデルに戻る. 図11・4(b) で回転磁場 B_1 の回転力のため, 磁化ベクトル M が倒れてくることを述べた. このときの磁化ベクトルの運動は B_1 の周りの歳差運動と考えることができ, その回転周波数は

$$\nu_1 = \frac{\gamma \hbar B_1}{h} = \frac{\gamma B_1}{2\pi} \tag{11・6}$$

で与えられる. ここで, B_1 は B_0 に比べてずっと小さく, したがって, 回転周波数 ν_1 もそれに比例して, ν_0 よりずっと小さくなる.

いま, B_1 を時間 t だけパルス状にかけたとする. 図11・6に示すように, z 軸方向にあった磁化は, t 後には

$$\theta = 2\pi\nu_1 t \quad (\text{ラジアン}) \tag{11・7}$$

だけ回転する. $\theta = \pi/2, \pi$ となるように t を選べば, 図11・6(b) と (c) に示すように, 磁化ベクトル M を静磁場 B_0 に垂直あるいは逆方向に倒すことができる. $\theta = \pi/2, \pi$ に対応するパルスをそれぞれ **90°パルス** (90° pulse), **180°パルス** (180° pulse) と呼ぶ.

電磁波が切られたとき, 磁化ベクトルは電磁波を放出してエネルギー的に最も低い図11・3に示される状態に戻る. この過程を緩和といい, 2つの独立したプロセスが並行して起こる.

その第一は**縦緩和** (longitudinal relaxation) といい, 磁化ベクトルの z 成分が回復するプロセスである. このプロセスは, 図11・7に示すように量子的には磁気モーメントが下の準位に遷移する現象と考えることができる. すなわち, 磁気モーメントが下の準位に遷移することにより, 静磁場 B_0 と同じ向きの磁気モーメントが増え, 結果として磁化ベクトルの z 成分が回復することになる. ここで,「縦緩和」とは z 方向を縦方向と考え, その方向に元に戻ることを意味する用語である.

(a) 回転磁場 B_1 による磁化ベクトルの運動　　(b) 90°パルス　　(c) 180°パルス

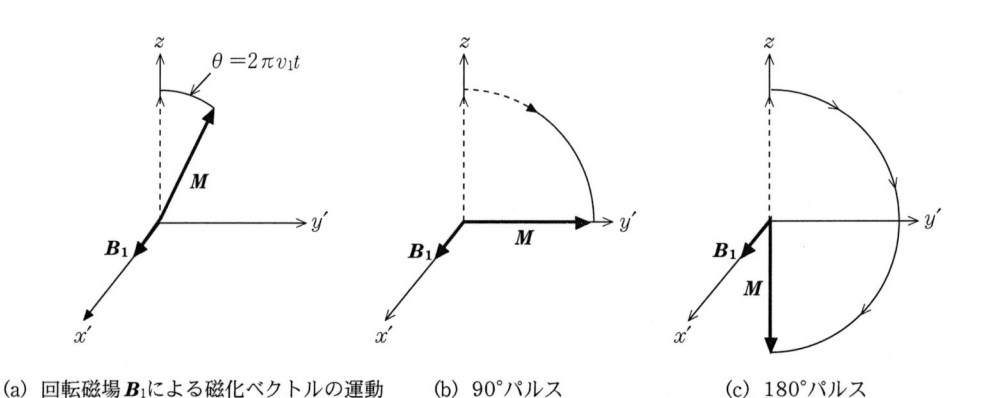

図 11・6　90°パルスと180°パルス

縦緩和のことを，物理的な相互作用に着目してスピン・格子緩和ということもある．

第二は**横緩和**（transverse relaxation）といい，磁化ベクトルの xy 平面の成分が失われるプロセスである．横緩和を考えるのには，図 11・8 に示すように 90°パルス後の磁化ベクトルの運動に着目するとわかりやすい．

90°パルス後の磁化ベクトルは，図 11・8(a) に示すように，最初は xy 平面内を共鳴周波数で回転している．磁化ベクトルを構成する個々の磁気モーメントでは，周囲の電子や原子核との相互作用により作用する磁場が B_0 とは微妙に異なる．その結果，共鳴周波数すなわち回転周波数が微妙に異なることになり，回転を続けるうちに図 11.8(b) に示すように周波数毎に磁気モーメントがほぐれてくる．これを中心周波数で回転している座標系で観察すると，図 11・8(c) に示すように磁気モーメントがほぐれ，その結果，合成される磁化ベクトルは次第に短くなる．これが横緩和である．「横緩和」は，このように横方向（xy 面内）の成分が元に戻ることを意味する用語である．横緩和のことを物理的な相互作用に着目してスピン・スピン緩和ということもある．

縦緩和と横緩和のプロセスは時間 t の指数関数 $\exp(-t/T)$ として表現できる．ここで特性時間 T を**緩和時間**[5]（relaxation time）という．縦緩和に対応するも

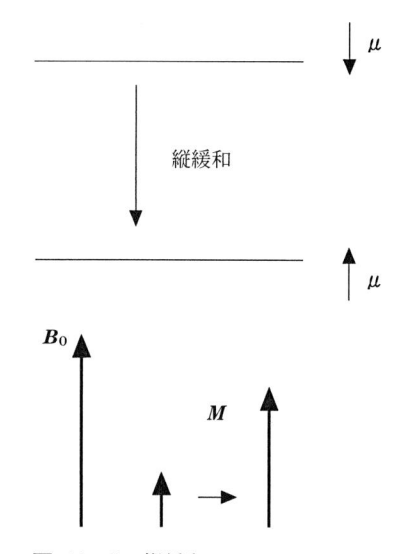

図 11・7 縦緩和
磁気モーメントが下の準位に遷移することにより，静磁場 B_0 と同じ向きの磁気モーメントが増え，磁化ベクトルの縦方向の成分が回復する．

解説⑤
緩和時間：緩和時間は生体の組織間で大きく異なる（血液など自由水に富む組織で長くなる）ため，MRI を行う際は非常に重要な因子である．MRI の多くの撮影法は，組織の緩和時間の差を画像コントラストに反映させようと工夫したものといえる．

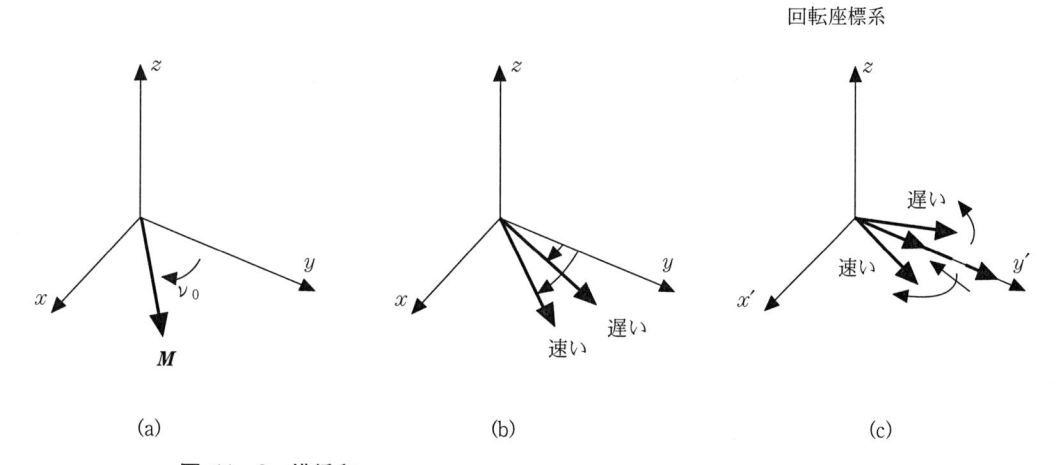

図 11・8 横緩和
(a) 90°パルスにより磁化ベクトルは xy 面に倒れる．
(b) 磁化ベクトルが，磁気モーメントの回転速度の差によりほぐれる．
(c) 回転座標系で観察すると，磁化ベクトルの xy 成分が短縮する．

のを**縦緩和時間**（longitudinal relaxation time）といい，T_1 または $T1$ と書く．一方，横緩和に対応するものを**横緩和時間**（transverse relaxation time）といい，T_2 または $T2$ と書く．

11・1・5 ブロッホ方程式

以上述べてきたような磁化ベクトルの励起と緩和の過程は，ブロッホ（Bloch）により導かれた次の方程式により記述される．

$$\frac{dM_x}{dt} = \gamma(\boldsymbol{M} \times \boldsymbol{B})_x - M_x/T_2 \tag{11・8}$$

$$\frac{dM_y}{dt} = \gamma(\boldsymbol{M} \times \boldsymbol{B})_y - M_y/T_2 \tag{11・9}$$

$$\frac{dM_z}{dt} = \gamma(\boldsymbol{M} \times \boldsymbol{B})_z - (M_0 - M_z)/T_1 \tag{11・10}$$

ここで，M_x，M_y，M_z は磁化ベクトル $\boldsymbol{M}$ の x，y，z 成分である．また，$\boldsymbol{M} \times \boldsymbol{B}$ は $\boldsymbol{M}$ と $\boldsymbol{B}$ の外積（ベクトル積）[6] を意味し，M_0 は熱平衡磁化 M_0 の大きさである．$\boldsymbol{B}$ は外部から作用する磁場であり，$\boldsymbol{B} = \boldsymbol{B}_0 + \boldsymbol{B}_1$ のように静磁場 $\boldsymbol{B}_0$ と回転磁場 $\boldsymbol{B}_1$ の和である．

ブロッホ方程式（Bloch equation）の物理的意味を以下に考察する．

式 (11・8) と式 (11・9) の右辺第 2 項（T_2 の入った項）は横緩和の効果を，式 (11・10) の右辺第 2 項（T_1 の入った項）は縦緩和の効果を示している．緩和のない場合は $T_1 = T_2 = \infty$ であり，これらの項の寄与は無視できるので，

$$\frac{d\boldsymbol{M}}{dt} = \gamma(\boldsymbol{M} \times \boldsymbol{B}) \tag{11・11}$$

回転磁場 $\boldsymbol{B}_1$ が無いとき，$\boldsymbol{B} = \boldsymbol{B}_0$ であるから式 (11・11) は，

$$\frac{d\boldsymbol{M}}{dt} = \gamma(\boldsymbol{M} \times \boldsymbol{B}_0) \tag{11・12}$$

これは図 11・9(a) に示すように，磁化ベクトル $\boldsymbol{M}$ に $\boldsymbol{M}$ と $\boldsymbol{B}_0$ の作る平面と垂直の方向に回転力が働くことを意味し，これにより磁化ベクトルは $\boldsymbol{B}_0$ の周りを $\nu_0 = \gamma B_0/(2\pi)$ の共鳴周波数で回転する．

次に共鳴周波数 ν_0 で回転する座標系では $\boldsymbol{B}_0$ の効果は無視できるので，式 (11・11) は，

$$\frac{d\boldsymbol{M}}{dt} = \gamma(\boldsymbol{M} \times \boldsymbol{B}_1) \tag{11・13}$$

のように書くことができる．これは図 11・9(b) に示すように，磁化ベクトル $\boldsymbol{M}$ に $\boldsymbol{M}$ と $\boldsymbol{B}_1$ の作る平面と垂直の方向に回転力が働

解説 ⑥
ベクトルの外積：2 つのベクトル $\boldsymbol{a}$ と $\boldsymbol{b}$ に対して，その外積は大きさが $ab\sin\theta$ で，かつ方向が $\boldsymbol{a}$ と $\boldsymbol{b}$ の作る平面に垂直なベクトルとして与えられる．ここで，θ は 2 つのベクトルがなす角．ベクトルの外積をベクトル積ともいう．

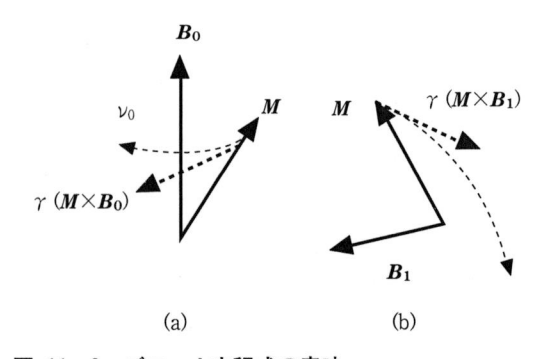

図 11・9 ブロッホ方程式の意味
(a) 磁化ベクトル $\boldsymbol{M}$ は，回転力 $\gamma(\boldsymbol{M} \times \boldsymbol{B}_0)$ により，周波数 ν_0 で回転する．
(b) 磁化ベクトル $\boldsymbol{M}$ は，回転力 $\gamma(\boldsymbol{M} \times \boldsymbol{B}_1)$ により，回転磁場 $\boldsymbol{B}_1$ を軸としてゆっくり倒れる．

くことを意味し，これにより磁化ベクトルは B_1 の周りを $\nu_1 = \gamma B_1/(2\pi)$ の共鳴周波数で回転する．

以上のように，11・1・2～11・1・4項で定性的に述べた磁化ベクトルの運動は，Bloch方程式により定量的に表現されることがわかる．

11・1・6 自由誘導減衰とスピンエコー

11・1・4項では，緩和の際に磁化ベクトルが電磁波を放出することを述べた．これを**NMR信号**（NMR signal）といい，様々な情報を含んでいる．以下これについて，より詳しく説明する．例として90°パルス後の磁化ベクトルについて考えよう．90°パルス後の磁化ベクトルは，縦緩和と横緩和により平衡状態に戻っていく．一般に横緩和の方が縦緩和より，はるかに速く起こるので，磁化ベクトルは静止した座標系では**図11・10**(a)に示すような運動を行う．

このとき y 軸上に検出コイルを置くと，電磁誘導により磁化ベクトルの y 成分が検出されるが，この信号は図11・10(b)のような減衰振動となる．このように，静磁場だけが印加された状態での磁化ベクトルの運動を**自由誘導減衰**（free induction decay：FID）といい，そのとき放出するNMR信号をFID信号という．

NMRの信号検出は通常，位相敏感検波により行われる．これは外から加えた電磁波と同じ周波数，位相の信号を検出するものである．これは，ちょうど回転座標に検出コイルを置くのと同じ効果を持ち，その結果，検出される信号は図11・10(c)のように指数関数的な減衰を示す．

FID信号は非常に微弱な信号であり，90°パルスを印加した直後に発生するため，精度良く検出することは困難な場合が多い．それを改良したのが，**スピンエコー**

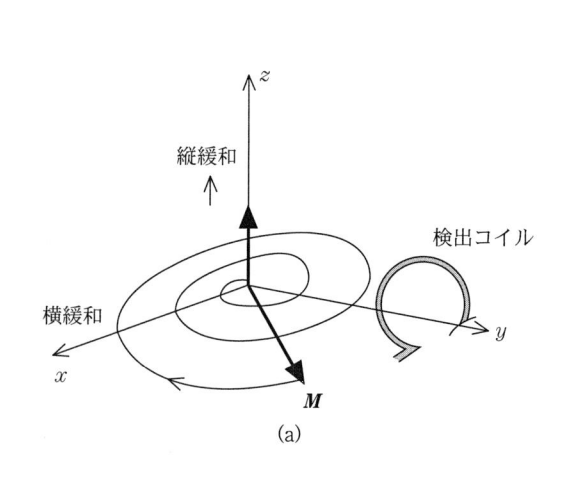

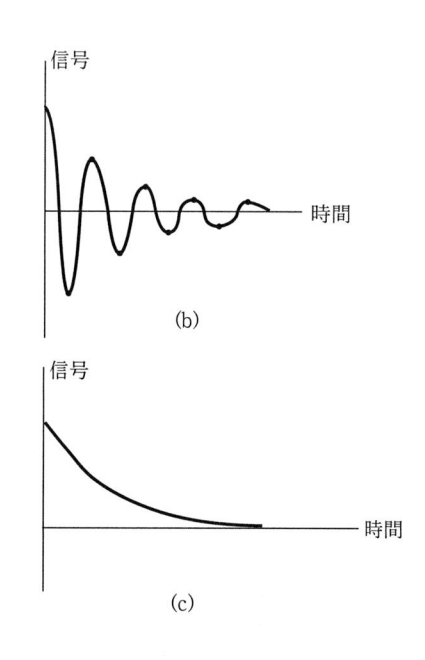

図 11・10 自由誘導減衰
(a) 自由誘導減衰の際の磁化ベクトルの運動（横緩和が起こり，続いて縦緩和が起こる）
(b) 検出コイルにおける信号　(c) 位相敏感検波をした場合の信号

第11章　核磁気共鳴（NMR）

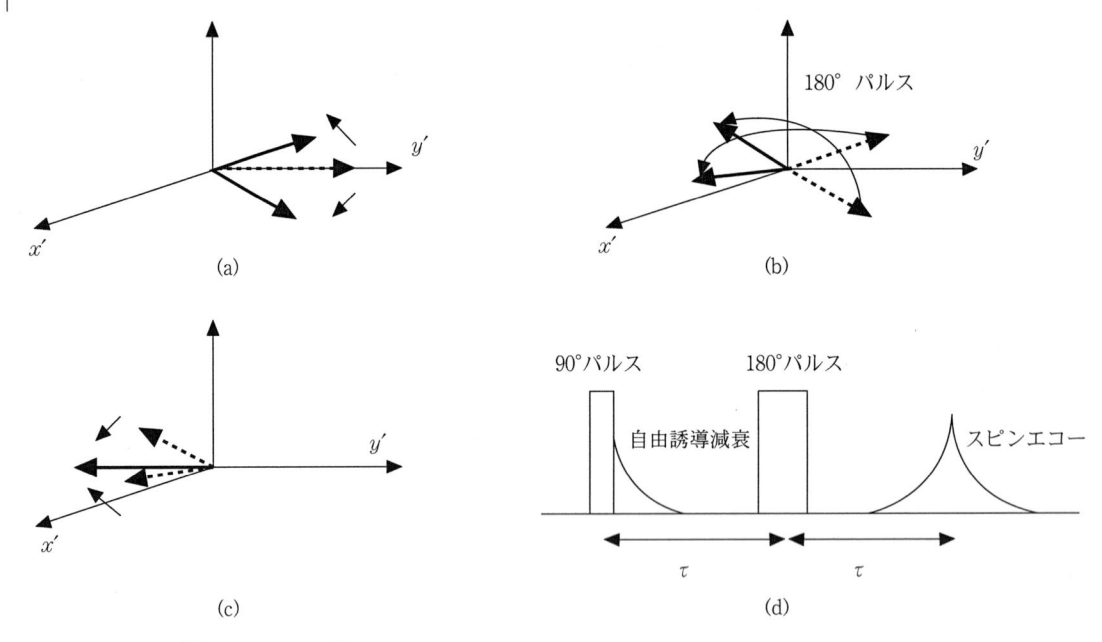

図 11・11　スピンエコー
(a) $x'y'$ 面上の磁化ベクトルは，横緩和によりほぐれる．
(b) 時間 τ 経過後に 180°パルスをかけると磁化ベクトルが反転する．
(c) さらに τ 経過後に磁化ベクトルは，集束してスピンエコー信号を出す．
(d) RF パルスと信号の関係．

解説 ⑦
スピンエコーと MR 画像のコントラスト：MRI では主にスピンエコー法を用いて，NMR 信号の検出を行う．このとき，信号検出の繰返し時間（信号検出の最初にかけられる 90°パルス間の間隔）とエコー時間（90°パルスとスピンエコーまでの間隔であり，2τ で与えられる）により，画像のコントラストが制御される．

(spin echo: SE)⑦ である．

　スピンエコー信号を発生させるためには，90°パルスから適当な時間 τ だけ経過したとき，180°パルスを印加する．このときの磁化ベクトルの運動を示したのが**図 11・11** である．図 11・11(a) に示すように最初，磁化ベクトルは横緩和によりほぐれていく．時間 τ 後には図 11・11(b) に示すような位置までくる．このとき 180°パルスを印加すると，磁化ベクトルは xy 面内で反転する．そして，今度は逆方向に運動し，集束していく．そして図 11・11(c) に示すように，180°パルスから，ちょうど τ だけ経過したとき，磁化ベクトルの大きさは 90°パルス直後と同じになり，大きな信号が発生する．この現象をスピンエコーといい，このとき発生する信号をスピンエコー信号という．

　磁化ベクトル M は共鳴周波数 ν_0 で回転しながら，横緩和により減衰していく．このため FID 信号やスピンエコー信号など NMR 信号の周波数成分は ν_0 のまわりの狭い範囲に分布する．したがって，これらの信号をフーリエ変換すると周波数分布は ν_0 を中心とする鋭いピークとなる．このように NMR 信号をフーリエ変換したものを **NMR スペクトル**（NMR spectrum）といい，NMR スペクトルを求めそれに含まれる情報を解析することを，**MR スペクトロスコピー**（magnetic resonance spectroscopy: MRS）という．

11・1・7　化学シフト

　共鳴周波数をあらわす式 (11・2) は，孤立した原子核の集団に対して成り立つも

のである．実際には原子核のまわりに電子が存在しているため，原子核が感じる磁場の強さは外部磁場 B_0 と少し異なったものとなる．磁場 B_0 の中に原子を置くと，この環境の変化を打ち消すように，核のまわりの電子による電流が誘起される．この電流により生じる磁場は B_0 と逆方向であり，核が実際に感じる磁場の大きさは B_0 より小さいものになる（なお，本項以降で磁場の方向が問題となることはないので，ベクトルとしての表記はしない）．

誘起される逆方向の磁場の強さは外部磁場の大きさ B_0 に比例するので，実際に感じている磁場の強さは，

$$B = B_0(1-\sigma) \tag{11・14}$$

で表される．σ は電子による遮蔽の程度を表す値で，**遮蔽定数**（screening constant）とよばれている．対象とする核の化学結合の性質によって，核を取り囲む電子の分布の性質が変化し，これに伴って σ の値，したがって，共鳴周波数

$$\nu = \frac{\gamma B_0}{2\pi}(1-\sigma) \tag{11・15}$$

が変化する．化学的な性質の相違によって起こるこのような共鳴周波数のずれを**化学シフト**（chemical shift）[8] とよぶ．

通常，化学シフトの大きさは周波数の絶対値ではなく，次のように基準物質との差の相対値として表現される．

$$\delta = \frac{\nu - \nu_r}{\nu_r} \times 10^6 = \frac{\sigma_r - \sigma}{\sigma_r} \times 10^6 \tag{11・16}$$

ここで，ν_r, σ_r はそれぞれの基準物質の共鳴周波数と遮蔽定数である．また，化学シフトは非常に小さいため，10^6 倍して ppm 単位で表す．

化学結合の異なる原子が混在している系の MRS を行うと，NMR スペクトルは単一のピークとならず化学シフトの差により分裂し，スペクトル上の対応する位置にいくつかのピークが現れる．**図 11・12** は人間の骨格筋中に含まれる ^{31}P の NMR スペクトルを示す．図に示すように，クレアチンリン酸や無機リン酸のように異なる化学形に属する ^{31}P だけではなく，ATP（アデノシン三リン酸）中の ^{31}P が結合位置の違いにより異なる化学シフ

> **解説 ⑧**
> 化学シフトイメージング：化学シフトを利用して，化学シフトのピーク毎の画像を得る方法を化学シフトイメージングという．もっとも簡単なものは，プロトンを用いた水と脂肪の分離イメージングであるが，より複雑な化学形の分離や他核種の化学シフトイメージングも行われている．

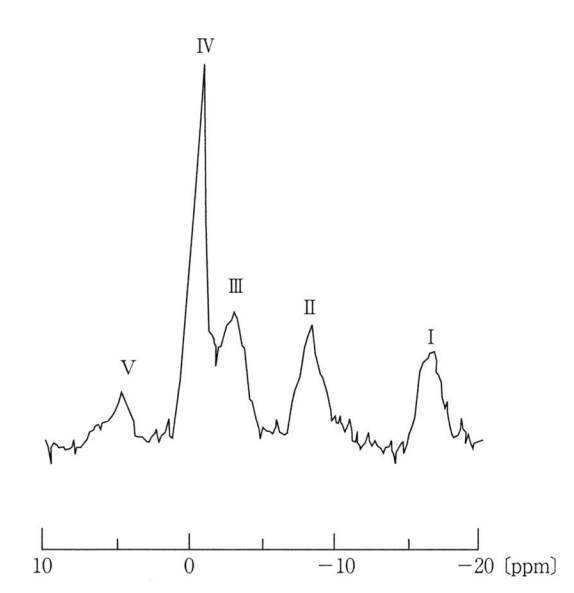

図 11・12 ヒト骨格筋の ^{31}P 化合物の NMR スペクトル

ピーク I, II, III は ATP の β, α, γ リン酸に対応し，ピーク IV はクレアチンリン酸に，V は無機リン酸に対応する．

第11章 核磁気共鳴（NMR）

トをもち，その結果異なるピークとして検出される．このようにNMRスペクトルは化合物中を形成する原子の結合位置の違いを識別できるという著しい特徴をもつ．

11・1・8 磁化率

本章においては今まで原子核の磁気的性質について述べた．しかし，実際は原子核の磁性はきわめて弱く，NMRで観測される以外の物質の磁気的性質は電子の磁性によって決まる．電子の磁性，すなわち磁気モーメントは電子の軌道運動とスピンにより決まり，原子核の磁性の1000倍程度となる．

物質の磁性は，電子の配置や電子スピン間の相互作用の仕方により，いくつかに分類される．その中で，**反磁性**（diamagnetism），**常磁性**（paramagnetism），**強磁性**（ferromagnetism）について簡単に説明する．

反磁性および常磁性を示す物質では，物質に磁場Bを作用させたときに生じる磁化Mの強さはBに比例し，$M=\chi B$のように表される．ここで，比例定数χを**磁化率**（magnetic susceptibility）という．反磁性と常磁性では，図11・13に示すように比例定数の符号は逆になる．

水を含む大部分の生体構成物質は，反磁性を示す．これらの物質では電子は対をなし，その磁気モーメントは打消しあってゼロとなる．しかし，外部磁場が印加されると，磁場との相互作用の結果，それぞれの磁気モーメントの大きさにわずかな差が生じ，結果的に外部磁場と反対方向に非常に小さな磁化が生じる．これにより反磁性が生じることになる．反磁性物質の磁化率χの符号はマイナスになる．

特定の価数の金属イオン（Cr^{3+}，Fe^{2+}，Fe^{3+}，Mn^{2+}，Co^{2+}，Cu^{2+}，Gd^{3+} など）や酸素分子は常磁性を示す．これらのイオンや分子は対にならない電子（不対電子）を持ち，したがって，それに由来する磁気モーメントを持つ．イオンや電子が集合体として存在している場合には，それぞれの不対電子の磁気モーメントが打消しあうため，その磁化は見かけ上ゼロとなる．外部磁場に置かれると，それらの磁気モーメントが磁場の向きと平行か反平行に配列して全体として外部磁場と同じ向

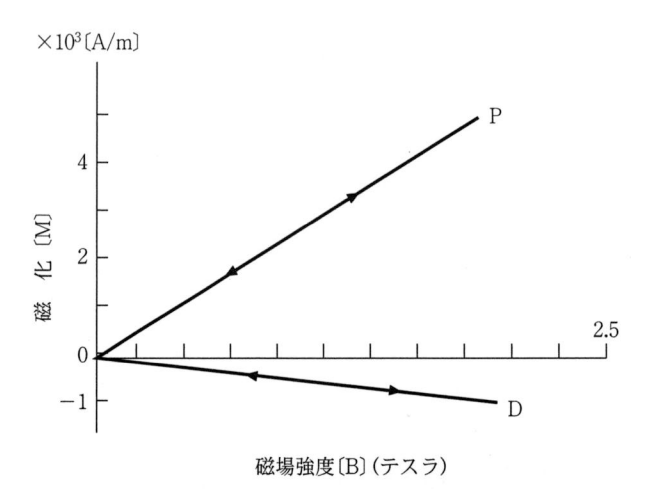

図 11・13 常磁性物質（P）と反磁性物質（D）の磁化曲線

きの磁化が生じる．磁化の大きさは外部磁場の大きさに比例し，磁化率χの符号はプラスになる．

　鉄，ニッケル，コバルト，四三酸化鉄（Fe_3O_4）などは強磁性を示す．このような物質では電子スピン間の強い相互作用により磁気モーメントが平行に揃う．平行な磁気モーメントをもったスピンの集団は1つの磁区を形成し，それらの磁区の集合体として強磁性体となる．外部磁場がない場合，各磁区からの磁化は打ち消され真の磁化はゼロとなる．

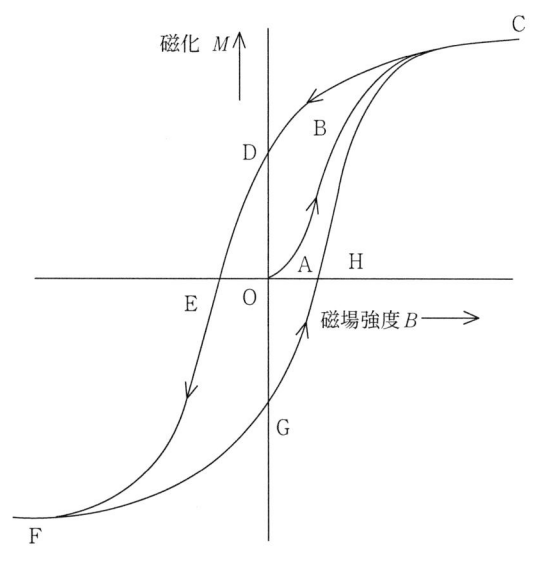

図 11・14 強磁性体の磁化曲線（ヒステリシス曲線）

外部磁場と磁化の関係は，**図 11・14** に示すようにやや複雑である．すなわち，磁化されていない強磁性体に加える磁場の強さと磁化の関係は，O→A→B→CとS字型のグラフを描く．このグラフのA点までは変化は可逆的であるが，A点を越えると変化は非可逆となる．特にC点に達すると磁化は飽和となり，外部磁場がゼロとなっても大きな磁化が残る．これを残留磁化という．残留磁化をゼロとするには，反対方向の磁場を加える必要がある．図 11・14 のような磁化と磁場の関係を **ヒステリシス**（hysteresis）という．図からわかるように，可逆変化が起こる O→A においても，強磁性体の磁化率は一定とならない．

上に述べた物質の磁気的性質は，MRI において $T1$ や $T2$ を変化させる造影剤[9]として利用されている．すなわち，常磁性イオンは水分子を構成する陽子スピンに作用し，その $T1$ 緩和時間を短縮する効果を持つ．また，強磁性体を磁区単位に細分した粉末をスーパー常磁性体といい，強い磁性により外部磁場を乱し $T2$ 緩和時間を短縮する効果を持つ．

11・2　画像形成の原理

11・2・1　傾斜磁場

　NMR 信号は，原子核の磁性を示す磁化ベクトルが緩和するときに放出する電磁波であり，すでに述べた緩和時間や化学シフト，そして核スピンの密度など多彩な情報を含んでいる．NMR 信号に含まれるこのような情報を一括して NMR パラメータ[10]という．**磁気共鳴イメージング**（magnetic resonance imaging: MRI）とは NMR 信号に位置情報を付加し，NMR パラメータの空間分布を求め画像として表示する方法である．

解説 ⑨
造影剤：MRI においては，内在性の物質も造影剤として利用できる．脳の活動が高まると酸素に富んだ血流が増大し，酸素の常磁性の影響により活動部位のコントラストが変化する．これを用いて脳の活動部位を画像化する方法を機能的 MRI（functional MRI：fMRI）という．

解説 ⑩
NMR パラメータ：NMR 信号には，信号発生部位の核スピン密度，2つの緩和時間，流速，化学シフトなどの情報が含まれる．これらをNMRパラメータといい，MRI においてはこれらのうち必要な情報を分離して得るため様々な撮影法が行われている．

第11章　核磁気共鳴（NMR）

MRIを行うためには，今までに述べてきた一様な静磁場 B_0 のほかに，傾斜磁場 $G \cdot x$ を加える．ここで，**傾斜磁場**（gradient field）$G \cdot x$ とは，図 11・15 に示すように，x 方向に沿って磁場の大きさが一定の割合 G で変化している状態を表す．ここで，G を**磁場勾配**（field gradient）という．このようにすると，被写体に加えられる磁場 B は，

$$B = B_0 + G \cdot x \quad (11 \cdot 17)$$

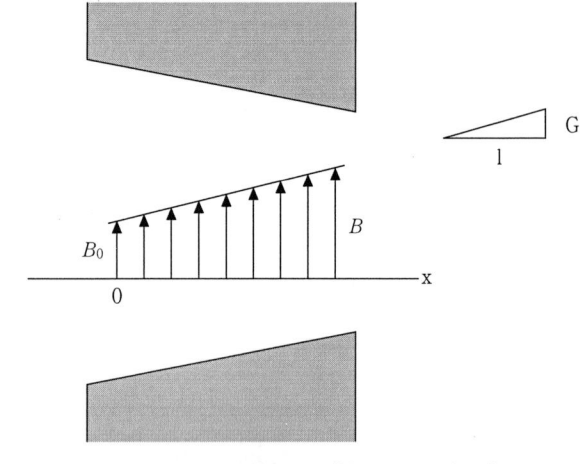

図 11・15　傾斜磁場（線形の磁場勾配）

のように x 座標とともに変化する．したがって，共鳴周波数は，式 (11・5) より，

$$\nu = \frac{\gamma}{2\pi} B = \frac{\gamma}{2\pi}(B_0 + G \cdot x) \quad (11 \cdot 18)$$

となり，やはり x 座標とともに変化することがいえる．

式 (11・18) は，位置座標と共鳴周波数の間に一意的な関係があることを示している．この関係を使い，NMR 信号に位置情報を付加することができる．その代表的な方法が，以下に述べるスライス選択，位相エンコーディング，周波数エンコーディングである．

11・2・2　スライス選択

スライス選択は，イメージングを行うスライスに含まれる原子核スピンを選択的に励起する方法であり，図 11・16 に示すように一様な静磁場 B_0 にスライスに垂直な方向（z 方向）の傾斜磁場 $G_z \cdot z$ を重畳させる．ここで，G_z は z 方向の磁場勾配である．すると磁場 B は，式 (11・17) と同様に

$$B = B_0 + G_z \cdot z \quad (11 \cdot 19)$$

$$\Delta \nu = \left(\frac{\gamma G_z}{2\pi}\right) \Delta z$$

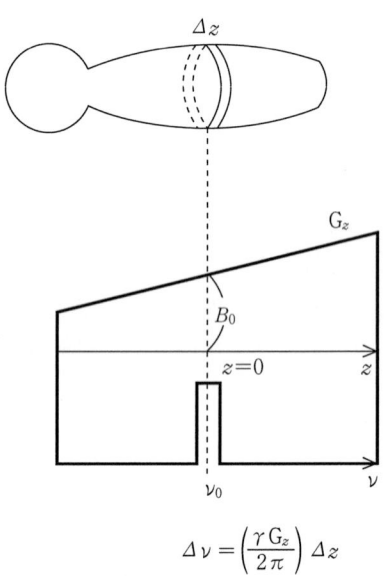

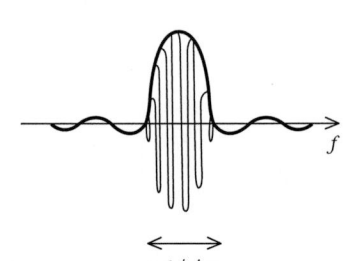

図 11・16　選択励起法によるスライス決定

となる.

ここで, $z=0$ の平面のまわりに Δz の厚みをもつスライスの内部だけを励起することを考える. $z=0$ の平面での静磁場強度は B_0 であり, 共鳴周波数は $\nu_0 = \frac{\gamma}{2\pi} B_0$ である. 励起を行いたいのは, $z=0$ のまわりに Δz の厚みをもつ領域であるので, これに対応する周波数の領域は,

$$\Delta \nu = \frac{\gamma G_z}{2\pi} \Delta z \tag{11・20}$$

の幅をもったものとなる. したがって, 矩形波状に ν_0 を中心に $\Delta \nu$ の幅をもつ周波数成分だけを励起する. これに必要な高周波波形は, 図 11・16 に示すように, ほぼ $1/\Delta \nu$ の幅をもつ高周波パルスである.

このような高周波パルスを傾斜磁場 $G_z \cdot z$ の存在下で印加すれば, 指定したスライス位置で Δz の厚みをもつ領域の核スピンのみが励起され, それからの NMR 信号を検出し処理することにより, スライス画像が形成される. このような高周波パルスを**選択励起パルス** (selective excitation pulse) といい, 選択励起パルスを用いて特定領域のみを励起する方法を選択励起法とよぶ.

11・2・3　位相エンコーディングと周波数エンコーディング

次に選択されたスライス内の核スピンに位置情報 (x, y) を付加する方法を述べる. **図 11・17～19** はその原理を示したものである. 図 11・17 は高周波パルスおよび傾斜磁場のかけ方を示したものであり, **パルス系列** (pulse sequence)[11] といわれ

解説 ⑪

パルス系列：図 11・17 に示したような RF パルスと各方向の傾斜磁場のかけ方を示したタイムチャートをパルス系列という. MRI の撮影法はパルス系列で示され, イメージングの目的に対応してきわめて多くのものが使用されている.

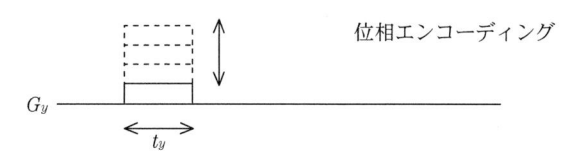

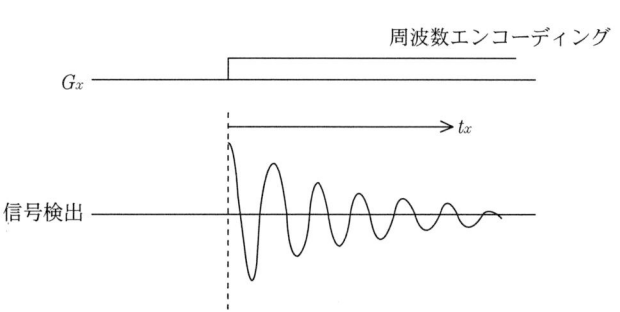

図 11・17　核スピンへの位置情報の付加 (パルス系列)

第11章　核磁気共鳴（NMR）

る（ただし図11・17では傾斜磁場の代わりに，その傾きすなわち磁場勾配で示してある）．時刻 $t=0$ において，90°パルスで励起し，時間 t_y だけ y 方向の傾斜磁場 $G_y \cdot y$ を加える．次いで勾配の方向を x 方向に切換え，傾斜磁場 $G_x \cdot x$ を加えながらNMR信号（FID信号）を観測する．傾斜磁場 $G_y \cdot y$ が印加されているときの共鳴周波数は，

$$\nu_y = \frac{\gamma}{2\pi}(B_0 + G_y \cdot y) \tag{11・21}$$

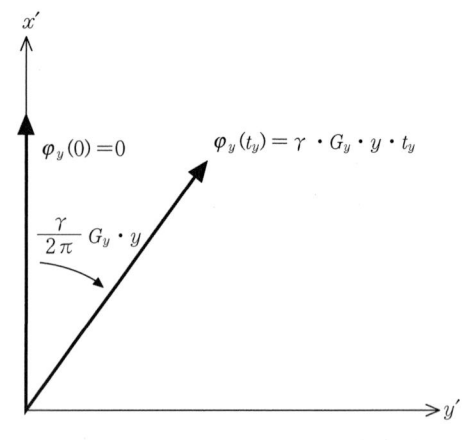

図 11・18　磁化ベクトルの運動（位相角の変化）

で与えられる．図11・18は傾斜磁場 $G_y \cdot y$ が加えられている時刻 $t=0$ から $t=t_y$ までの磁化ベクトルの変化を周波数 $\nu_0 = \frac{\gamma}{2\pi}B_0$ で回転している座標系に対して示したものである（なお，図の x 軸と y 軸は通常と逆に示してある）．磁化ベクトルは静止座標系に対しては，$\nu_y = \frac{\gamma}{2\pi}(B_0 + G_y \cdot y)$ の周波数で回転するから，周波数 $\nu_0 = \frac{\gamma}{2\pi}B_0$ で回転している座標系に対しては，差の周波数 $\frac{\gamma}{2\pi}G_y \cdot y$ で回転する．したがって，$t=0$ での位相角 $\varphi_y(0) = 0$ は，$t=t_y$ では

$$\varphi_y(t_y) = 2\pi \times \frac{\gamma}{2\pi}G_y \cdot y \times t_y = \gamma \cdot G_y \cdot y \cdot t_y \tag{11・22}$$

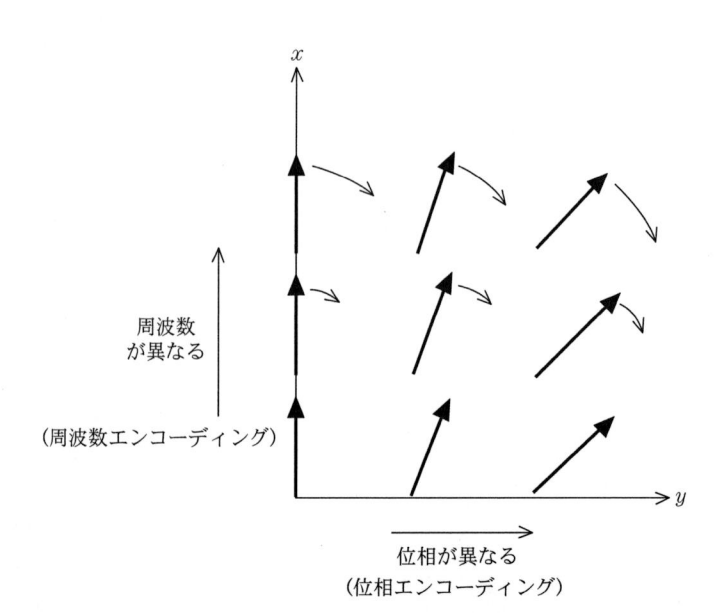

図 11・19　周波数エンコーディングと位相エンコーディング

となる．このように y 方向の傾斜磁場 $G_y \cdot y$ により，磁化ベクトルの位相角に y 座標が付加されたことがいえる．これを **位相エンコーディング**（phase encoding）という．

次に傾斜磁場 $G_x \cdot x$ がどのように作用するか考えよう．傾斜磁場 $G_x \cdot x$ が加えられているときの共鳴周波数は，

$$\nu_x = \frac{\gamma}{2\pi}(B_0 + G_x \cdot x) \tag{11・23}$$

で与えられる．これは，共鳴周波数に x 座標が付加されたことを意味する．これを **周波数エンコーディング**（frequency encoding）という．

位相エンコーディングと周波数エンコーディングの結果，原子核スピンとそれから発生する NMR 信号に位置座標 (x, y) が付加されたことになる．図 11・19 はそれを模式的に示したものである．図に示すように，(x, y) 平面内の磁化ベクトルは x 方向には周波数が異なり，y 方向には位相の異なる運動をする．この結果，それぞれの磁化ベクトルは位相と周波数が異なる NMR 信号を放出するので，検出される信号はこれらを重畳したものとなる．

この信号から位置座標 (x, y) 毎の NMR 信号を得るには MRS と同様にフーリエ変換を用いる．具体的には，図 11・17 で磁場勾配 G_y の大きさを少しずつ変えて印加して，信号検出を行う．このようにすると加えた磁場勾配の数（通常は 256 程度）だけ曲線が得られ，曲線群は 2 次元フーリエ空間をくまなくおおう．このように形成された 2 次元フーリエ空間を逆変換することにより，位置座標 (x, y) 毎の NMR 信号強度すなわち MR 画像が得られる．

◎ ウェブサイト紹介

日本磁気共鳴医学会

hyyp://www.jsmrm.jp/index.html

MRI に関する QA，学会雑誌の抄録，学会関係の催しなどが掲載されている．

◎ 参考図書

巨瀬勝美：NMR イメージング，共立出版（2004）

竹内敬人他：初歩から学ぶ NMR の基礎と応用，朝倉出版（2005）

R. H. Hashemi 他著，荒木力訳：MRI の基本パワーテキスト第 2 版―基礎理論から臨床応用まで，メディカルサイエンスインターナショナル（2004）

◎ 演習問題

問題 1 水素原子核（陽子）の共鳴周波数を 200 MHz，300 MHz とする磁場強度をそれぞれ求めよ．そのときの ^{31}P の共鳴周波数を求めよ．

問題 2 90°パルスの長さを 10 マイクロ秒とするような ν_1 と B_1 を求めよ．

第11章 核磁気共鳴（NMR）

問題3　T_1 と T_2 を求める方法について考察せよ（ヒント：180°パルス後に生じるのは縦緩和のみである．また，T_2 については図11・11参照）．

問題4　磁場勾配が 10 mT/m のとき，スライス幅を 1 mm とするための周波数帯域幅 $\varDelta \nu$ を求めよ．

付　録

付表 1　元素の周期律表と原子量

族\周期	1A	2A	3A	4A	5A	6A	7A	8			1B	2B	3B	4B	5B	6B	7B	0	周期
1	1 H 水素 1.0079																	2 He ヘリウム 4.00260	1
2	3 Li リチウム 6.941	4 Be ベリリウム 9.0128											5 B ホウ素 10.81	6 C 炭素 12.011	7 N 窒素 14.0067	8 O 酸素 15.9994	9 F フッ素 18.998403	10 Ne ネオン 20.179	2
3	11 Na ナトリウム 22.98977	12 Mg マグネシウム 24.305											13 Al アルミニウム 26.98154	14 Si ケイ素 28.0856	15 P リン 30.97376	16 S 硫黄 32.06	17 Cl 塩素 35.453	18 Ar アルゴン 39.948	3
4	19 K カリウム 39.0983	20 Ca カルシウム 40.08	21 Sc スカンジウム 44.9559	22 Ti チタン 47.90	23 V バナジウム 50.9414	24 Cr クロム 51.996	25 Mn マンガン 54.9380	26 Fe 鉄 55.847	27 Co コバルト 58.9332	28 Ni ニッケル 58.70	29 Cu 銅 63.546	30 Zn 亜鉛 65.38	31 Ga ガリウム 69.72	32 Ge ゲルマニウム 72.59	33 As ヒ素 74.9216	34 Se セレン 78.96	35 Br 臭素 79.904	36 Kr クリプトン 83.80	4
5	37 Rb ルビジウム 85.4678	38 Sr ストロンチウム 87.62	39 Y イットリウム 88.9059	40 Zr ジルコニウム 91.22	41 Nb ニオブ 92.9064	42 Mo モリブデン 95.94	43 Tc テクネチウム (97)	44 Ru ルテニウム 101.07	45 Rh ロジウム 102.9055	46 Pd パラジウム 106.4	47 Ag 銀 107.868	48 Cd カドミウム 112.42	49 In インジウム 114.82	50 Sn スズ 118.69	51 Sb アンチモン 121.75	52 Te テルル 127.60	53 I ヨウ素 126.8045	54 Xe キセノン 131.30	5
6	55 Cs セシウム 132.9054	56 Ba バリウム 137.33	57〜71 ランタノイド	72 Hf ハフニウム 178.49	73 Ta タンタル 180.9479	74 W タングステン 183.85	75 Re レニウム 186.207	76 Os オスミウム 190.2	77 Ir イリジウム 192.22	78 Pt 白金 195.09	79 Au 金 196.9665	80 Hg 水銀 200.59	81 Tl タリウム 204.37	82 Pb 鉛 207.2	83 Bi ビスマス 208.9804	84 Po ポロニウム (209)	85 At アスタチン (210)	86 Rn ラドン (222)	6
7	87 Fr フランシウム (223)	88 Ra ラジウム 226.0254	89〜103 アクチノイド																

原子番号 元素記号 元素名 原子量

大枠内は金属元素

( ) 内の数値は，最も安定な同位体の質量数を示す．

| ランタノイド 57〜71 | 57 La ランタン 138.9055 | 58 Ce セリウム 140.12 | 59 Pr プラセオジム 140.9077 | 60 Nd ネオジム 144.24 | 61 Pm プロメチウム [145] | 62 Sm サマリウム 150.4 | 63 Eu ユウロピウム 151.96 | 64 Gd ガドリニウム 157.25 | 65 Tb テルビウム 158.9254 | 66 Dy ジスプロシウム 162.50 | 67 Ho ホルミウム 164.9304 | 68 Er エルビウム 167.26 | 69 Tm ツリウム 168.9342 | 70 Yb イッテルビウム 173.04 | 71 Lu ルテチウム 174.97 |
| アクチノイド 89〜103 | 89 Ac アクチニウム 227.0278 | 90 Th トリウム 232.0381 | 91 Pa プロトアクチニウム 231.0359 | 92 U ウラン 238.029 | 93 Np ネプツニウム 237.0482 | 94 Pu プルトニウム (244) | 95 Am アメリシウム (243) | 96 Cm キュリウム (247) | 97 Bk バークリウム (247) | 98 Cf カリホルニウム (251) | 99 Es アインスタイニウム (254) | 100 Fm フェルミウム (257) | 101 Md メンデレビウム (258) | 102 No ノーベリウム (259) | 103 Lr ローレンシウム (260) |

(*) 既に103〜112までの元素が発見されたがこれらは安定な同位体が存在しない．

付表 2　物理定数

物　理　量	定　　数
重力加速度（標準）	$9.80665\,\text{ms}^{-2}$
万有引力定数	$6.6720\times 10^{-11}\,\text{Nm}^2\text{kg}^{-2}$
熱の仕事当量	$4.1855\,\text{J}\cdot 15°\text{Ccal}^{-1}$
絶対零度	$-273.15°\text{C}$
気体 1 mol の体積（1 気圧 0°C）	$22.4138\,l$
アボガドロ数	$6.022045(31)\times 10^{23}\,\text{mol}^{-1}$
空気の W 値	$33.97\,\text{eV}$
空気の密度	$1.293\,\text{kg/m}^3$（$0°\text{C}$, 101.3 kpa）
真空中の光の速さ	$2.997924580(12)\times 10^8\,\text{ms}^{-1}$
電子の質量	$9.109534\times 10^{-31}\,\text{kg}$
陽子の質量	$1.6726485\times 10^{-27}\,\text{kg}$
中性子の質量	$1.6749543\times 10^{-27}\,\text{kg}$
電気素量	$1.6021892(46)\times 10^{-19}\,\text{C}$
プランクの定数	$6.626176(36)\times 10^{-34}\,\text{Js}$
ボルツマン定数	$1.380662(44)\times 10^{-23}\,\text{JK}^{-1}$
リュードベリ定数	$1.097373177(83)\times 10^7\,\text{m}^{-1}$
原子質量単位	$1\,\text{amu}(u)=931.5\,\text{MeV}$
電子の静止質量エネルギー	約 $0.511\,\text{MeV}$

（注）　カッコ内は最後の桁につく標準偏差を示す．

付表 3　エネルギー換算表

	kg	u	J	MeV
1 kg=	1	6.022045×10^{26}	8.987522×10^{16}	5.609545×10^{29}
1 u=	1.6605655×10^{-27}	1	1.4924418×10^{-10}	931.5016
1 J=	1.1126×10^{-17}	6.700429×10^9	1	6.241460×10^{12}
1 MeV=	1.7826759×10^{-30}	1.0735355×10^{-3}	1.6021892×10^{-13}	1

$1\,\text{J}=10^7\,\text{erg}$,　$1\,\text{cal}^{15°}=4.1855\,\text{J}$,　$1\,\text{W}=1\,\text{J/s}$

付表 4　SI 単位と記号

物理量	SI 単位	記号
電気量	クーロン　coulomb	C
仕事（エネルギー）	ジュール　joule	J
仕事量	ワット　watt	W
質量	キログラム　kilogram	kg
長さ	メータ　meter	m
物質の量	モル　mole	mol
時間	セカンド　second	s
立体角	ステラジアン　steradian	sr

付表 5 接頭語

大きさ	接頭語	記号	大きさ	接頭語	記号
10^{24}	ヨッタ yotta	Y	10^{-1}	デシ deci	d
10^{21}	ゼッタ zetta	Z	10^{-2}	センチ centi	c
10^{18}	エクサ exa	E	10^{-3}	ミリ milli	m
10^{15}	ペタ peta	P	10^{-6}	マイクロ micro	μ
10^{12}	テラ tera	T	10^{-9}	ナノ nano	n
10^{9}	ギガ giga	G	10^{-12}	ピコ pico	p
10^{6}	メガ mega	M	10^{-15}	フェムト femto	f
10^{3}	キロ kilo	k	10^{-18}	アット atto	a
10^{2}	ヘクト hecto	h	10^{-21}	ゼプト zepto	z
10^{1}	デカ deca	da	10^{-24}	ヨクト yocto	y

付表 6 ギリシャ文字

大文字	小文字	読み方	大文字	小文字	読み方
A	α	アルファ	N	ν	ニュー
B	β	ベータ	Ξ	ξ	グザイ
Γ	γ	ガンマ	O	o	オミクロン
Δ	δ	デルタ	Π	π	パイ
E	ε	イプシロン	P	ρ	ロー
Z	ζ	ゼータ	Σ	σ	シグマ
H	η	イータ	T	τ	タウ
Θ	θ	シータ	Υ	υ	ウプシロン
I	ι	イオタ	Φ	ϕ	ファイ
K	κ	カッパ	X	χ	カイ
Λ	λ	ラムダ	Ψ	ψ	プサイ
M	μ	ミュー	Ω	ω	オメガ

付表 7　放射線の量と単位

量	記号	SI単位	特別な単位
粒子数	N	1	
放射エネルギー	R	J	
フラックス(束)	$\dot{N}$	s^{-1}	
エネルギーフラックス(束)	$\dot{R}$	W	
フルエンス	ϕ	m^{-2}	
エネルギーフルエンス	Ψ	Jm^{-2}	
フルエンス率	$\dot{\phi}$	$m^{-2}s^{-1}$	
エネルギーフルエンス率	$\dot{\Psi}$	Wm^{-2}	
粒子ラジアンス	$\dot{\phi}_\Omega$	$m^{-2}s^{-1}sr^{-1}$	
エネルギーラジアンス	$\dot{\Psi}_\Omega$	$Wm^{-2}sr^{-1}$	
断面積	σ	m^2	b
質量減弱係数	μ/ρ	m^2kg^{-1}	
質量エネルギー転移係数	μ_{tr}/ρ	m^2kg^{-1}	
質量エネルギー吸収係数	μ_{en}/ρ	m^2kg^{-1}	
質量阻止能	S/ρ	Jm^2kg^{-1}	eVm^2kg^{-1}
線エネルギー付与	L_Δ	Jm^{-1}	eVm^{-1}
放射線化学収率	$G(x)$	$mol\,J^{-1}$	
W値	W	J	eV
カーマ	K	Jkg^{-1}	Gy　rad
カーマ率	$\dot{K}$	$Jkg^{-1}s^{-1}$	Gys^{-1}　rad s^{-1}
照射線量	X	Ckg^{-1}	R
照射線量率	$\dot{X}$	$Ckg^{-1}s^{-1}$	Rs^{-1}
シマ	C	Jkg^{-1}	Gy
シマ率	$\dot{C}$	$Jkg^{-1}s^{-1}$	Gys^{-1}
エネルギー付与	ε_i	J	
付与エネルギー	ε	J	
線状エネルギー	y	Jm^{-1}	
比(付与)エネルギー	z	Jkg^{-1}	Gy　rad
吸収線量	D	Jkg^{-1}	Gy　rad
吸収線量率	$\dot{D}$	$Jkg^{-1}s^{-1}$	Gys^{-1}　$rads^{-1}$
崩壊定数	λ	s^{-1}	
放射能	A	s^{-1}	Bq　Ci
空気カーマ率定数	Γ_δ	m^2Jkg^{-1}	$m^2GyBq^{-1}s^{-1}$ $m^2radCi^{-1}s^{-1}$
線量当量	H	Jkg^{-1}	Sv

演習問題解答

第1章

- 問題1 参照 1・1・1 放射線の定義
- 問題2 参照 1・1・2 放射線と原子との基本的な相互作用
- 問題3 参照 1・1・3 放射線の種類
- 問題4 答 $E = 12.4/5\,000 = 2.48 \times 10^{-3}\,\text{keV} = 2.48\,\text{eV} = 3.97 \times 10^{-19}\,\text{J}$
  参照 1・2・1 電磁波の性質
- 問題5 答 $\dfrac{100\,\text{J/s}}{3.97 \times 10^{-19}\,\text{J}} = 2.52 = 10^{20}\,\text{1/s}$
  参照 1・2・1 電磁波の性質
- 問題6 答 $1.511/0.511 = 1/\sqrt{1-(v/c)^2}$ より，$v/c = 0.941$
  参照 1・3 放射線の質量とエネルギー

第2章

- 問題1 答 $\lambda = 1.025 \times 10^{-7}\,\text{m}$
  参照 式 (2・1)
- 問題2 答 $E = -2.18 \times 10^{-18}\,\text{J} = -13.6\,\text{eV}$
  参照 式 (2・7)
- 問題3 答 $1.23 \times 10^{-10}\,\text{m}$
  参照 式 (2・1), (2・9)
- 問題4 参照 2・2・6 元素の周期律

第3章

- 問題1 答 $7.2 \times 10^{-15}\,\text{m}$
- 問題2 答 $L = 5.2729 \times 10^{-35}\,\text{Js}$, $1.4106 \times 10^{-26}\,\text{J/T}$ または $1.7726 \times 10^{-32}\,\text{Wb·m}$
- 問題3 答 $2.6752 \times 10^{8}\,\text{T}^{-1}\text{S}^{-1}$
- 問題4 答 170 Mev

第4章

- 問題1 参照 4・2・1 壊変定数，半減期，平均寿命
- 問題2 答 1.5 ml
  参照 4・2・1 壊変定数，半減期，平均寿命
- 問題3 参照 4・2・2 比放射能
- 問題4 答 親核種：2.5 MBq，娘核種：2.7 MBq
  参照 4・2・4 放射平衡

演習問題解答

問題5　参照　4・3・2　ベータ壊変

第5章

問題1　参照　5・1・2　核反応式の表示法

問題2　答　Q＝−1.192 MeV，最小エネルギー（しきい値）＝1.53 MeV

問題3　答　(1) −14.61 MeV, 15.58 MeV, (2) −10.85 MeV, 11.02 MeV, (3) 2.79 MeV, なし，(4) 0.63 MeV, なし, (5) −8.06 MeV, 8.06 MeV, (6) −33.82 MeV, 33.98 MeV

問題4　答　生成放射性核種の数を N_d とするときその生成速度は $(dN_d/dt) = f\sigma N - \lambda N_d$，これを壊変系列をつくる（二体問題）場合の娘核種の放射能式と同様に展開する

問題5　答　$((1.2 \times 10^{-11})/235) \times (6.02 \times 10^{23}) \times 200 \times (1.6 \times 10^{-13}) = 0.98$ J/s $= 0.98$ W

第6章

問題1　答　175 keV

　　　参照　式 (6・2)

問題2　答　(a) 8.94×10^{-3}　(b) 8.28×10^{-2}　(c) 4.74×10^{-1}

　　　参照　式 (6・6)

問題3　答　タングステン：(a) 59.31 keV　(b) 57.98 keV　(c) 66.95 keV

　　　　　モリブデン：(a) 17.48 keV　(b) 17.37 keV　(c) 19.59 keV

　　　参照　6・4・2項　特性X線の発生，モーズレイの法則

問題4　答　10 MeV：4.9 cm　20 MeV：10.1 cm　30 MeV：15.3 cm

　　　参照　式 (6・13)

問題5　参照　6・4　X線の発生

第7章

問題1　答　10 keV 光子の相互作用は光電効果が支配的であることから，光電効果による質量減弱係数 τ/ρ を全質量減弱係数 μ/ρ と見なしてもよい．

図7.6より10 keV 光子に対する質量減弱係数 μ/ρ 〔cm²/g〕は，水（密度 $\rho = 1.0$ g/cm³）の場合は約 5.0，鉛（密度 $\rho = 11.3$ g/cm³）の場合は約 1.1×10^2 と読み取れる．したがって式 (7・10) より，半価層はそれぞれ

HVL(水) $= 0.693/\mu = 0.693/\{(\mu/\rho) \cdot \rho\} = 0.693/(5.0 \times 1.0) = 0.13$ 〔cm〕

HVL(鉛) $= 0.693/\mu = 0.693/\{(\mu/\rho) \cdot \rho\} = 0.693/(1.1 \times 10^2 \times 11.3) = 5.6 \times 10^{-4}$ 〔cm〕

となる．

　　　参照　式 (7・10)，図 7・6

ANSWER

問題 2 　答　式 (7・28) より，コンプトン端のエネルギーは以下で計算される．
$K_{e,max}(1.17\,\text{MeV}) = 1.17 \times (2 \times 1.17/0.511)/(1 + 2 \times 1.17/0.511) = 0.96\,\text{MeV}$
$K_{e,max}(1.33\,\text{MeV}) = 1.33 \times (2 \times 1.33/0.511)/(1 + 2 \times 1.33/0.511) = 1.12\,\text{MeV}$
　　　参照　式 (7・28)

問題 3 　答　光子の吸収前と吸収後で運動量保存則と運動エネルギー保存則を立て，保存則が満足される際の条件を考える．

問題 4 　答　図 7.10 及び 7.13 から，1 MeV 光子に対する水と骨の全質量減弱係数 μ/ρ (cm²/g) はそれぞれ約 6.8×10^{-2} と 7.1×10^{-2} と読める．したがって平均自由行程 λ は，
$\lambda(\text{水}) = 1/\mu = 1/\{(\mu/\rho) \cdot \rho\} = 1/(6.8 \times 10^{-2} \times 1.0) = 14.7\,(\text{cm})$
$\lambda(\text{骨}) = 1/\mu = 1/\{(\mu/\rho) \cdot \rho\} = 1/(7.1 \times 10^{-2} \times 1.6) = 8.8\,(\text{cm})$
となる．
　　　参照　図 7・10, 図 7・13

第8章

問題 1 　答　150 Mev
　　　参照　図 8・3

問題 2 　答　電荷，質量が $(z_1, m_1)(z_2, m_2)$ で速度が同じ粒子の飛程は
$R_2(v) = \dfrac{m_2}{m_1}\left(\dfrac{z_1}{z_2}\right)^2 R_1(v)$ とかける．
したがって，MeV/n の単位で表したヘリウムと陽子の飛程は同じになる．
　　　参照　式 (8・8)

問題 3 　答　$<5.58 \times 10^{-13}\,(\text{A})$

第9章

問題 1 　参照　9・1・1　熱中性子（熱平衡中性子：マックスウエル分布）
問題 2 　参照　9・2・1　散乱反応（弾性散乱，非弾性散乱），9・2・2　吸収反応
問題 3 　参照　9・3　中性子のエネルギー損失
問題 4 　参照　9・4・1　指数関数的な減弱，9・4・2　二次的な放射線の放出
問題 5 　参照　9・5　中性子源

第10章

問題1 答　表10·1より，脂肪，筋肉，骨の音響インピーダンスはそれぞれ，$z_1 = 1.38$，$z_2 = 1.68$，$z_3 = 7.8 \,[\times 10^6 \,\text{kg/m}^2\text{s}]$．

脂肪から筋肉への入射に対する反射係数 $\mathcal{R}_1$ は，式 (10·7) に，$z_1 \sim z_3$ の値を代入して次のように求まる．

$\mathcal{R}_1 = (z_2 - z_1)/(z_2 + z_1) = (1.68 - 1.38)/(1.68 + 1.38) \approx 0.098$

同様に，筋肉から骨への入射に対する反射係数 $\mathcal{R}_2$ は次のようになる．

$\mathcal{R}_2 = (z_3 - z_2)/(z_3 + z_2) = (7.8 - 1.68)/(7.8 + 1.68) \approx 0.65$

　　参照　10·1·4　反射，屈折

問題2　参照　10·2·5　距離分解能，方位分解能

問題3　参照　10·1·6　ドプラー効果，10·3·3　超音波ドプラー法

問題4　参照　10·3·3　超音波ドプラー法

第11章

問題1　答　4.69 T，7.04 T，80.9 MHz，121.4 MHz

　　参照　11·1·2　ラーモア歳差運動，共鳴周波数

問題2　答　2.5×10^4 Hz，0.59 mT

　　参照　11·1·4　緩和現象，縦緩和，横緩和

問題3　参照　11·1　核磁気共鳴の原理

問題4　答　426 Hz

　　参照　11·2·2　スライス選択

索　引

アルファベット，ほか

2次元アレイ探触子	162
4重極モーメント	34
90°パルス	178
180°パルス	178
Aモード	166
Batemanの式	58, 66
Bモード	166
Cモード	166
EC	61
F. Joliot-I. Curie	70
FID	181
Gauss分布	128
Geiger-Nuttalの法則	60
ICRU	11
LET	90
MRI	185
MRS	182
MRスペクトロスコピー	182
Mモード	166
NMR	177
NMR信号	181
NMRスペクトル	182, 183
NMRパラメータ	185
Pa	148
PET	86
PRF	169
PVDF	152
PZT	152
Q値	60, 61, 73
Qファクター	157
RF	176
E. Rutherford	70
SE	182
STC	165
TGC	165
W値	90, 130
X線	3
X線の発見	6
α壊変	59
α線	3
β線	3
β壊変	61
γ線	3
γ放射	63
π-中間子線	3

ア

アイソトープ	141
アインシュタイン	7, 10
アクチニウム系列	66
圧電効果	152
圧電素子	152
厚み方向	162
アニュラーアレイ	155
アボガドロ数	6
アボガドロ定数	38
アルファ壊変	59
安定同位元素	35
安定同位体	35
異性核	36, 37
位相エンコーディング	187
ヴィラード	6
ウラン系列	66
運動エネルギー	10
運動量	7
永続平衡	59
液滴模型	45, 46
エコー信号	165
エネルギー	7
エネルギー吸収係数	119
エネルギースペクトル	97
エネルギー損失	87
エネルギー転移係数	118
エネルギーフラックス	11
エネルギーフルエンス	12, 104
エネルギーフルエンス率	12, 104
オージェ効果	95, 111
オージェ電子	95, 111
音の強さ	149
親核種	54
音響陰影	150
音響整合層	153
音速	147

カ

開口幅	158
壊変図	64
壊変定数	55
化学シフト	182
核異性体	36, 37, 63
核異性体転移	63
角運動量	41, 174
角運動量量子数	42
核子	19, 35
核磁気共鳴	177
核磁気モーメント	41
核磁子	42
核種	35, 136
核スピン	42, 175
核破砕反応	78
核反応エネルギー	73
核反応断面積	76
核分裂	78, 79
核分裂収率	80
核変換	72
殻模型	45
核力	40
核力の荷電対象性	40
核力の飽和性	40
過渡平衡	57
カラードプラ法	168
干渉性散乱	109
間接電離性放射線	4
管電圧	99
ガンマ放射	63
緩和	178
緩和時間	179
機械走査	153
基底状態	18
軌道運動	41
軌道角運動量	22, 42, 174
軌道電子捕獲	61
基本粒子	49
基本力	9
吸収端	112
吸熱反応	73

199

索 引

球面波	147	光量子	7	周期律	23
強結合的描像	45	国際放射線単位測定委員会	11	周期律表	38
強磁性	184	古典散乱	108	集団模型	46
共鳴周波数	175	固有関数	21	周波数エンコーディング	187
極座標系	21	コンプトン効果	112	自由誘導減衰	181
距離分解能	161	コンプトン散乱	112	重粒子線	3
距離方向	161	コンプトン端	113	重粒子族	49
偶偶核	34	コンプトン電子	112	重力	9
クーロンエネルギー	47			主量子数	20
クォーク	6, 49	**サ**		シュレーディンガー方程式	20
屈折	149			準安定状態	37, 63
クラマース	99	歳差運動	44	常磁性	184
グルオン	49	サイドローブ	157	衝突損失	87
グレーティングローブ	161	サンプルボリューム	169	消滅線	86
蛍光X線	95	散乱	150	ジョリオ・キュリー	70
計算コード	139	散乱断面積	76	シンクロトロン放射	96, 100
傾斜磁場	186	残留核	71	人工放射性核種	70
系列壊変	57	磁化ベクトル	175	振動子	152
ゲージ粒子	49	磁化率	184	深部線量率曲線	92
結合エネルギー	37, 94	しきい値	74	スイッチトアレイ方式	161
原子	35	磁気回転比	175	スーパー常磁性体	185
原子核	20, 35	磁気共鳴イメージング	185	ストラグリング	128
原子核g因子	43	磁気モーメント	21, 41, 175	スネルの法則	150
原子核の構造	45	磁気量子数	21	スピン	42, 174
原子核の電荷	32	軸方向	161	スピンエコー	181
原子核の半径	31	視線方向	152	スピンエコー信号	182
原子構造（形状）因子	109	実効エネルギー	99, 107	スピン磁気量子数	22
原子質量単位	9, 37	質量エネルギー	10	スピン量子数	22
原子質量の半実験的公式	46	質量欠損	38	スライス選択	186
原子断面積	77	質量減弱係数	106	スライス方向	162
原子番号	35	質量公式	48	スライス方向分解能	162
原子量	38	質量数	35	静止エネルギー	10
原子炉	79, 142	質量阻止能	89	静止質量	10
減衰	150	質量偏差	74	生成核	71
減衰係数	151	自転	41	制動放射	3, 85, 96
検波	165	磁場勾配	186	ゼーマン効果	22
交換力	40	自発核分裂	65, 141	セクター走査方式	155
高速中性子	135	弱結合的描像	45	遷移	18
光速度	7	弱ボソン	50	遷移元素	24
広帯域	157	シャドウ	150	線エネルギー付与	90
光電効果	7, 110	遮蔽定数	183	線減弱係数	105
光電子	110	重イオン核反応	78	線スペクトル	16
後方散乱	92	重荷電粒子	124	線阻止能	89

選択則	24
選択励起パルス	187
全断面積	76
相互作用	2
相互作用するボソン模型	46
走査方向	162
相対論的質量	10
速度モード	170
即発γ線	79
即発中性子	79
阻止能	125
疎密波	147
素粒子	4, 49
ゾンマーフェルト	96

タ

ターゲット	93
帯域幅	157
対エネルギー	47
体積エネルギー	47
体積弾性係数	147
ダイナミックフォーカス	158
多重散乱	92, 128
縦緩和	178
縦緩和時間	180
縦波	147
縦方向	161
単一振動子	153
短距離力	40
探触子	153
弾性散乱	85, 136
弾性波	146
担体	56
チェレンコフ放射	86
逐次壊変	57
遅発γ線	79
チャドウィック	6
中間子	40
中間子族	49
中心周波数	156
中性子	19, 33, 35
中性子KERMA因子	140

中性子源	141
中性子線	3
中性子束	138
中性子断面積	137
超音波	146
超音波パルス	155
直接電離性放射線	4
強い相互作用	49
強い力	9
ディジタルスキャンコンバータ	167
ディジタルビームフォーミング	163
デュエン・ハントの法則	99
電気素量	9
典型元素	24
電子	35
電子線	3
電子走査	153
電子対生成	115
電子の発見	6
電子波	17
電磁波	7, 16
電磁放射線	3
電磁力	9
伝搬速度	147
電離	2, 84
電離エネルギー	25
電離放射線	2
ド・ブロイ波	8
同位元素	35
同位体	35
同位体存在度	37
同位体存在比	37
同位体断面積	76
統一模型	46
透過波	149
同重体	35, 54
同中性子体	35, 54
特殊相対性理論	10
特性X線	94
ドプラー効果	151
ドプラー偏移	152
トムソン	6
トムソン散乱	108

トリウム系列	66

ナ

内部転換	63
内部転換電子	63
軟部組織	147
入射波	149
入射粒子	71
ニュートリノ	62
熱外中性子	135
熱中性子	79, 134

ハ

ハーン	79
ハイトラー	88
配列形探触子	153
パウリの排他原理	22
破砕反応	78
バッキング	153
発熱反応	73
波動関数	20
ハドロン族	49
バリオン	49
パルスエコー法	159
パルス繰り返し周波数	169
パルス系列	187
パルスドプラー法	168
パワーモード	169
半価層	99, 106
半減期	55
反磁性	184
反射	149
反射係数	149
反射波	149
反跳	3
反応断面積	76
反粒子	5
ビーム形成	157
ビームハードニング	107
ビーム幅	158
ピエール・キュリー	6

索 引

光核反応	78, 116	ベータ壊変	61	陽子	19, 33, 35
光中性子	116	ベーテ	87	陽子線	3
光中性子	142	ベクレル	6	陽電子	85
比質量欠損	39	方位分解能	162	横緩和	179
比帯域	157	方位方向	162	横緩和時間	180
非対称エネルギー	47	方位量子数	20	横波	147
非弾性散乱	85, 136	放射エネルギー	11	横方向	162
飛程	91, 126	放射性核種	54	弱い相互作用	49
比電離	90	放射性同位元素	35, 54	弱い力	9
非電離放射線	2	放射性同位元素表	64		
非平衡	59	放射性同位体	35	**ラ**	
比放射能	56	放射線	2		
標的核	71	放射線同位元素	35	ラーモア歳差運動	175
表面エネルギー	47	放射線のエネルギー	10	ラーモア周波数	175
ビルドアップ係数	107	放射損失	88	ラザフォード	6, 70
フーリエ変換	189	放射能	54	ラジアル走査方式	155
フェーズドアレイ方式	160	放射平衡	57	リニアアレイ	155
フェルミ粒子	23	放出粒子	71	リニアー走査方式	155
フォーカシング	153	ボーア	72, 87	粒子数	11
不確定性原理	5	ボーズ粒子	23	粒子速度	147
複合核	72	捕獲 γ 線	139	粒子放射線	3
複合核模型	45	捕獲反応	77	リュードベリ定数	33
複合核モデル	72	ポジトロニウム	115	量子条件	16
物質波	8, 20			量子数	17
フラグメンテーションテール	129	**マ**		臨界エネルギー	87
フラグメンテーション	78			臨界角	150
フラックス	11	マックスウエル分布	134	励起	2, 82, 177
プランク	7	魔法数	34, 46	励起関数	76
プランク定数	7, 17	マリー	6	励起状態	18
フルエンス	12, 104	ミルキング	58	レイリー散乱	109
フルエンス率	12, 104	娘核種	54	レプトン	49
プローブ	153	無担体	56	連鎖反応	79
ブロッホ	87	メインローブ	157	連続波ドプラー波	166
ブロッホ方程式	180	メソン	49	レントゲン	6
分岐壊変	57	モーズリーの法則	95		
分岐比	57	モル	38	**ワ**	
分子量	38				
平均自由行程	105	**ヤ**		悪い幾何学的配置	107
平均寿命	55				
平面波	147	良い幾何学的配置	107		

〈編著者略歴〉

遠藤真広（えんどう まさひろ）
　　1973年　東京大学大学院理学系研究科修士課程修了
　　1982年　医学博士
　　　　　　放射線医学総合研究所企画部長

西臺武弘（にしだい たけひろ）
　　1967年　立命館大学理工学部卒業
　　1979年　医学博士
　　現　在　京都医療科学大学名誉教授

- 本書の内容に関する質問は，オーム社ホームページの「サポート」から，「お問合せ」の「書籍に関するお問合せ」をご参照いただくか，または書状にてオーム社編集局宛にお願いします．お受けできる質問は本書で紹介した内容に限らせていただきます．なお，電話での質問にはお答えできませんので，あらかじめご了承ください．
- 万一，落丁・乱丁の場合は，送料当社負担でお取替えいたします．当社販売課宛にお送りください．
- 本書の一部の複写複製を希望される場合は，本書扉裏を参照してください．

放射線技術学シリーズ
放射線物理学

2006年2月20日　第1版第1刷発行
2024年3月20日　第1版第22刷発行

監修者　日本放射線技術学会
編　者　遠藤真広
　　　　西臺武弘
発行者　村上和夫
発行所　株式会社オーム社
　　　　郵便番号　101-8460
　　　　東京都千代田区神田錦町3-1
　　　　電話　03(3233)0641（代表）
　　　　URL https://www.ohmsha.co.jp/

© 日本放射線技術学会 2006

印刷・製本　デジタルパブリッシングサービス
ISBN978-4-274-20196-7　Printed in Japan